LE MUSÉUM

DES SCIENCES ET DES ARTS.

PARIS. — IMPRIMERIE DE W. REMQUET ET Cie,
Rue Garancière, n. 5.

LE MUSÉUM
DES SCIENCES ET DES ARTS

CHOIX DE TRAITÉS INSTRUCTIFS

SUR LES SCIENCES PHYSIQUES ET LEURS APPLICATIONS AUX USAGES DE LA VIE

PAR

LE Dr DIONYSIUS LARDNER

PROFESSEUR DE PHYSIQUE ET D'ASTRONOMIE A L'UNIVERSITÉ DE LONDRES;
MEMBRE DES SOCIÉTÉS ROYALES DE LONDRES ET D'ÉDIMBOURG,
DE LA SOCIÉTÉ ROYALE ASTRONOMIQUE DE LONDRES, DE L'ACADÉMIE ROYALE D'IRLANDE,
DE LA SOCIÉTÉ ZOOLOGIQUE, DE LA SOCIÉTÉ LINNÉENNE,
ETC., ETC., ETC.

TRADUIT DE L'ANGLAIS ET ANNOTÉ

Par Ach. GENTY

AVEC L'AUTORISATION ET LE CONCOURS DE L'AUTEUR.

Ouvrage illustré de plus de 600 gravures sur cuivre.

TOME TROISIÈME.

PARIS

AUX BUREAUX DE *LA SCIENCE POUR TOUS*,

RUE SAINT-SULPICE, 22,

ET CHEZ LES PRINCIPAUX LIBRAIRES.

1858

LE MUSÉUM

DES SCIENCES ET DES ARTS

LE SOLEIL ET LA TERRE.

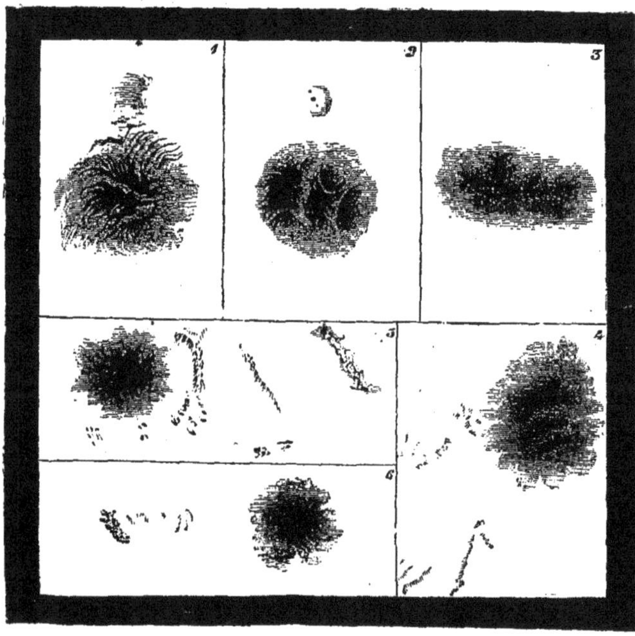

Taches du Soleil observées en 1826 et 1828 par MM. Capocci et Pastorff.

Capocci. — 1. 29 septembre ; — 2. 2 septembre ; — 3. 1 juillet 1826.
Pastorff. — 4. 27 septembre 1826 ; — 5. 21 mai ; — 6. 21 juin 1828.

CHAPITRE PREMIER. — LE SOLEIL.

I. Intérêt puissant que présente le Soleil. — II. Sa distance. — III. Sa grandeur. — IV. Illustrations. — V. Son volume, sa masse ou poids; détermination de cette masse. — VI. Application de ce principe.— VII. Sa densité; forme et rotation. — VIII. Déterminées par l'aspect des taches. Découverte de ces taches. Leur grandeur. Leurs rapides changements. Hypothèses pour les expliquer. — IX. Ce sont des excavations dans l'enveloppe lumineuse. Leur intensité varie. — X. Observations auxquelles elles ont donné lieu. Leurs dimensions. Facules et lucules. — XI. État physique de la surface solaire. Son enveloppe lumineuse est gazeuse. — XII. Atmosphère gazeuse. Ses effets sur le rayonnement. — XIII. Hypothèse de sir John Herschel. — XIV. Intensité de la chaleur à la surface du Soleil. — XV. Source supposée de la chaleur solaire.

I.

Quoique, parmi les corps célestes, la lune soit peut-être celui qui offre en général l'intérêt le plus grand, cependant, pour quiconque observe et pense, le Soleil est sans contredit d'un intérêt beaucoup plus puissant. Le Soleil, — cette source de lumière et de vie pour la famille de mondes qui circulent autour de lui ; cet inépuisable magasin de chaleur fécondante par qui sont entretenues les tribus innombrables d'êtres organisés qui vivent dans ces mondes ; ce lien physique dont l'attraction prédominante donne la stabilité, l'uniformité, l'harmonie, aux mouvements du système planétaire entier ; — le Soleil sera le sujet de l'étude présente : on fera connaître succinctement ici tout ce que la science moderne a découvert des phénomènes offerts par ce grand corps céleste.

II.

Les premières questions qu'on s'adresse lorsqu'on veut connaître quelqu'un des corps qui parcourent le ciel, sont celles-ci : « Quelle est la distance de ce corps ? Quelle est sa grandeur, son mouvement, sa position ? » — Quand l'astronome dit que les distances des corps qui composent le système solaire se peuvent mesurer avec le même degré de précision relative que les distances des corps placés à la surface de la terre, les personnes étrangères aux choses astronomiques n'admettent cette prétention qu'avec doute et sous bénéfice d'inventaire ; elles ne peuvent comprendre que des espaces si considérables puissent être parfaitement mesurés, ou même qu'ils puissent l'être du tout. Ainsi, quand l'astronome dit que le Soleil est à près de 40 millions de lieues de la terre, l'esprit se révolte à l'idée qu'un tel espace soit susceptible d'une détermination et d'une estimation exactes. Pourquoi, cependant, tant d'incrédulité ? Est-ce parce que la distance mesurée est énormément grande, infiniment plus grande que toutes les distances qu'on est à même d'envisager sur la terre? On peut répondre à cette objection que la grandeur d'une distance, d'un espace, ne constitue pas par elle-même un obstacle à son mesurage. Bien plus, il est souvent plus facile de mesurer avec précision des distances considérables que de petites distances. C'est ce qui a lieu fréquemment sur notre propre globe dans les travaux d'arpentage. Si donc l'étendue des grandeurs à mesurer ne constitue par elle-même aucune difficulté, à quoi, encore une fois, rapporter le peu de confiance qu'on a généralement dans les mesures astronomiques? Il dépend, dira-t-on peut-être, de ce que l'objet dont on veut mesurer la distance est inaccessible : on ne peut parcourir l'espace intermédiaire, et par suite on ne peut concevoir la possibilité de son mesurage. Mais, encore un coup, de ce que l'accès d'un objet est impossible, s'ensuit-il qu'on n'en puisse mesurer la distance? L'artilleur qui lance ses projectiles sur une ville assiégée peut, comme on sait, les diriger de façon qu'un obus vienne tomber sur l'édifice choisi. Pour agir ainsi, il lui faut parfaitement connaître la distance qui sépare cet édifice de la bouche de son mortier. Cependant l'édifice est inaccessible à l'artilleur; les murailles de la ville, les fortifications et peut-être un fleuve se trouvent entre eux. Et pourtant l'artilleur n'éprouve aucune difficulté à mesurer la distance de cet édifice inaccessible. Afin de l'obtenir, il établit sur le sol qu'il occupe une ligne de *base*, des extrémités de laquelle il prend la situation ou direction de l'édifice dont il s'agit. D'après cette direction, et d'après cette ligne de base, il peut calculer, au moyen des principes les plus simples de la géométrie et de l'arithmétique, la distance de l'édifice. Or, si l'on suppose que l'édifice en question est le Soleil, et la ligne de base tout le diamètre du globe terrestre, qu'y a-t-il de changé dans le problème ? L'édifice situé dans la ville est inaccessible; le Soleil l'est également. La ligne de base est parfaitement connue ; il en est de même du diamètre de la terre. Les directions de l'édifice des extrémités de la ligne de base sont connues ; on connaît aussi les directions du centre solaire des extrémités du diamètre terrestre. Les deux problèmes sont donc identiques. Ils ne diffèrent en rien, car la différence de grandeur des lignes et des angles est sans importance. Bref, le mesurage des distances des objets célestes s'effectue d'après les mêmes principes que celui des distances terrestres, l'un n'est pas plus difficile et n'apporte pas plus de causes d'erreur que l'autre.

C'est par ce procédé qu'on a constaté que la distance du Soleil à la terre est un peu inférieure à 100 millions de milles (environ 40 millions de lieues). Pour aider la mémoire, on donne ici des nombres ronds : cependant, il est bon de connaître quelle est la mesure numérique exacte de cette distance du Soleil à la terre, et jusqu'à quel point elle peut être entachée d'erreur. Le résultat des observations les plus minutieuses faites sur les différentes directions des lignes menées des côtés opposés de la terre au Soleil, fournit le chiffre suivant comme étant la distance de cet astre : 95,293,452 milles ; et il a été prouvé que ce résultat ne peut différer, soit en plus, soit en moins, de la distance réelle, de plus de $\frac{1}{300}$. On peut donc affirmer que la distance du Soleil n'est pas supérieure à :

$$95,293,452+317,645=95,611,097 \text{ milles};$$

ni inférieure à :

$$95,293,452-317,645=94,975,807 \text{ milles}.$$

Comme le Soleil parcourt 360 degrés du ciel en 365 1/4 jours, son mouvement par jour doit être 59',14 ou 3548''. Comme ce chiffre est environ deux fois le diamètre apparent du Soleil, on se rappellera sans difficulté que le disque du Soleil semble se mouvoir au firmament chaque jour sur un espace à peu près égal à deux fois son propre diamètre apparent. Son mouvement horaire apparent est :

$$\frac{3548''}{24}=147'',8.$$

III.

Comment la grandeur du Soleil peut-elle se déterminer? — C'est un principe général que les grandeurs de tous les corps célestes peuvent être déterminées quand on connaît la distance de ces corps. Cette détermination se fait, en réalité, en les comparant avec quelque objet d'une grandeur connue et qui, à une distance connue, aura la même grandeur apparente. On entrera ici dans quelques détails à ce sujet.

Personne n'ignore que le Soleil et la pleine lune paraissent avoir la même grandeur. L'œil, comme les instruments destinés à mesurer les grandeurs apparentes, s'accordent sur ce fait. Les éclipses solaires le confirment aussi. Une éclipse solaire est produite par l'interposition du globe de la lune entre l'œil et le globe du soleil. On dit que l'éclipse est centrale quand le centre de la lune est directement dans la ligne entre l'œil et le centre du Soleil. Or, quand ceci a lieu, le globe de la lune couvre en général assez exactement celui du Soleil. Pas toujours, cependant ; car, grâce à une légère variation dans la grandeur apparente de ces corps, le Soleil est tantôt un peu plus, tantôt un peu moins couvert par la lune. On reviendra plus tard sur la cause de ce phénomène. Bref, les apparentes grandeurs moyennes de ces corps sont les mêmes, puisque l'un couvre ou cache l'autre.

Mais la distance de la lune n'est que d'un quart de million de milles (100,000 lieues) ; et comme la distance du Soleil est égale à 100 millions de milles, on voit que la distance du Soleil est 400 fois plus grande que celle de la lune; cependant, ces deux globes semblent, à l'œil nu, avoir la même grandeur. Le Soleil, quoiqu'il soit 400 fois plus éloigné de la terre, paraît aussi gros que la lune. Que conclure de là sur sa grandeur réelle ? Si le Soleil avait réellement la grandeur de la lune, il devrait paraître 400 fois moins grand, puisqu'il est à une distance 400 fois plus grande. Mais comme, malgré cette différence de distance, il ne paraît ni plus ni moins grand que la lune, mais de même grandeur qu'elle, la conclusion à tirer est que le Soleil doit avoir, en réalité, un diamètre 400 fois plus grand que la lune. S'il était moins grand, à une distance 400 fois plus considérable que celle de la lune, il devrait paraître moins grand que celui de la lune; et s'il était plus grand, il devrait, en effet, paraître plus grand à cette distance. Il suit donc de là que, quelle que soit la grandeur du diamètre de la lune, le diamètre du Soleil doit certainement être 400 fois plus considérable. Or, on a mesuré le diamètre de la lune, et il a donné 2,000 milles. Si l'on multiplie ce chiffre par 400, on obtiendra 800,000 milles. Ce dernier chiffre représente, en conséquence, le diamètre du Soleil.

Ce sont là des nombres ronds. Plus exactement, le diamètre solaire mesure 882,000 milles. Pour avoir des nombres ronds à notre service, nous dirons que le diamètre solaire est 900,000 milles (360,000 lieues de 4 kilomètres). Telle est la masse prodigieuse placée au centre du système qui, par son attraction, régit les mouvements des planètes.

IV.

Ces grandeurs et ces distances sont tellement en dehors de tous les points de comparaison ordinaires en usage, que l'imagination demeure confondue et s'affaisse sur elle-même quand elle s'efforce d'en obtenir directement une conception claire. Voyons, cependant, s'il n'existe pas quelque moyen d'obtenir une idée plus précise de la grandeur comme de la distance de ce globe étonnant.

Un train de chemin de fer qui ferait 32 milles (près de 13 lieues) à l'heure, mettrait 3 millions d'heures, ou 125,000 jours, ou 342 ans trois mois, pour se rendre de la terre au Soleil, en supposant que, pendant tout ce temps, il fût en marche la nuit comme le jour.

Un boulet de canon a une vitesse 50 fois plus considérable qu'un train de chemin de fer. Il lui faudrait donc un peu moins de 7 ans pour aborder le Soleil.

Pour avoir une idée des dimensions du Soleil, il faut considérer que, son diamètre étant 882,000 milles, sa circonférence est environ 2,770,000 milles (1,108,000 lieues). Notre train de chemin de fer mettrait 9 ans 10 mois à en faire le tour.

On sait que la lune circule autour de la terre à une distance de près d'un quart de million de milles. Supposons maintenant que la terre se trouve au centre du Soleil. La distance de la surface du Soleil au centre de la terre serait 441,000 milles (176,400 lieues). Or, comme le cercle décrit par la lune autour de la terre s'étend à 240,000 milles du centre de celle-ci, il s'ensuit que la terre et la lune seraient non-seulement contenues dans le globe solaire, mais que la lune n'entrerait que pour 200,000 milles dans la surface de ce dernier.

V.

On n'a parlé jusqu'à présent que du diamètre du Soleil ; voyons son volume. Lorsqu'on connaît les diamètres de deux globes, on peut toujours, par une opération arithmétique facile, estimer leurs volumes. Si, par exemple, un globe a un diamètre double de celui d'un autre, le volume du premier représentera 8 fois celui du second. Si le diamètre est 10 fois plus grand, le volume sera 1000 fois plus grand, et ainsi de suite. Or, on sait que le diamètre solaire est 112 fois environ plus grand que celui de la terre ; on en doit conclure que le volume du Soleil est environ 1,400,000 fois plus considérable que celui de la terre. Pour former un globe comme le Soleil, il faudrait donc mettre ensemble un million quatre cent mille globes comme la terre ! En examinant les globes des différentes planètes, on a trouvé que, si toutes les planètes et tous les satellites du système solaire étaient moulés en un seul globe, ce globe ne dépasserait pas encore la cinq centième partie du globe solaire; en d'autres termes, le volume du Soleil est 500 fois plus grand que tous les globes réunis du reste du système.

L'astronome a à résoudre des questions plus difficiles et non moins indispensables que celles des distances et des grandeurs. Si l'on veut connaître les quantités de matière dont les globes sont formés, il faut non-seulement mesurer leurs grandeurs et sonder leurs distances, mais franchir en imagination ces distances énormes, et *peser* leurs masses prodigieuses. Ceux qui s'étonnent et comprennent à peine qu'on ait pu mesurer les distances et les grandeurs des corps célestes, comprendront sans doute plus difficilement encore que l'homme ait à sa disposition une balance d'une exactitude complète où il peut introduire ces corps immenses et les peser. Il n'y a pas à douter de leur étonnement ; mais le fait est certain. Le globe du Soleil lui-même, considérablement plus grand que la terre et toutes les planètes ensemble, est soumis au pesage avec une précision relative aussi grande que les constituants des corps qu'analyse et que pèse le chimiste. Voici le procédé.

Quand un corps se meut dans un cercle, on sait qu'il tend à s'échapper du centre. Cette tendance est d'autant plus forte que le corps tourne plus rapidement et que sa distance au centre est plus considérable. L'enfant qui fait tourner une pierre dans sa fronde n'ignore pas cette vérité physique. A mesure que la pierre tourne, la corde se tend avec une certaine force; cette force ne repose pas dans le poids de la pierre, car, si cela était, elle se manifesterait également quand on ferait mouvoir la pierre dans un plan horizontal. Cette tendance s'appelle force centrifuge. Si l'on fait tourner la pierre plus rapidement, la corde se tendra de plus en plus; on peut même augmenter la rapidité de la pierre au point de briser la corde. Si l'on allonge ou si l'on raccourcit la corde, en conservant la même vitesse de rotation, on verra que la tendance de la corde à se tendre augmentera ou diminuera proportionnellement; en un mot, on découvrira facilement qu'il y a dans ces faits une règle ou *loi* fixe, invariable, et quelques expériences très-simples mettront à même de prédire quel sera le degré de tension de la corde, si l'on sait la distance du poids tournant au centre du cercle et le temps qu'il met à faire chaque révolution.

VI.

Pour appliquer ce principe général à l'espèce présente, on doit considérer que la lune, dans sa course mensuelle, se meut dans un cercle autour du centre de la terre. Nous savons sa distance, ainsi que le temps qu'elle met à achever une révolution; par conséquent, nous sommes en mesure de dire avec quelle force elle tendrait une corde que l'on aurait attachée au centre de la terre. On ne peut donc révoquer en doute l'exercice de cette force par la lune. Mais sur quoi s'exerce-t-elle? Entre la lune et le centre de la terre il n'y a ni corde, ni tige, ni lien matériel ou tangible; et cependant elle est contenue avec autant de fermeté, autant de constance, dans sa route circulaire autour de la terre, que si elle était attachée au centre de celle-ci par une corde. En l'absence de corde, il faut donc qu'il y ait un agent physique qui en remplisse le rôle; il faut que quelque chose s'oppose à cette tendance que la corde, s'il y en avait une là, aurait pour but de contenir. Ce *quelque chose*, Newton découvrit que c'était l'attraction de la GRAVITATION de la terre, qui s'exerce sur la lune et la retient dans son orbite circulaire, comme la corde dont on a parlé le ferait elle-même. Comme la loi mécanique ci-devant exposée fait connaître le degré de tension que donnerait alors la lune à la corde, on peut par cette même loi calculer la force d'attraction que la terre exerce sur la lune pour la retenir dans son orbite mensuelle.

Ainsi l'on peut, en général, estimer la force d'attraction qu'exerce une masse centrale qui se meut dans un cercle autour d'elle à une distance connue et dans un temps connu.

Si, d'un côté, nous savons la distance et le temps de la révolution de la lune autour de la terre, nous savons aussi la distance et le temps de la révolution de la terre autour du Soleil. On peut ainsi, en tenant compte de la différence des deux distances, comparer la somme d'attraction que le Soleil et la terre exercent respectivement sur les corps qui circulent autour d'eux, et l'on trouve que l'attraction exercée par le Soleil sur un corps quelconque est supérieure à celle qu'exercerait la terre sur ce corps, si elle était à la place du Soleil, dans la proportion de 350,000 à 1.

Pour former un globe aussi pesant que le Soleil, il faudrait donc réunir en un seul 350,000 globes comme la terre.

VII.

Lorsqu'on a déterminé les poids et les grosseurs des corps de l'univers, on est en mesure de déterminer leurs densités et d'arriver ainsi à connaître les matériaux qui les constituent. On a vu que la grosseur du Soleil est environ 1 million 400 mille fois plus considérable que celle de la terre, et son poids dans le rapport de 350,000 à 1 seulement. Voyons maintenant quelle est la conclusion à tirer de là touchant la nature de la matière dont se compose le Soleil. Si les constituants du Soleil étaient semblables à ceux de la terre, le poids de cet astre serait nécessairement plus grand que celui de la terre dans la même proportion que son volume, c'est-à-dire que le poids du Soleil serait 1,400,000 fois celui de la terre. Mais il n'en va pas ainsi ; loin de là : les constituants du Soleil sont plus légers que ceux de la terre dans le rapport d'environ 4 à 1. La densité du Soleil est donc environ 40 pour 100 plus grande que celle de l'eau, et partant, le poids de l'orbe solaire excède le poids d'un globe de même grandeur, entièrement composé d'eau, dans cette proportion seulement.

Quoiqu'il soit assez évident pour la plupart que la forme du Soleil est sphérique, cependant il importe d'avoir de la sphéricité de cet astre une preuve plus concluante que celle résultant de ce fait que le disque du Soleil est toujours circulaire. Il se pourrait qu'un disque de matière circulaire et plat, dont la face regarderait toujours la terre, fût la forme du Soleil, et il y a beaucoup d'autres formes qui, par la disposition de leurs mouvements, pourraient offrir à l'œil une apparence circulaire aussi bien qu'un globe ou sphère. Donc, pour prouver qu'un corps est sphérique, il faut autre chose que ce fait qu'il paraît toujours circulaire à l'œil.

VIII.

Quand on dirige un télescope vers le Soleil, on découvre dans cet astre des signes ou taches qui, tout en conservant la même position l'une par rapport à l'autre, se meuvent régulièrement d'un côté à l'autre du Soleil. Elles disparaissent, restent invisibles pendant un certain temps, reparaissent de l'autre côté et passent de nouveau sur le disque du Soleil. C'est là un phénomène qui, évidemment, se produirait à la surface d'un globe pourvu de taches, si ce globe tournait sur son axe et emportait ces taches avec lui. Qu'il en soit ainsi dans l'espèce, c'est ce que prouve surabondamment ce fait que les périodes de rotation pour toutes ces taches sont exactement les mêmes, c'est-à-dire d'environ 25 1/2 jours. Telle est donc la durée de la rotation solaire, et il n'est pas douteux que le Soleil ne soit un globe, car un globe est le seul corps qui, pendant qu'il se meut d'un mouvement de rotation, puisse toujours offrir à l'œil l'apparence circulaire. L'axe sur lequel tourne le Soleil est à peu près perpendiculaire au plan de l'orbite de la terre, et le mouvement de rotation du Soleil sur son axe a la même direction que le mouvement des planètes autour du Soleil, c'est-à-dire de l'ouest à l'est.

L'une des premières conséquences de l'invention du télescope a été la découverte des taches du Soleil, et l'examen de ces taches a conduit graduellement à connaître la constitution physique du centre de notre système. Une tache solaire soumise au télescope a l'aspect d'une pièce noire intense, irrégulièrement ombrée, bordée par une frange pénombrale. L'éclat de la surface solaire se perd graduellement dans le noir de la tache. Quand on l'examine longtemps, on remarque qu'elle subit un changement dans sa forme et dans sa grandeur; elle augmente d'abord jusqu'à une limite définie, puis elle diminue; sa diminution s'accroît de plus en plus, elle devient un point, puis enfin disparaît complètement. La période qui s'écoule entre la formation de la tache, son augmentation graduelle, sa diminution subséquente et sa disparition finale, varie beaucoup. Quelques taches paraissent et disparaissent très-rapidement; d'autres persistent pendant des semaines et même des mois.

Les grandeurs des taches, les vitesses avec lesquelles se meut la matière qui forme leurs bords et leurs franges, pendant qu'elles augmentent ou qu'elles diminuent, sont proportionnées aux dimensions de l'orbe même du Soleil. Quand on pense qu'un espace à la surface du Soleil, espace dont l'étendue n'est que d'une minute, mesure réellement 27,960 milles (11,184 lieues), quand on réfléchit qu'on a vu souvent des taches dont la longueur et la largeur excédaient 2′, on peut aisément concevoir l'étendue prodigieuse qu'elles occupent.

La vitesse avec laquelle se meut quelquefois la matière lumineuse aux abords des taches, pendant l'augmentation ou la diminution de la tache, s'est dans quelques cas trouvée énorme. Mayer vit une tache dont la largeur apparente était de 90″, s'oblitérer dans l'espace de 40 jours environ. Or, les dimensions linéaires réelles de cette tache devaient être de 41,940 milles (16,776 lieues); en conséquence, le mouvement moyen par jour de la matière formant ses bords dut être de 1050 milles, vitesse équivalente à 44 milles (18 lieues) à l'heure.

Deux hypothèses, deux seulement, ont été émises pour expliquer les taches. L'une veut que ces taches soient des scories, ou des écailles obscures de matière incombustible flottant à la surface du Soleil. L'autre veut que ce soient des excavations, des ouvertures dans la matière lumineuse qui enveloppe le Soleil, et que la partie obscure de la tache soit une portion du noyau solide et non lumineux de cet astre. Dans cette dernière hypothèse, on suppose que le Soleil est un globe solide et non lumineux, couvert d'une enveloppe assez épaisse de matière lumineuse.

Les observations dont on va parler prouvent que les taches sont des excavations et non des espèces de morceaux ou pièces de matière obscures répandues à la surface solaire. Si l'on choisit une tache au centre du disque solaire, dont la forme soit définie, forme un cercle, par exemple, et qu'on surveille ses changements d'aspect lorsque, par la rotation du Soleil, elle est emportée vers le bord, on voit, en premier lieu, que le cercle devient un ovale. Cela aurait lieu, à la vérité, quand même la tache serait un morceau circulaire de matière, car un cercle vu obliquement paraît un ovale. Mais on remarque que, à mesure que la tache se meut vers le bord du limbe solaire, la pièce obscure disparaît graduellement, la frange pénombrale interne de la tache devient invisible, tandis que sa frange pénombrale externe semble prendre plus de largeur; de sorte que, quand la tache arrive au bord du Soleil, la seule partie de cette tache qui soit encore visible est la frange pénombrale externe. Or, c'est ainsi précisément que les choses se passeraient si la tache était une excavation. La frange pénombrale a pour cause les parois de l'excavation, lesquelles vont en pente jusqu'au fond de cette dernière. A mesure que la tache se trouve entraînée vers le bord du Soleil, le sommet de la paroi intérieure s'interpose entre l'œil et le fond de l'excavation, de manière à le dérober à l'œil. La surface de la paroi intérieure en pente prenant aussi la direction de la ligne de vision ou à très-peu près, diminue en apparence de largeur, et cesse d'être visible, tandis que la surface de la paroi en pente voisine du bord du Soleil, devenant presque perpendiculaire à la ligne de vision, se montre dans toute sa largeur. — En un mot, tous les changements d'aspect que subissent les taches pendant que le Soleil les emporte par sa rotation autour de lui, et que leurs distances et positions varient par rapport au centre solaire, sont exactement ce qu'ils seraient si une excavation produisait ces taches, et pas du tout ce qu'ils seraient si les taches étaient des pièces ou des morceaux de matière opaque répandus à la surface du Soleil.

IX.

On peut donc considérer comme prouvé que les taches du Soleil sont des excavations, et que le noir apparent qu'on remarque est produit par ce fait que la partie constitutive de la portion obscure de la tache est une surface complètement privée de lumière, ou une surface qui, par son voisinage de parties du Soleil plus éclairées, a son éclat obscurci. Ce fait, joint à l'aspect pénombral des bords des taches, a porté sir William Herschel à admettre l'hypothèse suivante. Le noyau solide, opaque, ou le globe du Soleil, serait entouré d'au moins deux atmosphères : l'une voisine du Soleil, et, comme la nôtre, non lumineuse; l'autre supérieure à celle-ci et où se dégagent la lumière et la chaleur. L'existence de ces deux atmosphères, l'une placée au dessus de l'autre, la supérieure seulement étant lumineuse, qu'elles soient composées ou non de strates à l'état gazeux, — cette existence paraît hors de doute.

On ne saurait dire que les parties obscures des taches sont des surfaces totalement dépourvues de lumière, car les lumières artificielles les plus intenses qu'on puisse produire, telles que celle d'un morceau de chaux vive soumis à l'action du chalumeau composé, projetées sur le disque du Soleil, paraissent aussi obscures que les taches elles-mêmes ; phénomène qu'on doit attribuer à l'éclat infiniment supérieur de la lumière solaire. Donc, tout ce qu'on peut inférer par rapport aux taches, c'est que, si elles ne sont dépourvues de toute lumière, elles sont incomparablement moins brillantes que la surface générale du Soleil.

Les taches du Soleil sont variables et irrégulières. Quelquefois le disque en est complètement dépourvu pendant des semaines ou des mois ; quelquefois il en est encombré sur certains points. Tantôt les taches sont petites, mais nombreuses ; tantôt elles ont une étendue considérable ; tantôt elles se montrent par groupes, et leurs pénombres ou franges sont en contact.

La durée de chaque tache est soumise aussi à des variations nombreuses et importantes. Une tache paraît et disparaît en moins de vingt-quatre heures, tandis que d'autres gardent leur aspect et leur position pendant neuf ou dix semaines, ou près de trois révolutions complètes du Soleil sur son axe.

On a vu quelquefois une grande tache se réduire brusquement en un grand nombre de petites.

Ces taches n'ont de régularité que dans leur position à la surface solaire. Elles sont invariablement limitées à deux zônes d'une largeur médiocre parallèles à l'équateur solaire, et séparées de lui par un espace de quelques degrés. Quant à l'équateur même et à cet espace qui sépare ainsi les zônes de taches, ils n'offrent aucun phénomène analogue.

X.

Les observateurs à qui l'on doit les conclusions précédentes sont principalement sir William Herschel, le Dr Pastorff, le professeur Capocci, et sir John Herschel; les dessins qu'ils ont faits des taches solaires s'accordent parfaitement. On donne en tête de ce chapitre quelques copies des principaux.

Les dimensions superficielles de quelques groupes de taches observés sur le soleil à la date du 24 mai 1828, en y comprenant les parois en pente, ont été calculées comme il suit :

	Milles géogr. carrés.
Groupe A, tache principale	928,000,000
taches plus petites	736,000,000
Groupe B	296,000,000
Groupe C	232,000,000
Groupe D	304,000,000
Superficie totale	2,496,000,000

On doit ajouter que, indépendamment des taches dont on vient de parler, le Soleil n'est pas uniformément lumineux dans la partie éclairée de son disque. Il présente un aspect pommelé ou marbré, qu'on peut comparer à celui de la surface ondoyante et agitée d'un océan de feu liquide, ou à une strate de nuages lumineux plus ou moins épais et d'une surface inégale, ou encore à l'aspect offert par le dépôt lent de certains précipités chimiques floconneux dans un fluide transparent, lorsqu'on les examine en-dessus. Dans l'espace immédiatement autour des bords des taches, on observe des points, couverts aussi de bandes ou raies nettement recourbées ou ramifiées, plus lumineuses que les autres parties du disque et envahies par des taches. On a donné à ces variétés d'éclat du disque solaire les noms de *facules* et de *lucules*. On les remarque surtout, en général, près des bords du disque.

XI.

On a plusieurs fois essayé de déterminer d'une manière directe l'état physique de la matière lumineuse qui enveloppe le globe du Soleil. Est-elle solide ? Est-elle liquide ? Est-elle gazeuse ?

Elle n'est pas solide. Sa mobilité extraordinaire, révélée par le mouvement rapide des bords des taches, le prouve surabondamment. D'un autre côté, un fluide susceptible d'un mouvement de 44 milles à l'heure ne peut être supposé solide; un fluide élastique seulement admet un pareil mouvement.

Il semble, d'après les expériences d'Arago, que cette matière lumineuse est gazeuse. Le Soleil serait entouré d'un océan de flamme, car la flamme n'est autre chose qu'un fluide aériforme à l'état d'incandescence. L'expérience est basée sur les propriétés de la lumière polarisée.

Il a été prouvé que la lumière émise par un corps incandescent, solide ou liquide, et se produisant dans des directions très-obliques à sa surface, même quand le corps émettant n'est pas uni ni poli, présente des traces évidentes de polarisation ; il s'ensuit que ce corps, examiné à l'aide d'un télescope polariscopique, offre deux images en couleurs complémentaires. Mais, d'un autre côté, aucun signe de polarisation ne se manifeste, quelque oblique que soit la direction des rayons émis, si la matière lumineuse est à l'état igné.

La lumière émanant du disque solaire a donc été soumise à cette épreuve. Les rayons qui viennent de ses bords se produisent évidemment dans une direction aussi oblique que possible à sa surface, et, par conséquent, dans les conditions les plus favorables à la polarisation, si la matière lumineuse était liquide. Néanmoins, les bords de la double image produite par le polariscope n'indiquent aucune trace de couleurs complémentaires ; les deux images sont également blanches, même à leurs bords.

Cette épreuve n'est applicable qu'à la matière lumineuse du bord ou près du bord du disque, car c'est de là seulement que les rayons partent avec l'obliquité nécessaire. Mais comme le Soleil tourne sur son axe, chaque partie de sa surface vient successivement au bord du disque ; par conséquent, la lumière émanant de chacune de ses parties est dans son état naturel ou non polarisé, même quand elle a le plus d'obliquité ; par conséquent aussi, la matière lumineuse est partout gazeuse.

Les phénomènes ci-dessus, et d'autres encore dont il serait trop long de parler, donnent un haut degré de probabilité à l'hypothèse de sir William Herschel. On a vu précédemment que, dans cette hypothèse, le Soleil est considéré comme un globe solide, opaque, non lumineux, entouré de deux strates concentriques de matière gazeuse, dont l'une (celle qui se trouve immédiatement à la surface du Soleil) est non lumineuse, et l'autre (celle qui flotte au-dessus de la première) est un gaz lumineux ou une flamme. Le rapport et l'arrangement de ces deux strates fluides ont une analogie avec notre propre atmosphère, qui supporte une strate de nuages. Si ces nuages étaient en feu, notre atmosphère serait l'image exacte des deux strates du Soleil.

Dans cette hypothèse, les taches solaires résultent d'ouvertures qui se font dans la strate lumineuse, et par où l'on découvre certaines parties de la surface opaque et non lumineuse du globe solide. On peut comparer ces ouvertures à celles qui se font dans les nuages de notre ciel, et à travers lesquelles une partie du firmament devient visible.

XII.

Beaucoup de circonstances révèlent l'existence d'une atmosphère gazeuse fort étendue, au-dessus de la matière lumineuse qui forme la surface visible du Soleil. On observe que l'éclat du disque solaire diminue sensiblement vers ses bords. C'est là un fait qui se produirait si le disque était entouré d'une atmosphère imparfaitement transparente ; s'il n'était environné d'aucun médium gazeux, le fait contraire aurait lieu, car alors l'épaisseur de l'enveloppe lumineuse mesurée dans la direction du rayon visuel s'accroîtrait très-rapidement du centre aux bords. Cette graduelle diminution d'éclat du centre aux bords du disque solaire a été notée par un grand nombre d'astronomes ; sir John Herschel l'a mise hors de doute en 1837. En projetant l'image du disque solaire sur du papier blanc au moyen d'un bon télescope achromatique, la diminution d'éclat du centre aux bords fut rendue tellement sensible, que l'astronome ne pût s'empêcher de s'étonner qu'on l'eût jamais mise en question.

Mais les preuves les plus concluantes de l'existence d'une atmosphère extérieure dans le Soleil ressortent de certains phénomènes qu'on observe pendant les éclipses solaires totales. On en parlera dans un autre traité.

La chaleur qu'engendre dans le Soleil un agent inconnu encore, se disperse dans l'espace environnant par rayonnement (*radiation*). Si, comme on peut le croire, la somme de cette chaleur engendrée est la même dans toutes les parties du Soleil, et si, en outre, le rayonnement est également libre et se fait sans obstacle sur tous les points de sa surface, il est évident qu'une température uniforme doit régner partout. Mais si, par une cause locale, le rayonnement éprouve plus d'obstacles sur tels points que sur tels autres, la chaleur s'accumulera sur les premiers, et la température locale y sera plus élevée que là où le rayonnement se fait librement.

Mais le seul obstacle qu'éprouve le rayonnement solaire procède de l'atmosphère dont le Soleil est entouré, atmosphère d'une hauteur énorme. Si pourtant cette atmosphère a partout la même hauteur et la même densité, elle offrira partout le même obstacle au rayonnement, et le rayonnement qui aura réellement lieu au travers, quoique plus faible que celui qui aurait eu lieu si cette atmosphère n'eût pas existé, sera encore uniforme.

Mais puisque le Soleil a un mouvement de rotation sur son axe en 25 jours 7 heures 48 minutes, son atmosphère doit, comme celle de la terre, participer à ce mouvement et aux effets de la force centrifuge sur une matière si mobile : la zone équatoriale étant entraînée avec une vitesse supérieure à 300 milles par seconde, tandis que les zones polaires ont une vitesse indéfiniment plus faible, tous les effets auxquels la terre doit sa forme sphéroïdale affecteront ce fluide avec une puissance proportionnée à sa ténuité et à sa mobilité ; il s'ensuivra qu'il prendra la forme d'un sphéroïde aplati, dont l'axe sera l'axe de rotation du Soleil. Il passera des pôles à l'équateur, et sa hauteur aux zones contiguës à l'équateur sera plus considérable qu'aux zones contiguës aux pôles, en un degré proportionné à l'ellepticité du sphéroïde atmosphérique.

Or, si l'on admet ce raisonnement, l'obstacle au rayonnement que produit l'atmosphère solaire sera plus puissant à l'équateur que partout ailleurs, et s'affaiblira graduellement de l'équateur aux pôles. La chaleur sera plus accumulée et la température plus élevée, par conséquent, à l'équateur ; elle s'affaiblira graduellement de l'équateur aux pôles, comme cela a lieu sur la terre par des raisons physiques différentes.

XIII.

Les effets de cette inégalité de température dans l'atmosphère solaire, joints à la rotation du Soleil, auront un caractère général semblable aux phénomènes résultant de la même cause sur la terre ; ils n'en différeront que dans leur intensité. Des courants inférieurs tendront comme sur la terre vers l'équateur, et des contre-courants supérieurs vers les pôles. On pourrait donc assimiler les taches du Soleil à ces régions tropicales de la terre où règnent momentanément des ouragans et des tourbillons ; la strate supérieure venant de l'équateur se trouve entraînée temporairement en bas et déplace les strates de matière lumineuse au-dessous d'elle. La surface opaque du Soleil est ainsi mise à nu entièrement ou partiellement, au-dessous. Il résulte de ces faits des tourbillons qui se dissipent et disparaissent peu à peu, en offrant cette particularité qu'ils s'apaisent inférieurement d'abord, à cause de la distance de ce point au point d'action qui se trouve dans une région plus élevée ; de sorte que leur centre semble (comme dans nos typhons, qui ne sont autre chose que de petits tourbillons) se retirer en haut (Herschel's *Cape observations*, p. 434).

Sir John Herschel maintient que cette explication s'accorde parfaitement avec ce qu'on voit pendant l'oblitération des taches solaires. — L'illustre astronome eût donné plus de prix à cette ingénieuse hypothèse, s'il eût dit pourquoi l'atmosphère lumineuse et l'atmosphère sous-jacente non lumineuse, considérées l'une et l'autre comme des fluides gazeux, ne prennent pas, par suite de la rotation, la même forme sphéroïdale qu'il attribue à l'atmosphère solaire supérieure.

XIV.

La science a prouvé que l'intensité de la chaleur à la surface du Soleil doit être sept fois plus considérable que celle du combustible en ignition dans nos hauts-fourneaux. Une autre preuve de ce pouvoir calorifique de la lumière solaire résulte de la facilité avec laquelle les rayons calorifiques traversent le verre. Herschel trouva, en se servant d'un actinomètre, que **81,6** pour **100** des rayons calorifiques du Soleil traversaient une feuille de verre épaisse de **0.12** de pouce, et que **85,9** pour **100** des rayons qui ont traversé une feuille de cette espèce en traversent une autre. (Herschel, *ibid.*, p. **133**).

XV.

Parmi les questions qui se rattachent à la condition physique du Soleil, l'une des plus difficiles est celle qui concerne l'agent auquel sa chaleur est due. L'hypothèse de la combustion, comme toute hypothèse basée sur des changements chimiques considérables dans les constituants de la surface solaire, présente des difficultés insurmontables. En l'absence de données certaines, on ne peut faire que des conjectures. Sans recourir aux changements chimiques, on peut admettre que la chaleur solaire est produite par le frottement ou par des courants électriques. On s'est, en effet, arrêté à ces deux causes. Dans la dernière hypothèse, le Soleil serait un grand FLAMBEAU ÉLECTRIQUE au centre du système.

CHAPITRE II. — LA TERRE.

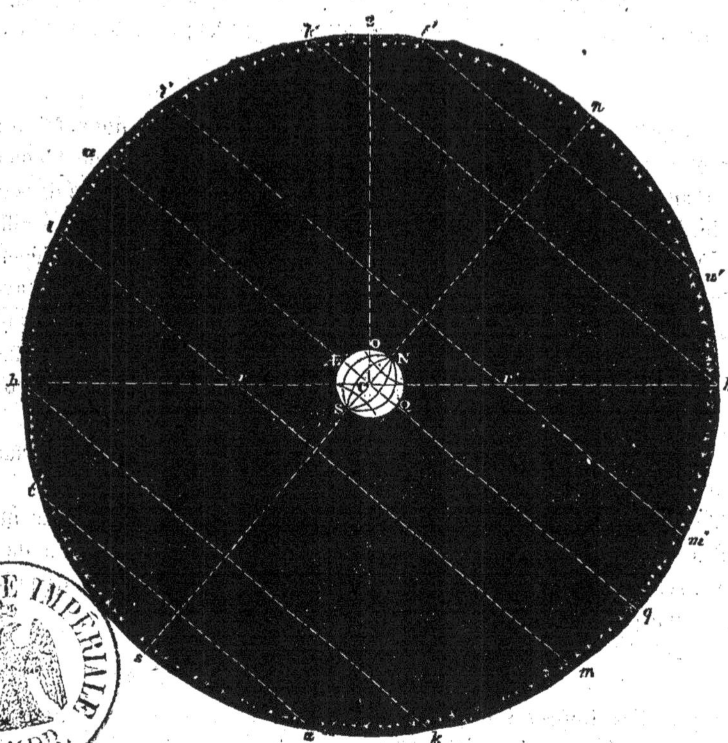

Fig. 2.

1. Il est difficile d'observer la Terre en masse. — II. Elle semble d'abord une surface plate indéfinie.— III. Le contraire est démontré puisqu'on en peut faire le tour. —IV. Preuve de la courbure de sa surface tirée des objets éloignés qu'on observe en mer, et de l'ombre qu'elle projette sur la lune. — V. Les inégalités de la surface du globe terrestre, telles que les montagnes et les vallées, sont insignifiantes. — VI. Comment on détermine la grandeur de la Terre. — VII. Longueur d'un degré de latitude. — VIII. Preuves relatives à la grandeur de la Terre. — IX. La Terre est-elle à l'état de repos? — X. Mouvement apparent du ciel. — XI. Origine du mot UNIVERS. — XII. Ce mouvement apparent peut n'être pas réel; la rotation de la Terre peut le produire. — XIII. Comment elle le produirait. — XIV. Pôles.— XV. Équateur. — XVI. Hémisphères. — XVII. Méridiens. — XVIII. Laquelle des deux rotations est la plus probable? — XIX. La rotation de l'univers impossible. — XX. Simplicité de l'hypothèse de la rotation du globe terrestre. — XXI. Preuves directes de ce mouvement. — XXII. Expériences de Léon Foucault. — XXIII. Son analogie avec les planètes. — XXIV. On doit modifier la conclusion qui donne à la Terre la forme sphérique. —XXV. Les sciences humaines ne renferment que des à peu près. —XXVI. La rotation in-

I.

« L'esprit est comme l'œil, dit Locke quelque part. Il nous fait tout voir et percevoir, mais il ne peut jamais s'envisager convenablement lui-même. » En étudiant l'univers, on rencontre quelque chose de semblable. De tous les corps qui le composent, en effet, l'un des plus difficiles à connaître est justement la planète que nous habitons. Cela dépend de notre voisinage trop prochain, de notre intimité trop complète avec elle. Confinés à sa surface, nous ne pouvons nous en distraire. Impossible d'en obtenir une *vue d'oiseau ;* jamais nous ne voyons de sa surface qu'une portion insignifiante. Il est aussi difficile à l'homme de la connaître, qu'à un animalcule microscopique de connaître la forme et les dimensions d'un globe terrestre de douze pouces de diamètre à la surface duquel il rampe.

Cependant, la science a procuré à l'homme un certain nombre de méthodes qui, indirectement, lui ont permis de déterminer la forme de la Terre, ses dimensions, sa constitution physique, avec un degré de précision remarquable.

II.

La première impression qui se produit sur l'œil d'un observateur qui n'a pas poussé plus loin ses investigations, c'est que la Terre est une surface plate, interrompue seulement par les inégalités du sol. Mais il suffit d'observer avec un peu plus d'attention les phénomènes nombreux dont tout le monde est témoin, pour corriger ce qu'il y a d'erroné dans cette impression première.

III.

Personne n'ignore aujourd'hui que, si l'on part d'un point du globe terrestre et que l'on suive toujours, ou à peu près, la même direction, on revient précisément au point d'où l'on est parti. Si la Terre était une surface plate indéfinie, ceci n'arriverait pas. Il est donc évident que, quelle que soit la forme de la Terre, c'est un corps limité de toutes parts, et dont la surface est telle qu'un voyageur ou un navigateur peut en faire complètement le tour s'il poursuit toujours sa route.

IV.

Voyons, cependant, s'il n'est pas possible d'obtenir une idée plus nette de sa forme. Lorsque, en pleine mer et hors de vue de toute terre, c'est-à-dire avec la mer et le ciel pour horizon, on se tient sur le pont d'un vais-

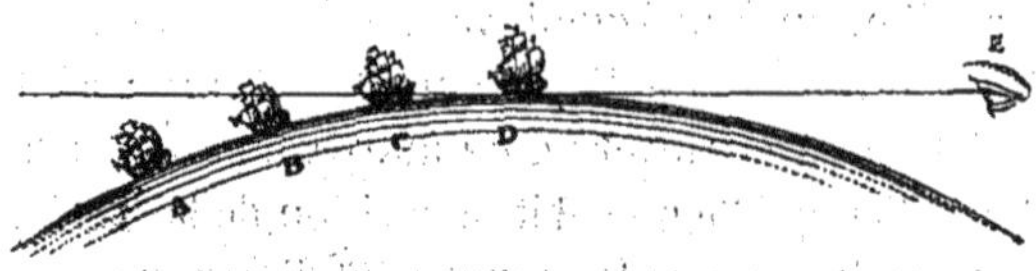

FIG. 1.

seau et qu'on plonge ses regards E (fig. 1.) dans la direction du vaisseau A qui s'avance, ce qu'on voit d'abord de ce vaisseau, c'est son grand mât qui semble sortir de l'eau, comme un pilier. A mesure qu'il se rapproche (comme en B), une plus grande partie du mât devient visible, et l'on aperçoit les voiles — coupées, toutefois, horizontalement par la ligne où le ciel et l'eau paraissent s'unir. Si le vaisseau se rapproche encore (comme en C et D), on verra enfin sa coque. Or, comme ceci a lieu de quelque côté qu'on regarde, il s'ensuit que, quand le vaisseau est à une certaine distance, il doit y avoir *quelque chose* d'interposé entre l'œil et ce vaisseau, qui en dérobe la vue ; mais comme la surface de l'eau est en général uniforme et non sujette à ces soulèvements soudains, accidentels, dont la terre ferme fournit des exemples, on ne peut expliquer ce fait que d'une manière : c'est que la forme générale de l'eau est convexe, et que sa convexité s'interpose entre l'œil et le vaisseau de façon à en dérober la vue.

Comme le même fait s'observe quelle que soit la direction que suive le vaisseau en s'avançant, on en doit conclure que la même convexité règne de toutes parts.

Si, en effet, la surface aqueuse située entre l'œil et le vaisseau était plane, la distance seule rendrait le vaisseau invisible ; mais il est prouvé qu'un vaisseau est souvent invisible à une distance où on l'apercevrait inévitablement sans l'interposition d'un corps : on peut s'en convaincre et l'on s'en convainc fréquemment en montant dans les mâts. Le marin pouvant de là voir par-dessus la convexité de l'eau, découvre des vaisseaux qu'il n'aperçoit pas du pont, quoique, à strictement parler, il soit plus près de ces vaisseaux sur le pont que dans les mâts.

Lorsque, au moment de terminer un long voyage, le marin reconnaît par ses observations, par ses calculs, qu'il approche de la côte où il veut aborder, il monte au grand mât, examine les montagnes ou toute autre terre élevée, et les distingue toujours de ce point longtemps avant qu'on les aperçoive du pont. Il les voit ensuite du pont longtemps avant de pouvoir observer le niveau général du pays. — Tous ces faits sont des conséquences naturelles, nécessaires, de la convexité de la surface de l'océan. Ils se produiraient de même sur n'importe quel point d'un continent, s'il était assez dégagé de montagnes et d'autres inégalités de terrain.

Mais on a des preuves plus irréfragables encore de la forme générale de la Terre. Quand la lune passe directement derrière la Terre, de manière à ce que l'ombre projetée par la planète dans la direction opposée au soleil, tombe sur le satellite, on remarque invariablement que cette ombre est, non pas circulaire, comme on le dit communément, mais semblable à celle qu'un globe projeterait à la surface d'un autre globe. Or, comme ce phénomène a toujours lieu quelle que soit la position de la Terre, et pendant que la Terre accomplit son rapide mouvement diurne sur son axe, il s'ensuit que la Terre doit être un globe parfait, ou un corps si peu différent d'un globe que cette différence ne peut être découverte dans son ombre.

On peut donc considérer comme démontré que la Terre a la forme d'un globe, à peu de chose près. Dans la pratique, on peut la tenir pour globe. On verra plus bas, cependant, qu'elle n'est pas un globe parfait.

V.

Beaucoup de personnes se seront dit sans doute que l'inégalité qu'on remarque à la surface de la partie du globe occupée par la terre ferme, spécialement les chaînes élevées de certaines montagnes, comme les Andes, les Alpes, l'Himalaya et autres, sont incompatibles avec l'idée d'une figure sphérique, d'un globe. Si les mots *figure sphérique* étaient employés ici dans le sens géométrique le plus strict, l'objection aurait incontestablement beaucoup de force. Mais voyons quelle est l'étendue de cette différence qui sépare réellement la figure de la Terre de la figure sphérique. La plus haute montagne du globe ne s'élève pas à plus de 5 milles (8,045 mètres, 55) au-dessus du niveau général de la mer. Le diamètre total du globe est, comme on le verra, de 8,000 milles (12,874,480 mètres, ou près de 3,219 lieues). Le rapport du sommet le plus élevé de la plus haute montagne au total du diamètre du globe est celui de 5 à 8,000, ou de 1 à 1,600. Si l'on prend un globe terrestre ordinaire de 16 pouces de diamètre, chaque pouce sur ce globe correspondra à 500 milles sur la Terre, et la 16/100 partie de son diamètre, ou la 100e partie du pouce correspondra à 5 milles. Si l'on prend donc une petite bande de papier tellement mince qu'il en fallût cent feuilles pour lui donner un pouce d'épaisseur, et qu'on la colle à la surface du globe en question, l'épaisseur de la bande représentera sur le globe de 16 pouces la hauteur des plus grandes montagnes de la Terre. Donc, les plus hautes chaînes de montagnes de la Terre ne la dépouillent de sa forme sphérique que dans la même proportion, dans le même degré, dans la même étendue, qu'un globe de seize pouces serait dépouillé de sa forme sphérique par l'application à sa surface d'une bande de papier épaisse d'un centième de pouce.

On pense que la plus grande profondeur de l'océan n'excède, sur aucun point du globe, la plus haute des montagnes terrestres. Si cela est, l'océan pourrait être représenté sur la Terre par une pellicule liquide déposée à la surface d'un globe de seize pouces avec un pinceau en poils de chameau.

On voit donc que les hauteurs et les profondeurs, qui semblent si prodigieuses aux observateurs ordinaires, ne sont rien quand on les met en regard de la grandeur de la Terre; on voit donc que, dans la pratique, on peut considérer la Terre comme un véritable globe.

VI.

Quelle est la grandeur de la Terre ? On a vu que c'était un globe. Donc, en considérant la longueur de son diamètre, on saura quelle est sa grandeur.

Si l'on décrit une ligne autour du globe, de manière à former un cercle dont le centre occupe le centre du globe, on aura ce qu'on appelle un *grand cercle* de la Terre. Or, si l'on connaît la longueur de la circonférence de ce cercle, on peut aisément calculer la longueur de son diamètre, car le rapport de la circonférence au diamètre est parfaitement connu. Mais on peut calculer la circonférence si l'on connaît la longueur d'un de ses degrés, car la circonférence se compose de 360 degrés ; il suffit donc de multiplier la longueur d'un degré par 360 pour obtenir la circonférence et, partant, pour obtenir le diamètre.

VII.

Dans le traité sur les *Latitudes* et *Longitudes*, on a vu comment se déterminait la latitude d'un lieu : supposons maintenant qu'on choisisse deux lieux sur le même méridien (ayant, par conséquent, la même longitude), et à peu de distance l'un de l'autre ; supposons encore que la distance qui les sépare peut se mesurer exactement et sans difficulté. La différence entre leurs latitudes est d'un degré et demi, par exemple, c'est-à-dire de 104 milles 35/100 (177,768 mètres 6563). On en peut donc inférer que telle doit être la longueur d'un degré de la surface de la Terre, et que, par conséquent, la longueur du degré et demi doit être des deux tiers de ce nombre ou de 69 milles 1/2 (25 lieues). Si donc on multiplie ce dernier chiffre par 360, on aura la circonférence de la Terre. Cette circonférence sera de 25,020 milles, et le diamètre de la Terre sera un peu inférieur à 8,000 milles (environ 3,200 lieues).

Le fait qu'un degré de la circonférence terrestre se compose, en nombres ronds, d'autant de fois mille pieds anglais qu'il y a de jours dans l'année, vient en aide à la mémoire d'une façon très-commode.

Les calculs qui précèdent n'ont d'autre but que de rendre les principes de l'investigation intelligibles. Les dimensions exactes, précises, de la Terre, seront données plus loin.

Ici, nous disons que la Terre est un globe dont le diamètre est 8,000 milles, c'est-à-dire 3,200 lieues.

VIII.

Il est plus facile d'énoncer ce prodigieux résultat arithmétique que d'obtenir une idée nette de la grandeur réelle qu'il exprime. Un pareil globe a une circonférence de 25,000 milles (environ 9,500 lieues). Une locomotive voyageant nuit et jour, à raison de 25 milles à l'heure (10 lieues environ), mettrait à peu près quarante-deux jours à en faire le tour.

Quand on connaît le diamètre d'un globe, on peut aisément déterminer sa surface et son volume ou masse cubique. Pour trouver la surface, on n'a qu'à prendre les $\frac{314}{100}$ du carré du diamètre, et pour trouver le volume, les $\frac{524}{1000}$ du cube du diamètre. On trouve ainsi que la surface de la Terre mesure 200 millions de milles carrés, et que son volume équivaut à environ 260 milliards de milles cubes.

Si les matériaux qui composent un globe de cette espèce étaient groupés et entassés de manière à former une colonne verticale dont la base occuperait l'Angleterre et le pays de Galles, sa hauteur atteindrait près de 4 millions 1/2 de milles.

IX.

La Terre est-elle réellement en repos, comme elle le paraît ? Pendant plusieurs milliers d'années, quiconque eût soulevé cette question aurait passé pour un insensé.

> Combien de temps une pensée,
> Vierge obscure, attend son époux !
> Les sots la traitent d'insensée ;
> Le sage lui dit : Cachez-vous.
>
> (Béranger, *Les Fous.*)

Certaines expressions des Saintes Écritures affirmaient, à ce qu'on croyait, l'immobilité du globe, et c'eût été une hérésie d'avancer le contraire. Galilée l'osa, mais les autorités ecclésiastiques de l'époque le contraignirent à se rétracter.

> Vieux soldats de plomb que nous sommes,
> Au cordeau nous alignant tous
> Si des rangs sortent quelques hommes,
> Nous crions tous : A bas les fous !
> On les persécute, on les tue.....

Cette rétractation de Galilée était, cependant, si opposée à ses convictions intimes, que, en sortant du tribunal des inquisiteurs, il ne put s'empêcher de frapper du pied la Terre et de murmurer ces paroles : « *E pure si muove,* Et néanmoins elle se meut ! » — Galilée mourut, quant au mouvement de la Terre, dans l'impénitence finale, c'est-à-dire fou ; mais :

> Qui découvrit un nouveau monde ?
> Un fou qu'on raillait en tout lieu.
> Sur la croix que son sang inonde
> Un fou qui meurt nous lègue un Dieu.
> Si demain, oubliant d'éclore,
> Le jour manquait, eh bien ! demain
> Quelque fou trouverait encore
> Un flambeau pour le genre humain.

X.

Il suffit d'examiner attentivement, la nuit, pendant quelques heures, le firmament, pour remarquer que, quoique les étoiles soient fixes l'une par rapport à l'autre, l'hémisphère, *pris en masse*, est en mouvement. Si l'on regarde le zénith, c'est-à-dire le point qui se trouve justement au-dessus de la tête, on y voit passer telle constellation après telle autre ; ces constellations, après s'être élevées obliquement de l'horizon par un côté, et après avoir gagné, puis franchi le zénith, descendent, obliquement toujours, vers l'horizon par le côté opposé. Si l'on observe plus longtemps et plus sévèrement encore ce qui se passe, si l'on compare les directions différentes affectées successivement par le même objet, on arrive à soupçonner, — ce que toute observation additionnelle corrobore, — que la voûte céleste a un mouvement de rotation uniforme, lent, autour d'un certain diamètre, ou axe ; que ce mouvement entraîne tous les objets visibles, sans apporter le moindre dérangement, le moindre trouble dans leurs positions relatives.

Lorsqu'on soumet ces vagues impressions des sens au contrôle des instruments astronomiques, on trouve que tous les phénomènes du ciel, lever et coucher des étoiles, du soleil et de la lune, leurs mouvements apparents ascendant et descendant, leurs points de culmination propres, sont ceux que présenterait une sphère ayant un mouvement uniforme autour du diamètre dirigé vers le pôle.

Le monde que nous habitons paraîtrait donc, d'après ces phénomènes, fixé au centre d'une sphère creuse d'une grandeur énorme. A la surface concave de cette sphère creuse qui nous entoure, et à une distance considérable, toutes les étoiles paraissent situées. Cette sphère, entraînant avec elle la création entière, semble tourner autour de notre monde. Elle complète sa révolution en 24 heures (plus exactement : 23 h. 56 m. 4 s. 09). Par cette rotation, les phénomènes diurnes du lever et du coucher de tous les corps célestes s'expliquent sans difficulté.

XI.

Les anciens qui, on l'a vu, croyaient à la réalité du mouvement de la sphère céleste, donnèrent à tout ce qui environne la Terre le nom d'Uni-

VERS, des deux mots UNUM, *un*, et VERSUM, *qui tourne* ou *rotation;* car les anciens supposaient qu'une force, nommée par eux PRIMUM MOBILE, ou *impulsion première*, avait imparti ce mouvement de rotation au firmament, qui l'avait toujours conservé depuis.

XII.

On comprendra facilement que la rotation apparente diurne du firmament autour de la Terre peut avoir pour cause ou la *rotation réelle* du firmament en vingt-quatre heures, ou la *rotation du globe terrestre* autour de ce diamètre situé dans la direction de l'axe autour duquel le firmament semble tourner.

En dehors de ces deux causes, toute autre hypothèse serait absurde. Le rejet de l'une entraîne l'admission de l'autre.

Mais comment la rotation de la Terre sur un axe passant par les pôles peut-elle produire l'apparente rotation diurne du firmament ?

XIII.

Supposons que la Terre soit un globe qui accomplit uniformément un tour sur son axe en 24 heures. L'univers environnant est relativement à l'état de repos, et les corps qui le composent se trouvant à des distances que l'œil seul ne saurait apprécier, paraissent comme s'ils étaient situés à la surface d'une vaste sphère céleste au centre de laquelle tourne la Terre. Cette rotation de la Terre donne à la sphère un mouvement apparent suivant une direction contraire, comme la marche en avant d'un bateau sur un fleuve donne aux rives un mouvement apparent de rétrogradation; et comme le mouvement apparent du ciel a lieu de l'est à l'ouest, il s'ensuit que la rotation terrestre à laquelle est dû ce mouvement apparent doit s'effectuer de l'ouest à l'est.

Les phénomènes du lever et du coucher des corps célestes s'expliquent parfaitement par ce mouvement de rotation. Un observateur qui se tient en un lieu à la surface de la Terre décrit un cercle autour de l'axe en 24 heures, et chaque côté du ciel s'offre successivement à sa vue dans ce laps de temps. Lorsqu'il est emporté du côté opposé à celui où le soleil se trouve, il jouit de l'aspect du ciel étoilé, visible en l'absence de l'astre du jour. Lorsqu'il se rapproche graduellement du côté où le soleil se trouve, il voit la lumière de cet astre gagner le firmament, l'aurore paraît, et, le globe terrestre marchant toujours, le soleil se révèle, et avec lui successivement tous les phénomènes de l'aurore, du matin et du coucher. Pendant que notre observateur est placé du côté du firmament occupé par le soleil, les autres corps, d'un éclat moins grand, sont noyés dans sa lumière, et tous les phénomènes du jour se manifestent. Quand, par le mouvement rotatoire continu du globe, l'observateur commence à s'éloigner du soleil, l'éclat de cet astre perd de son intensité, et finalement disparaît, en produisant tous les phénomènes du coucher et du soir. — Tels sont, en général, les phénomènes qui frappent un spectateur placé à la surface de la Terre et emporté avec elle par son mouvement de rotation. Le spectacle auquel il assiste est splendide, grandiose ; c'est un diorama sans parallèle; la Terre, sorte de plancher tournant, l'entraîne et l'amène successivement en présence des objets à voir. — Le tableau varie avec la position de l'observateur sur ce plancher, sur cette scène tournante ; en d'autres termes, avec sa position à la surface du globe.

XIV.

Le diamètre sur lequel on doit supposer que la Terre tourne, afin d'expliquer les phénomènes qui se produisent, est celui qui passe par les pôles terrestres.

XV.

Si l'on imagine un plan passant par le centre de la Terre et formant des angles droits avec son axe, ce plan rencontrera la surface et y formera un cercle qui la partagera en deux hémisphères, au sommet desquels se trouvent les pôles. Ce cercle est ce qu'on appelle l'ÉQUATEUR terrestre.

XVI.

L'hémisphère qui comprend le continent européen a reçu le nom d'HÉMISPHÈRE SEPTENTRIONAL OU ARCTIQUE, et le pôle qu'il possède celui de PÔLE TERRESTRE NORD ; l'autre hémisphère a reçu le nom d'HÉMISPHÈRE MÉRIDIONAL OU AUSTRAL, et possède le PÔLE SUD OU ANTARCTIQUE.

XVII.

Si l'on suppose la surface de la Terre coupée par des plans traversant son axe, ces plans toucheront la surface terrestre suivant des cercles qui, passant par les pôles, seront à angles droits avec l'équateur. Ces cercles portent le nom de MÉRIDIENS TERRESTRES ; on les voit dessinés sur tous les globes.

Pour mieux comprendre ces observations, reportons-nous à la figure 2. N indique le pôle nord, S le pôle sud de la Terre, et Æ Q l'équateur. Le firmament qui entoure la Terre est représenté par le cercle *n æ s q*. Si l'on prolonge l'axe S N de la Terre jusqu'au firmament, il le rencontrera en *n* et en *s*, qui sont les pôles célestes nord et sud ; et si pareillement on prolonge jusqu'au firmament le plan de l'équateur terrestre Æ Q, ce plan rencontrera le firmament en *æ q*, qui est l'équateur céleste.

Si un observateur est stationné en O, son zénith sera en *z*, et son horizon en *h h'*. Au fur et à mesure que le globe marchera d'occident en orient, il verra successivement quelque nouvelle partie des cieux à l'orient, tandis que quelque autre se dérobera à ses yeux à l'occident.

XVIII.

En admettant donc que tous les aspects diurnes offerts par le firmament, les levers et les couchers du soleil, de la lune et des étoiles, les phénomènes qu'ils présentent dans des latitudes différentes, puissent s'expliquer avec une précision identique, soit qu'on suppose que l'univers tourne chaque jour autour de la Terre, soit qu'on suppose que la Terre tourne chaque jour sur son axe, quelle est, de ces deux hypothèses, la plus vraisemblable, la plus probable ?

L'immobilité, le repos absolu du globe terrestre étant considérés par les anciens comme une sorte d'axiôme, ils adoptèrent la première hypothèse.

XIX.

Mais les travaux des astronomes modernes, mais la découverte qui en est résultée des grandeurs énormes que possèdent les principaux corps de l'univers physique, grandeurs près desquelles celle de la Terre se réduit à un point, mais la découverte des distances de ces corps, distances que les chiffres sont presque impuissants à rendre et dont les plus faibles ne s'expriment qu'en prenant pour unités le trillion, le milliard, ou le million (under the expression of which recourse is had to colossal units), — tout a contribué à faire abandonner l'hypothèse de l'immobilité de la Terre, c'est-à-dire de la rotation diurne en 24 heures, et autour de la Terre, des corps sans nombre, immenses, dont l'espace infini est peuplé. N'est-il pas moins qu'improbable, n'est-ce pas une absurdité des plus grossières, en effet, de penser que ce grain de matière dont se compose la Terre soit le centre de tant de mondes, de tant de mondes à ce point énormes ?

XX.

Si l'on hésitait à rejeter l'hypothèse de l'immobilité de la Terre, il suffirait, pour faire disparaître cette hésitation, de considérer la simplicité et par suite la probabilité de l'hypothèse contraire. La rotation du globe terrestre sur un axe passant par les pôles, avec un mouvement uniforme d'occident en orient en 24 heures, est une supposition contre laquelle on ne peut faire valoir aucune bonne raison. Ce mouvement explique au mieux l'apparente rotation diurne de la sphère céleste. Uniforme, régulier, sans secousses, les corps placés à la surface de la Terre participent à ce mouvement sans éprouver un déplacement quelconque. Les observateurs terrestres n'en ont pas plus conscience que les voyageurs enfermés dans la cabine d'un bateau qui vogue sur un canal, ou transportés au-dessus des nuages dans la nacelle d'un ballon.

XXI.

Il est prouvé que tout corps qui tombe d'une hauteur considérable ne suit pas une ligne véritablement verticale, — ce qui aurait lieu si la Terre était au repos, — mais une ligne à l'est de la verticale, — ce qui, en effet, doit avoir lieu, si la Terre a un mouvement de rotation de l'ouest à l'est.

XXII.

On doit à M. Léon Foucault un procédé ingénieux pour constater la rotation diurne de la Terre. Ce procédé a pour base le principe suivant. On sait que la direction du plan de vibration ou d'oscillation d'un pendule n'est en aucune façon affectée par le mouvement de translation que peut recevoir son point de suspension. Si, par exemple, un pendule suspendu dans un appartement et mis en vibration dans un plan parallèle à l'un des murs, est entraîné autour d'une table circulaire, son plan d'oscillation ne cessera pas d'être parallèle au mur et variera constamment, par conséquent, dans l'angle qu'il forme avec le rayon de la Terre.

Or, si un pendule, suspendu assez près du pôle terrestre pour que le cercle qui entoure ce pôle puisse être considéré comme un plan, est mis en vibration dans un plan passant par le pôle, ce plan, demeurant toujours parallèle à sa direction originelle à mesure qu'il est emporté autour du pôle par la rotation de la Terre, formera un angle variable avec la ligne menée au pôle de la position qu'il occupe. Quand il aura subi le quart d'une révolution, il formera un angle de 90° avec la ligne menée au pôle, et ainsi de suite. En résumé, la direction du pôle paraîtra amenée autour du plan de rotation du pendule.

Les mêmes effets se produiront à des distances plus considérables du pôle, mais la variation de l'angle sous le plan de vibration et le plan du méridien, sera différente ; ce qui dépend de la courbure du méridien.

Ainsi, ce phénomène est une conséquence directe de la rotation de la Terre, et fournit de ce mouvement une preuve qu'on trouve sans franchir les limites du globe.

XXIII.

Une autre preuve de la rotation de la Terre sur son axe se tire de ce fait bien constant, que les planètes qui, dans le système solaire, jouent un rôle analogue à celui de la Terre, se meuvent sur des axes et dans des temps qui ne diffèrent pas beaucoup de celui de la rotation terrestre, comme on l'a vu dans le traité sur les Planètes. (Voy. Les Planètes sont-elles habitées ?)

On peut donc dire qu'il est prouvé que la Terre n'est point fixe, à l'état de repos, mais qu'elle possède un mouvement de rotation autour du diamètre qui passe par ses pôles, rotation qui s'accomplit en un jour.

XXIV.

Après avoir exposé les preuves par lesquelles on est parvenu à conclure la forme sphérique de la Terre, il nous reste, et ceci causera probablement quelque surprise, il nous reste à modifier cette conclusion. Dans ce fait de modification, il n'y a rien d'extraordinaire : on modifie chaque jour dans le domaine des sciences.

XXV.

C'est la condition humaine, et probablement de toutes les autres intelligences finies, d'arriver à la vérité par un chemin d'épreuves et d'erreurs. Les premières conclusions auxquelles, dans les recherches physiques, conduit l'observation, ne sont jamais que des approximations vagues. Ces approximations, soumises à un examen subséquent, subissent une première série de corrections; les erreurs les plus graves disparaissent, et l'on obtient une seconde approximation plus nette; celle-ci est, à son tour, soumise à un nouvel examen et se rapproche un peu plus de la vérité. Et toujours ainsi. La vérité même, la perfection absolue, nos travaux, quels qu'ils soient, ne nous permettent pas d'y atteindre.

Ces observations s'appliquent à toutes les sciences physiques en général, et particulièrement à celle dont on traite ici.

La première conclusion à laquelle on est parvenu touchant la forme de la Terre est celle-ci : la Terre est un globe. La première conclusion relative à son mouvement est celle-ci : c'est un mouvement de rotation autour d'un des diamètres terrestres et qui s'accomplit dans l'intervalle d'un jour.

XXVI.

Donc, la première question qui se présente est celle de savoir si cette forme et ce mouvement de la Terre sont compatibles. Eh bien ! non. Il est aisé de prouver qu'avec cette forme de la Terre ce mouvement de rotation ne pourrait durer, et qu'avec ce mouvement de rotation cette forme de la Terre ne pourrait se maintenir.

La conclusion que la Terre tourne sur son axe avec un mouvement qui correspond à la rotation apparente du ciel n'admet aucune modification et veut être, de sa nature, absolument admise ou absolument rejetée. Mais la forme sphérique attribuée à la Terre a été inférée d'observations générales, sans précision complète; on en eût pu conclure d'autres et d'innombrables formes différant considérablement d'une sphère ou d'un globe géométriquement exact.

XXVII.

Personne n'ignore que, lorsqu'on fait décrire un cercle à un corps, il tend à s'échapper du centre. C'est ce qu'on appelle la FORCE CENTRIFUGE. Qu'on fasse tourner une pierre dans une fronde, cette tendance sera sensible.

A raison de la rotation de la Terre sur son axe, toute la matière qui la compose, solide et fluide, étant emportée autour de l'axe dans des cercles d'un rayon plus ou moins grand, tend à abandonner l'axe autour duquel elle tourne ; et cette tendance est d'autant plus forte dans certaines parties, qu'elles sont plus éloignées de l'axe commun.

XXVIII.

Si le globe terrestre était entièrement composé d'une matière qui pût céder à l'action de ces forces, il prendrait évidemment une forme autre que la forme exactement sphérique. Les parties voisines de l'équateur s'étendraient à une distance plus considérable de l'axe, les parties plus éloignées de l'équateur à une distance moins grande, et ainsi de suite, jusqu'à ce que, aux pôles, la rotation n'exerçât plus aucune influence sur la matière du globe. C'est ce qui aurait lieu si le globe était formé d'une matière liquide, ou à moitié liquide, ou molle, ou élastique.

La forme qu'il prendrait serait celle d'une orange ou d'un navet. Si, par exemple, N S, figure 3, est son axe, le diamètre équatorial *q q* s'augmentera de la longueur Q Q, tandis que les points situés entre *q q* et les pôles seront d'autant plus distants qu'ils seront plus voisins des pôles. Le globe n'aurait donc pas la forme N *q* S *q*, qui est celle d'une sphère parfaite, mais la forme N Q S Q, qui est celle d'un globe aplati, appelé en géométrie sphéroïde aplati.

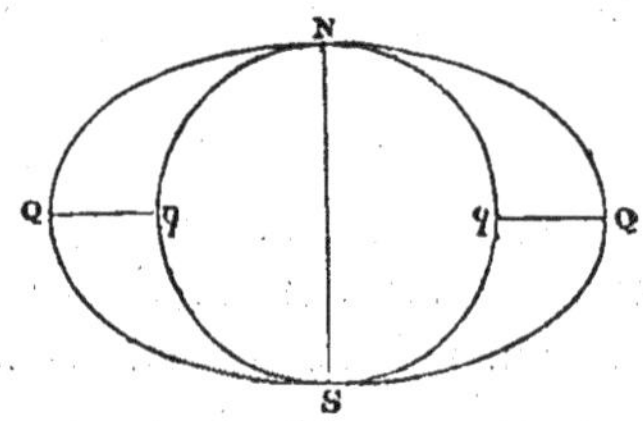

FIG. 3.

XXIX.

La forme elliptique diffère d'autant plus du cercle que le mouvement de la rotation est plus rapide, de sorte que entre le temps de rotation et le degré d'ellipticité il existe une relation fixe. Cette relation est telle que, quand la durée de rotation est donnée, la forme ovale, ou, ce qui revient au même, le rapport du diamètre équatorial au diamètre polaire peut être calculé.

XXX.

Il est donc certain que, si la Terre était composée d'une matière fluide, molle ou élastique, elle ne pourrait conserver la forme d'une sphère, mais deviendrait un sphéroïde, dont le degré d'ellipticité correspondrait à un mouvement de rotation d'une révolution par jour ; il est prouvé par le calcul que cette ellipticité serait telle, que le diamètre équatorial l'emporterait sur le diamètre polaire d'un trois centième.

XXXI.

Mais, dans son état présent, la Terre n'est pas formée d'une matière si peu résistante, et l'on se demande quel serait l'effet de la rotation diurne sur la distribution de la terre et de l'eau, si le globe terrestre était réellement un globe.

XXXII.

Les parties solides de la Terre résisteraient par leur cohésion à la tendance de la rotation à les accumuler, à les entasser autour de l'équateur ; mais il en irait autrement pour les eaux qui forment les mers et les océans. Ces eaux, eu égard à leur mobilité, à leur indépendance, obéiraient à la force centrifuge et afflueraient des régions polaires des deux hémisphères autour de l'équateur ; de cette façon, la conséquence nécessaire de la forme exactement sphérique et de la rotation diurne de la Terre serait que la surface de celle-ci se composerait de deux grands continents polaires séparés par un océan équatorial. — Mais, comme la distribution des terres et des eaux n'est pas telle sur le globe terrestre, il s'ensuit que sa forme n'est pas et ne saurait être celle d'un globe parfait.

XXXIII.

Il reste donc à trouver des moyens pour déterminer, par des mesures et des observations précises, quelle est la véritable forme de la Terre.

Si un méridien terrestre était un cercle parfait (ce qui serait nécessairement si la Terre était un globe parfait), chaque partie de ce globe aurait la même courbure. Mais s'il était une ellipse, dont le diamètre polaire fût le petit axe, il aurait une courbure variable ; la convexité serait plus grande à l'équateur et plus faible aux pôles. Si donc l'observation permet de constater que la courbure d'un méridien n'est pas uniforme, mais qu'elle augmente au contraire en allant vers la Ligne, et diminue en allant vers les Pôles, on aura ainsi la preuve que sa forme est celle d'un sphéroïde aplati.

Pour comprendre cette méthode de détermination, on doit remarquer que la courbure des cercles diminue à mesure que leurs diamètres augmentent.

Si donc on observe et mesure un degré du méridien sous des latitudes différentes, et qu'on trouve que sa longueur n'est pas toujours la même (comme elle le serait si le méridien était un cercle); si l'on trouve, au contraire, qu'elle est moins grande en approchant de l'équateur et plus grande en approchant des pôles, il s'ensuivra que la convexité ou courbure s'accroît vers l'équateur et diminue vers les pôles ; par conséquent, que le méridien a la forme, non d'un cercle, mais d'une ellipse, dont le petit axe est le diamètre polaire.

Ces observations ont été faites ; la longueur du degré, dans des latitudes différentes, depuis la Ligne jusqu'au 66° N. et jusqu'au 65° S., a été mesurée, et l'on a trouvé qu'elle varie depuis 363,000 pieds à l'équateur jusqu'à 367,000 pieds à 66° de la lat. N.

En comparant ces mesures, on a constaté que le diamètre équatorial du sphéroïde excède le diamètre polaire de 1/300e de sa longueur.

Or, telle est précisément la forme, tel est précisément le degré d'ellipticité qu'un globe, composé de substances molles ou fluides, prendrait s'il possédait une rotation sur son axe en 24 heures.

Ainsi, l'on voit que la forme de la Terre, déterminée par l'observation, fournit une nouvelle preuve de sa rotation diurne.

XXXIV.

Ce n'est pas assez de connaître les proportions de la Terre. Il faut déterminer les dimensions réelles du sphéroïde. Voici, d'après les calculs des observateurs les plus éminents et les plus récents, quelles sont les longueurs des diamètres polaire et équatorial :

	BESSEL.	AIRY.
	Milles.	Milles.
Diamètre polaire	7899.114	7899.170
Diamètre équatorial	7925.604	7925.648
Différence absolue	26.471	26.478
Excédant du diamètre équatorial ou fraction de sa longueur totale	1 / 299.407	1 / 299.330

L'accord singulier de ces deux résultats prouve d'une manière frappante la précision des calculs qui les ont produits.

XXXV.

Le sphéroïde terrestre diffère si peu, dans sa forme, d'un globe parfait, que, si l'on en plaçait sous nos yeux un modèle exact en ivoire, nous ne pourrions, soit à la vue, soit au toucher, le distinguer d'une bille de billard. La figure d'un méridien scrupuleusement tirée sur le papier ne serait distinguée d'un cercle qu'en la mesurant avec un soin extrême.

XXXVI.

La grandeur de la Terre étant bien connue, la détermination de sa masse et celle de sa densité moyenne deviennent un seul et même problème, car la comparaison de sa masse avec sa grandeur donne sa densité moyenne, et la comparaison de sa densité moyenne avec sa grandeur donne sa masse.

Les méthodes pour déterminer la masse ou la quantité réelle de matière que contient la Terre sont toutes basées sur une comparaison de la force gravitante ou attraction que la Terre exerce sur un objet, avec l'attraction qu'un autre corps, dont la masse est parfaitement connue, exerce sur le même objet. C'est un axiôme, en physique, que deux masses de matière qui, à des distances égales, exercent d'égales attractions sur le même corps, sont égales. Mais comme il n'est pas toujours possible d'amener à des distances égales les corps attirants et attirés, on peut observer leurs attractions à des distances inégales et inférer de la loi générale de la gravitation (loi en vertu de laquelle l'attraction exercée par le même corps augmente comme le carré de la distance à ce corps diminue) les attractions qu'ils exerceraient à des distances égales.

XXXVII.

Pour résoudre ce grand problème, il faut comparer directement toute la masse du globe avec quelque objet dont la masse est parfaitement connue. C'est ce qui fut fait d'abord par le Dr Maskelyne, puis par Cavendish. Le premier compara l'attraction de la Terre avec celle d'une montagne du Pertshire, nommée le Schehallion ; le second la compara avec l'attraction d'une grosse boule métallique. Tous deux arrivèrent à peu près au même résultat ; tous deux trouvèrent que la Terre est une masse de matière environ 5 fois $\frac{2}{3}$ plus pesante qu'un volume égal d'eau, ou, ce qui revient au même, que la densité moyenne de la Terre est 5 fois $\frac{2}{3}$, ou plus exactement 5,67 fois, la densité de l'eau.

Au nombre des substances dont la densité est à peu près la même que celle de la Terre, on peut mentionner l'arsenic, le chrôme, le chlorure d'argent, les oxydes de cuivre et de zinc, et le peroxyde de fer.

XXXVIII.

Le poids moyen de chaque pied cube de la Terre étant 5,67 fois plus considérable que le poids d'un pied cube d'eau, est égal à 160 kilogrammes 534. Par conséquent, le poids total de la Terre est supérieur à 6 trillions de milliards de kilogrammes (6,093,894,000,000,000,000,000).

LE TÉLÉGRAPHE ÉLECTRIQUE.

Salle de l'appareil, Bureau du télégraphe électrique, Charing Cross.

CHAPITRE PREMIER.

I. Les forces de la nature appliquées aux usages de l'homme. — II. La locomotion il y a vingt ans. — III. Circulation des nouvelles. — IV. Prédictions supposées de perfectionnements successifs. — Locomotion par voies ferrées. — V. Télégraphie électrique. — VI. Fabrication des diamants. Daguerréotype. Éclairage au gaz. Galvanoplastie. — VII. De telles prédictions eussent paru absurdes. — VIII. Le Télégraphe électrique eût semblé la plus absurde entre toutes. — IX. Expérience remarquable faite par MM. Le Verrier et Lardner. — X. Rapidité du courant électrique. — XI. La célérité de la Télégraphie est sans limites. — XII. Caractère physique de l'électricité. — XIII. Il n'est pas besoin de le connaître pour expliquer la Télégraphie électrique. — XIV. L'électricité est un fluide subtil. — XV. Ce qu'exige la Télégraphie. — XVI. Batterie voltaïque. — XVII. Elle est au Télégraphe électrique ce que la chaudière est à la machine à vapeur. — XVIII. Moyens de transmettre le fluide dans des directions voulues. — XIX. Conducteurs et isolateurs. — XX. Fils conducteurs. — XXI. Explication de la batterie voltaïque. — XXII. Transmission et suspension du courant. — XXIII. Courant établi

I.

Chaque siècle, chaque génération laisse derrière elle un caractère particulier, qui domine dans ses annales et s'associe pour jamais avec elle dans la mémoire de la postérité. Une génération se signale par l'invention de la poudre, une autre par celle de l'imprimerie; celle-ci par la renaissance des lettres, celle-là par la réforme religieuse. Les conquêtes de Napoléon illustrent une époque; les découvertes de Newton en illustrent une autre.

Si l'on demande quel sera, pour la postérité, le trait caractéristique de l'âge présent, on peut répondre : ce sont les prodiges qu'il a accomplis pour appliquer les forces du monde matériel aux usages de la vie humaine. Sous ce rapport, aucune autre époque ne peut entrer en parallèle avec lui.

Un romancier de ce temps-ci a dit que, en voulant mettre à profit dans ses ouvrages les observations qu'il avait faites sur les hommes et sur les mœurs, il lui était fréquemment arrivé d'être contraint à adoucir le réel pour qu'il eût les proportions du probable. L'historien du progrès des arts et des sciences appliqués aux usages de la vie, se trouve souvent dans la même position. Sous peine de faire naître l'incrédulité, il est obligé d'atténuer la portée des merveilles dont il est témoin.

II.

Beaucoup de personnes sont à même de se rappeler le temps où voyageurs, correspondance et marchandises se transportaient par diligence et voitures, en Angleterre. Alors on n'avait pas assez d'admiration pour certaines diligences. Il y en avait qui jouissaient auprès du public d'une célébrité sans bornes. On en parlait comme de prodiges. Les yeux rayonnaient quand on causait de *la Vieille* de Brighton, de *la Malle* de Glascow, de *la Merveille* de Shrewbury, ou du *Défi* d'Exeter ; — de *la Vieille* qui faisait sa route en cinq heures, du *Défi* qui mettait moins de trente heures à franchir la distance d'entre Exeter et Londres !

III.

On s'enorgueillissait aussi, dans ce temps-là, de la circulation prompte des nouvelles. Les étrangers ouvraient de grands yeux quand on leur disait que les nouvelles de l'après-midi formaient le sujet des conversations dans la soirée, autour des tables à thé, à huit lieues de Londres, et que les journaux du matin, sortant de la presse et humides encore, se lisaient à déjeûner dans un rayon de douze lieues, au moment même où les clubs de Londres les recevaient.

Or, supposons qu'un profond penseur, au courant de toutes les ressources de la science à cette époque, fût venu dire gravement que la génération présente vivrait assez pour voir tout ce qu'on admirait alors tomber en ruines et prendre place dans l'histoire du passé, pour faire fi des véhicules tels que *la Vieille* et *le Défi*, et les considérer comme des expédients grossiers, propres tout au plus à satisfaire un peuple à peine sorti des fanges de la barbarie !

IV.

Supposons que ce penseur eût affirmé que ses contemporains verraient une voiture, comme *le Défi*, faire le trajet d'entre Londres et Exeter, non pas en trente heures, mais en cinq heures, et tirée, non pas par 200 chevaux vigoureux, mais par un fourneau médiocre et quatre boisseaux de charbon !

V.

Supposons qu'il eût prédit que ses contemporains verraient au centre de Londres un édifice où l'on fabriquerait de l'*électricité*, qui se fournirait sur *commande*, à *prix fixe*, en quantité quelconque et d'une *force prescrite;* que des *conducteurs* partiraient de cet édifice pour se rendre sur tous les points du pays et y transporteraient à volonté l'électricité fabriquée à Londres; qu'il y aurait dans le même édifice de petits instruments semblables à des orgues portatifs ou à des pianos-forte; qu'au moyen de ces instruments l'électricité susdite transmettrait, à la volonté de leurs directeurs, des messages par toute l'Europe, depuis Pétersbourg jusqu'à Naples; qu'on recevrait instantanément les messages répondant à ceux-là, et au moyen d'instruments pareils; qu'enfin, dans le même édifice toujours, il y aurait des bureaux où chacun, hommes et femmes, pourrait entrer à toute heure, et envoyer, pour quelques francs, un message *électrique* à Paris ou à Vienne, et recevoir de là, après quelques instants d'attente, une réponse complète !

Qui n'eût dit à ce prophète ce que Dieu dit à Job : « Enverras-tu les foudres de sorte qu'elles partent et te disent : Nous voici ! » (Job, chap. 38, v. 35.)

Supposons encore que notre savant eût annoncé qu'on pourrait bientôt, dans telle ou telle ville d'Europe, prendre en main un pinceau ou une plume dont le bout se trouverait dans telle autre ville plus ou moins distante, et qu'il serait possible, avec cette plume ou ce pinceau, d'écrire ou de dessiner dans cette dernière ville tous les caractères ou dessins qu'on jugerait convenable; que ces caractères et ces dessins seraient tracés avec autant de promptitude, autant de précision que si l'on avait dans la main, devant soi, le papier où on les tracerait; enfin, qu'on pourrait, en tirant à Londres une ficelle, faire sonner une cloche à Vienne, ou mettre, de Pétersbourg, le feu à un canon braqué sur Naples !

VI.

Supposons qu'il eût affirmé que le charbon serait converti en diamant; que la lumière solaire serait contrainte à dessiner un portrait, sans l'intervention de la main de l'homme, avec une fidélité, une précision, une vérité défiant toute comparaison, et que ce dessin serait achevé, fini, rendu dans ses détails les plus minces en quelques secondes et même en une fraction de seconde; que les lampes et les bougies seraient remplacées par une lumière qui se fabriquerait sur une vaste échelle dans les faubourgs des villes, et se distribuerait par des tuyaux, sous les rues, dans les maisons et dans les édifices qu'on voudrait éclairer; que les métaux précieux et autres, dissous dans des liquides, se transformeraient spontanément en objets d'utilité et d'ornement, sans que l'homme contribuât à cette métamorphose par un travail manuel !

Ni la science, ni l'autorité, ni la réputation d'un pareil prophète quelque considérables qu'elles eussent été, n'aurait pu, il y a quarante ans, empêcher qu'on ne le crût atteint d'aliénation mentale. Et cependant, ces prédictions merveilleuses, nous les voyons de nos yeux, nous les touchons de nos mains; ce ne sont plus des prédictions, ce sont des faits accomplis, des faits qui nous sont devenus si familiers aujourd'hui, qu'on ne pense plus à s'en étonner.

VII.

Que sont, en face de ces réalités, les fictions des romans de l'Orient? Le faux ne se trouve-t-il pas au-dessous du vrai? Les hauts faits d'Aladin ne sont-ils pas dépassés? Et les esclaves de la lampe merveilleuse ne doivent-ils pas céder le pas aux génies qui président à la batterie électrique, à la machine à vapeur?

VIII.

De tous les agents physiques découverts par la science moderne, le plus fécond et le plus utile est incontestablement l'électricité; et de toutes les applications de ce subtil agent, la plus admirable dans ses effets, la plus étonnante dans ses résultats, la plus importante dans son influence sur les relations sociales, sur la diffusion des connaissances et le progrès de la civilisation, c'est le Télégraphe électrique. En présence de cette merveilleuse application de la science, on éprouve toujours un vif sentiment d'admiration.

IX.

Il y a quelques années, MM. Le Verrier, Lardner, et quelques autres savants, reçurent l'invitation de faire à Paris une série d'expériences devant des Commissions de l'Assemblée Législative et de l'Institut : il s'agissait d'essayer un appareil télégraphique. On opérait au Ministère de l'intérieur. Un message d'environ 40 mots fut adressé à l'un des employés de la station de Valenciennes, c'est-à-dire à 68 lieues de Paris. Deux minutes et demie suffirent pour qu'il arrivât à destination. Cinq minutes environ s'écoulèrent, pendant lesquelles on envoya chercher l'employé alors absent. Puis, à l'expiration de ce délai, le Télégraphe commença à exprimer la réponse ; elle se composait d'environ trente-cinq mots et fut expédiée et transcrite en deux minutes. Ainsi, quatre minutes et trente secondes suffirent pour envoyer à 68 lieues un message de 40 mots et pour en recevoir en réponse un autre de 35 mots.

Mais l'expérience suivante donna des résultats plus étonnants encore. MM. Le Verrier et Lardner en donnèrent l'idée.

Deux fils métalliques, partant de la salle d'opération et se rendant à Lille, furent réunis dans cette ville, de manière à ne former qu'un fil continu, s'étendant de Paris à Lille et de Lille à Paris, c'est-à-dire ayant une longueur de 135 lieues. On prit ensuite plusieurs rouleaux de fils métalliques entourés de soie et mesurant une longueur de 300 lieues, qu'on joignit à l'extrémité du fil revenant de Lille ; ce qui donna un fil continu de 430 lieues environ. Un message composé de 282 mots fut alors transmis par un bout du fil. Une plume attachée à l'autre bout se mit immédiatement à écrire le message sur une feuille de papier mue sous la plume à l'aide d'un mécanisme ; le message tout entier fut écrit en présence de la Commission, lettre par lettre, sans abréviation aucune, en *cinquante-deux secondes* ; ce qui donne en moyenne *cinq mots quatre dixièmes par seconde !*

On peut donc transmettre une nouvelle à la distance de plus de 400 lieues à raison de 19,400 mots par heure ! On peut donc transmettre à la distance de 400 lieues, dans l'espace d'une heure, le contenu de quarante des pages du livre que vous lisez en ce moment !

Mais il ne faut pas croire, d'après ce qui précède, que la transmission d'une nouvelle ou d'un message au-delà de 400 lieues demandât un temps beaucoup plus considérable.

X.

Quoique la vitesse du courant électrique n'ait pas été très-exactement mesurée, il est incontestable que ce courant a une telle rapidité, que, pour passer d'un point quelconque de la surface du globe à un autre, il ne lui faudrait pas plus d'une fraction de seconde, encore cette fraction seraitelle inappréciable.

XI.

Si donc, au lieu d'envoyer une dépêche à 400 lieues, on l'eût envoyée à 8000 lieues, la transmission ne s'en fût pas moins faite instantanément. Une dépêche pourrait faire plusieurs fois le tour de la terre entre les deux battements d'une horloge, et s'écrire plus promptement au lieu de destination qu'elle ne serait répétée de vive voix. Quand on considère de pareils résultats, on se demande, avec le poète, « si l'on n'est pas sous le coup d'un rêve, ou sous l'influence de cette racine qui fait la raison prisonnière. » Dans ses écarts les plus étranges, l'imagination la plus exaltée n'a rien produit qui approche de ces réalités. Shakespeare n'osa pas faire faire à son farfadet le tour de la terre en moins de quarante minutes :

« Put a girdle round the earth
« In forty minutes. . . . »

(*Songe d'une nuit d'été*, act. 2, sc 2.)

On eût regardé comme quelque chose de trop monstrueux, de trop absurde, de la lui faire parcourir plusieurs fois en une seconde. Son titre de farfadet, son nom de Robin-bon-Diable n'eussent point été une excuse suffisante.

XII.

Quel est le caractère physique de l'électricité? On est loin de s'accorder sur ce point. Suivant quelques-uns, l'électricité est un fluide infiniment plus léger, infiniment plus subtil que le gaz le moins dense, le plus impalpable; il est susceptible de se mouvoir dans l'espace avec une vitesse proportionnée à sa subtilité, à sa légèreté. Les uns considèrent ce fluide comme simple. D'autres veulent qu'il soit composé, formé de deux fluides simples ayant des propriétés opposées, qui, lorsqu'ils sont en combinaison, se neutralisent l'un l'autre, mais qui recouvrent leur activité par la décomposition. D'autres le regardent, non comme un fluide particulier qui se meut dans l'espace, mais comme un phénomène analogue au son; de même que les pulsations de l'atmosphère produisent tous les effets du son, de même, suivant eux, ce sont des ondulations ou vibrations propagées à travers un milieu très-élastique qui produisent les divers effets électriques.

XIII.

Heureusement, il n'est pas nécessaire de résoudre ces questions difficiles pour comprendre les lois qui régissent les phénomènes sur lesquels repose la Télégraphie électrique. Il est bon toutefois, pour arriver à une explication claire, d'employer un langage qui implique l'existence d'un certain fluide qu'on appellera fluide électrique, pouvant se mouvoir sur certains corps, empêché ou totalement arrêté dans sa marche par d'autres, et qui, par sa présence ou par sa proximité, produit certains effets définis, mécaniques et chimiques.

XIV.

Que l'agent électrique soit ou ne soit pas un fluide matériel, peu importe ici. Il suffit qu'il se comporte comme tel, et que les propriétés ou les effets qu'on lui attribuera soient ceux que l'observation et l'expérience indiquent qu'il possède ou qu'il produit.

XV.

Quelles que soient les formes qu'on ait données aux Télégraphes électriques, leur puissance dépend, dans tous les cas, du pouvoir de produire à volonté les effets suivants :

1° Il faut qu'on puisse produire ou développer le fluide en quantité voulue et en qualité nécessaire ;

2° Il faut qu'on puisse l'envoyer promptement à n'importe quelle distance, sans qu'il se perde en route d'une manière notable;

3° Il faut qu'il produise au point d'arrivée des effets sensibles, qui jouent le rôle des caractères écrits ou imprimés.

XVI.

Le fluide électrique se trouve à l'état latent en quantité illimitée dans la terre, dans les eaux, dans l'atmosphère et dans tous les corps terrestres, soit solides, soit liquides, soit gazeux. Il sort de cet état latent et devient actif par différentes causes naturelles ou artificielles. Le frottement réciproque des corps, le contact et la pression, la contiguïté ou le contact des corps à une température différente, l'action chimique des corps l'un sur l'autre, l'action des corps magnétiques l'un sur l'autre et sur les corps susceptibles de magnétisme : telles sont les causes du développement du fluide électrique en plus ou moins grande quantité.

Plusieurs appareils, fondés sur ces phénomènes, ont été inventés. Par leur intermédiaire, on peut dégager le fluide électrique et le rassembler en toute quantité voulue et avec telle ou telle intensité. Au nombre de ces appareils, il en est un qui sert supérieurement la Télégraphie électrique, c'est la BATTERIE GALVANIQUE OU VOLTAÏQUE.

XVII.

Cet appareil est au Télégraphe électrique ce que la chaudière est à la machine à vapeur. C'est le générateur du fluide par qui l'action de la machine télégraphique est produite et alimentée. Quantité, qualité ou intensité du fluide, dans telle proportion qu'on veut, il les fournit. De même qu'on peut varier la quantité et la pression de la vapeur dans la chaudière, selon les exigences des travaux auxquels est appliquée la machine, de même on peut varier la quantité et l'intensité du fluide électrique que dégage la batterie, suivant la distance à laquelle on veut faire parvenir le message, et suivant qu'on veut qu'il parvienne à destination, soit visible, soit oral, écrit ou imprimé.

XVIII.

Mais ce n'est pas assez d'obtenir une quantité suffisante de fluide électrique. Il faut de plus qu'on puisse le transmettre à telle et telle distance sans perte trop grande.

S'il était possible de construire facilement et à bon marché des tubes ou tuyaux par où circulerait le fluide, et qui pussent le retenir lors de son passage, le but serait atteint. De même que la batterie voltaïque est l'analogue de la chaudière, de même ces tubes seraient, par leur forme et par leur rôle, les analogues du tuyau d'apport d'une machine à vapeur.

XIX.

On est arrivé à ce résultat. Le fluide électrique a, chacun le sait, la propriété de circuler librement à travers certains corps nommés *conducteurs*, tandis qu'il est arrêté dans sa marche par d'autres corps nommés *mauvais conducteurs*.

Les plus remarquables, entre les premiers, sont les métaux ; et parmi les seconds, ce sont les résines, le verre, la porcelaine, la soie, le coton, la cire, l'air sec, etc.

XX.

Or, si l'on enduit de cire ou si l'on entoure de soie une barre ou un fil métallique, le fluide électrique passera librement le long du métal, parce qu'il est bon conducteur, et ne pourra s'échapper latéralement à cause de l'enveloppe ou de l'enduit qui entoure le métal, parce que cette enveloppe ou cet enduit est un corps mauvais conducteur, un corps isolant.

Le corps isolant est dans ce cas, par rapport à l'électricité, comme un véritable tube ou tuyau, car le fluide électrique traverse le métal inclus dans l'enveloppe absolument comme l'eau ou le gaz traversent leurs tuyaux de conduite ; il n'y a qu'une différence, c'est que le fluide électrique se meut le long du fil plus librement que le gaz ou l'eau dans leurs tuyaux de conduite.

Si donc un fil métallique, enveloppé d'une substance non conductrice, capable de résister aux changements de temps, était tendu entre deux points éloignés, et qu'un bout de ce fil fût attaché à l'une des extrémités d'une batterie voltaïque, un courant d'électricité passerait le long du fil, — *pourvu que l'autre bout du fil fût relié par un conducteur à l'autre extrémité de la batterie.*

XXI.

Comment le fluide transmis à une station éloignée est-il amené à produire les effets d'où résulte l'expression des messages ? c'est ce qu'on expliquera plus loin. Préalablement, on exposera la forme et le principe des batteries voltaïques employées dans les opérations télégraphiques, puis les procédés auxquels on a recours pour transmettre, suspendre, transporter le courant d'une direction dans une autre à la volonté de l'opérateur, aux stations d'où l'on envoie les dépêches.

Pour comprendre le principe de la batterie voltaïque, supposons que deux bandes coupées, l'une ZZ dans une feuille de zinc, et l'autre C C dans une feuille de cuivre, sont plongées dans un vase renfermant de l'eau légèrement acidulée (voy. fig. 1). Aux bords supérieurs P et N des deux bandes, il y a deux fils métalliques P *p* et N *n* soudés. Dans cet état de l'appareil, il ne se manifeste aucun dégagement d'électricité ; mais si l'on met en contact les extrémités *p* et *n* des fils, il s'établit un courant électrique, qui envahit les fils en partant de P, point où le fil est soudé au cuivre C C, pour se rendre en N, point où l'autre fil est soudé à la lame de zinc Z Z. Ce courant circulera tant que les bouts *p* et *n* des fils seront en contact, mais pas plus longtemps. Dès que les bouts *p* et *n* seront séparés, le courant s'arrêtera.

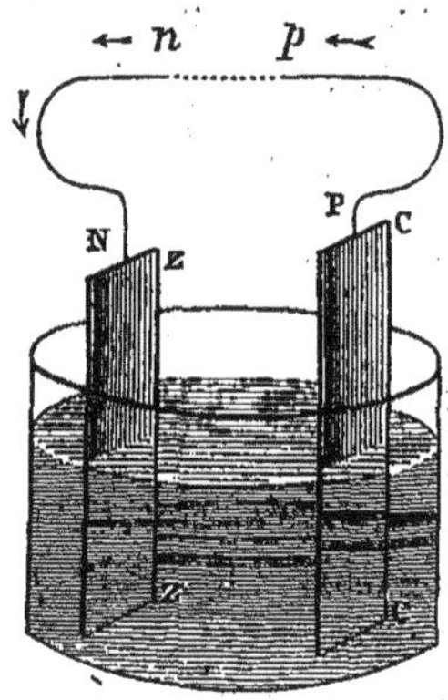

Fig. 1.

XXII.

La naissance du courant lorsque les fils sont mis en contact, et sa cessation lorsqu'ils sont séparés, sont absolument *instantanées*, de sorte que, si les bouts *p* et *n* des fils étaient mis en contact et séparés cent fois dans une seconde, il y aurait cent fois dans une seconde production et suspension du courant électrique. — Peu importe, dans ce cas, quelle est la longueur des fils P *p* et N *n*. Qu'ils aient 10 pieds, 10 lieues ou 40 lieues, le courant électrique y passera dès que les extrémités *p* et *n* seront mises en contact. Il n'y aura de différence que dans l'intensité du courant, qui sera d'autant plus faible que les fils seront plus longs.

XXIII.

Il est une autre condition fort importante, soit au point de vue théorique, soit au point de vue pratique. relative à l'établissement et au maintien du courant.

Au lieu de mettre les fils métalliques P *p* et N *n* en contact, on les prolonge par en bas, comme dans la fig. 2, et on les rattache à deux plaques

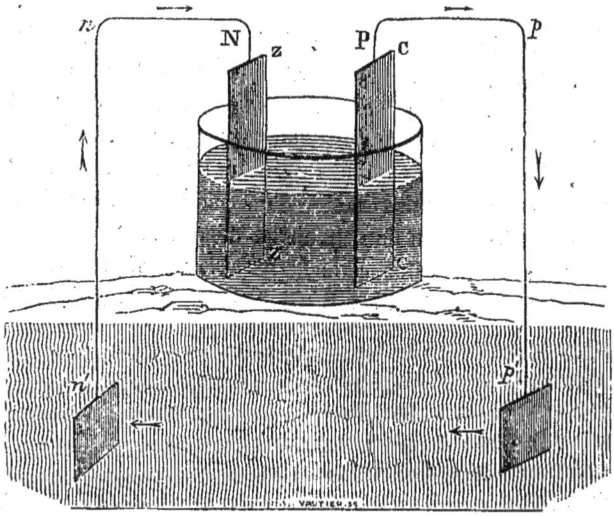

Fig. 2.

métalliques, *p'* et *n'*, enfoncées dans le sol, ou à des masses métalliques et autres corps bons conducteurs quelconques, enfoncés dans le sol pareillement. Le courant s'établit alors comme dans le cas précédent ; il circule dans le fil soudé au cuivre de P en *p'*, et dans le fil soudé au zinc de *n'* en N.

Ainsi, dans l'un et dans l'autre cas, le courant part du cuivre, traverse les fils métalliques et retourne au zinc. Mais dans le premier cas le courant est continu, tandis que dans le second il est rompu en apparence ; car il se termine en *p'* et recommence en *n'*.

XXIV.

Dans les théories électriques, on suppose que le courant, quand il existe, doit toujours être continu et non interrompu de P en N, c'est-à-dire comme il est réellement dans la fig. 1, où les bouts *p* et *n* des fils métalliques sont en contact. On suppose en conséquence que, dans l'espèce de la fig. 2, la strate terrestre interposée entre *p' n'* remplit le rôle d'un fil métallique joignant ces deux points, et que le courant qui arrive par le fil P *p p'* traverse le sol, comme l'indiquent les flèches, pour gagner *n'*, d'où il se rend en N après avoir traversé le fil *n' n* N.

On remarque aussi dans cette espèce que l'existence du courant est indépendante des longueurs des fils : la longueur des fils n'a d'autre effet que de diminuer l'intensité du courant. Que les fils aient 10 pieds de long, ou 10 lieues, ou 40 lieues, le courant passe toujours de P en p' et revient toujours de n' en N.

XXV.

Ainsi, si l'on admet ce principe généralement reconnu, que la couche terrestre interposée entre p' et n' joue le rôle d'un fil conducteur en joignant les bouts p' et n' des fils plongés dans le sol, il s'ensuivra que le courant en p', quoique séparé, comme il peut arriver, par une distance de plusieurs centaines de milles du point n' par lequel il revient en N, trouve néanmoins sa route à travers le sol pour gagner instantanément et sans se tromper ce dernier point N.

De tous les miracles de la science, voilà sans contredit le plus grand. Un courant de fluide électrique a sa source dans les caves du Bureau central du télégraphe électrique, dans Lothbury, à Londres. Ce courant circule sous les rues de la métropole, et, après avoir traversé des fils métalliques suspendus le long d'un certain nombre de chemins de fer, va gagner Edimbourg où il se plonge dans le sol et se répand sur la plaque métallique qui y est enfouie. De là, il s'échappe à travers la croûte du globe terrestre et revient dans les caves de Lothbury !...

Au lieu de plonger des plaques métalliques dans le sol, on pourrait attacher chaque bout des fils aux tuyaux de conduite du gaz ou des eaux ; ces tuyaux, étant bons conducteurs, transporteraient pareillement le fluide dans le sol. Alors, chaque dépêche télégraphique envoyée à Edimbourg sur les fils métalliques qui bordent les voies ferrées, reviendrait d'abord par les tuyaux à gaz qui servent à l'éclairage d'Edimbourg, puis par le sol interposé entre ceux-ci et les tuyaux à gaz de Londres, enfin par ces derniers, aux batteries électriques des caves de Lothbury !

XXVI.

Dans ce qu'on vient d'exposer, il est utile de distinguer ce qui est essentiel de ce qui n'est que secondaire et peut subir des modifications ou des changements, sans que le résultat s'en trouve affecté.

On remarquera que le fluide électrique se dégage, quand trois corps sont combinés, savoir : le zinc, le cuivre et la substance acidulée dans laquelle ils sont plongés. Le courant est produit par l'action chimique de cette substance sur le zinc. Le zinc, s'oxydant très-facilement, décompose l'eau qui se trouve en contact avec lui. L'un des constituants de l'eau se combine avec le zinc et donne naissance à un composé qu'on appelle oxyde de zinc ; cet oxyde, à son tour, entre en combinaison avec l'acide que l'eau tient en dissolution et forme un sel soluble. Si, par exemple, l'acide est celui qu'on nomme acide sulfurique, le sel sera du sulfate de zinc, et aussitôt qu'il se produira, immédiatement il sera dissous dans l'eau où les lames métalliques sont plongées.

Cependant, le cuivre, n'étant pas susceptible d'action chimique comme le zinc, reste comparativement intact, inattaqué par la dissolution. Mais l'hydrogène, qui s'est dégagé pendant la décomposition de l'eau, se rassemble à sa surface, puis s'élève et s'échappe par bulles à la surface de la dissolution.

XXVII.

C'est à l'action chimique de la dissolution acidulée qu'est due la production du courant électrique. Si cette action s'était fait sentir au même degré sur le cuivre, un courant électrique similaire, également intense, se fût produit en sens contraire ; alors les deux courants se fussent neutralisés l'un l'autre, et aucun effet électrique n'eût eu lieu.

On voit donc que l'efficacité de la combinaison dépend de ce que l'un des deux métaux plongés dans la dissolution est plus oxydable que l'autre ; on voit également que la force de l'effet et l'intensité du courant seront d'autant plus grandes que l'un des deux métaux s'oxydera plus facilement que l'autre.

XXVIII.

On peut, en conséquence, généraliser le principe et dire qu'il se développera de l'électricité et qu'un courant se produira avec deux métaux, quels qu'ils soient, pourvu que l'un s'oxyde plus facilement que l'autre.

Comme le zinc est l'un des métaux le plus facilement oxydables, qu'il est abondant et à bon marché, on l'emploie de préférence, en général, dans les combinaisons voltaïques. L'argent, l'or, le platine s'oxydent moins facilement que le cuivre et seraient par conséquent préférables, mais leur prix est trop élevé, et d'ailleurs le cuivre suffit.

XXIX.

Il n'est pas absolument nécessaire que l'élément inoxydable C C de la combinaison soit un métal. Il faut seulement qu'il soit un bon conducteur de l'électricité. On a donc, dans certaines combinaisons voltaïques, substitué au cuivre du charbon convenablement solidifié.

Dans les fig. **1** et **2**, on a supposé que les éléments métalliques de la combinaison sont des bandes rectangulaires et minces taillées dans une feuille de métal. La forme de ces bandes ou lames n'est cependant pas essentielle à la production du courant électrique. Tant que la grandeur des surfaces en contact avec la dissolution demeure la même, le courant a la même force. Les lames métalliques peuvent, en conséquence, avoir la forme de plaques rectangulaires comme ci-dessus, ou celle de cylindres creux ; mais, dans ce dernier cas, il faut que le cylindre de cuivre ait un diamètre plus petit que le cylindre de zinc, afin qu'il puisse entrer dans celui-ci sans qu'il y ait mutuel contact.

La disposition adoptée d'abord par Volta consistait en deux disques métalliques égaux, l'un de zinc, l'autre de cuivre ou d'argent, séparés l'un de l'autre par un disque de drap ou de carton, trempé dans une dissolution acide ou saline. Ils étaient d'ordinaire posés l'un sur l'autre horizontalement. — Le Dr Wollaston proposa une autre disposition. Il pliait la plaque de cuivre de manière à former deux plaques parallèles, en ménageant entre elles un espace pour l'insertion du zinc et en empêchant le contact des plaques par l'interposition de morceaux de liége ou d'un autre corps mauvais conducteur. Le tout était plongé ensuite dans un acide dilué, contenu dans un vaisseau de porcelaine. — Le Dr Hare, de Philadelphie, est aussi l'auteur d'une pile. Cette pile consiste en deux plaques métalliques, l'une de zinc, l'autre de cuivre, de longueur égale, roulées ensemble en spirale et séparées l'une de l'autre par un espace d'un quart de pouce. Elles sont maintenues parallèles, sans contact, à l'aide de deux traverses en bois, l'une en haut, l'autre en bas, pourvues de crans à des distances convenables où les plaques sont insérées, et ayant un axe commun. On met le tout dans un vase cylindrique de verre ou de porcelaine d'une grandeur correspondante et renfermant le liquide *excitant*. — Cette pile offre le grand avantage de fournir une surface électro-motrice très-considérable sous un volume très-faible. — Le liquide excitant employé dans ces batteries, quand on veut avoir une force puissante, est une dissolution dans l'eau de **2 1/4** pour **100** d'acide sulfurique et de **2** pour **100** d'acide nitrique. On obtient une action moins intense, mais plus durable, avec une dissolution de sel commun ou de **3** à **5** pour **100** d'acide sulfurique seulement.

XXX.

Il n'est pas essentiel que l'eau où sont plongés les métaux soit acidulée, comme on l'a supposé, avec de l'acide sulfurique. Il suffit d'un acide qui provoque l'oxydation du zinc sans affecter le cuivre. Il n'est pas non plus nécessaire d'employer un acide. On préfère souvent une dissolution saline. Ainsi, du sel commun dissous dans l'eau produira l'effet voulu.

Dans la Télégraphie électrique on se sert de la combinaison cuivre et zinc ci-devant décrite, de la batterie constante de Daniell, de la batterie de Grove, de la batterie de Bunsen qui est une modification de celle de Grove, et de l'appareil magnéto-électrique.

La combinaison de Daniell, fort en usage dans les télégraphes du continent, se compose d'un vase cylindrique de cuivre C C, fig. 3, s'élargissant près du sommet *a d*. Dans ce vase on en place un autre, pareillement cylindrique, en porcelaine non vernie *p*. Le cylindre creux en zinc Z, décrit précédemment, se place dans ce dernier. L'espace entre les vases de cuivre et de porcelaine est rempli d'une dissolution saturée de sulfate de cuivre, qu'on entretient à l'état de saturation en introduisant des cristaux

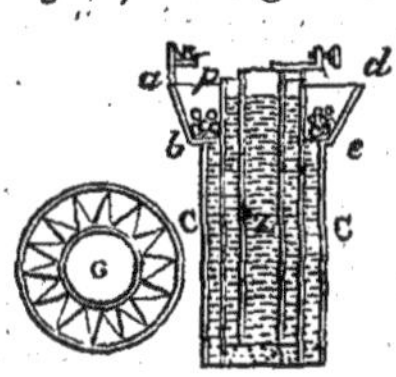

FIG. 3.

de ce sel dans la coupe large *a b c d*, au fond de laquelle se trouve une grille formée de fils métalliques disposés en zigzags entre deux anneaux concentriques, comme on le voit dans le plan G. Le vase *p*, qui contient le zinc, est rempli d'une dissolution d'acide sulfurique qui possède de 10 à 15 pour 100 d'acide quand on veut une grande force électro-motrice, et de 1 à 4 pour 100 quand on ne veut qu'une force modérée. — La modification suivante du système de Daniell a été adoptée par M. Pouillet. C'est ce système ainsi modifié que la télégraphie française a préféré. Un cylindre creux et mince *a*, fig. 4, en cuivre, est lesté avec du sable *b*; ce cylindre a un fond plat *c* et un sommet conique *d*. Au-dessus du sommet conique les parois du cylindre de cuivre se prolongent et se terminent en

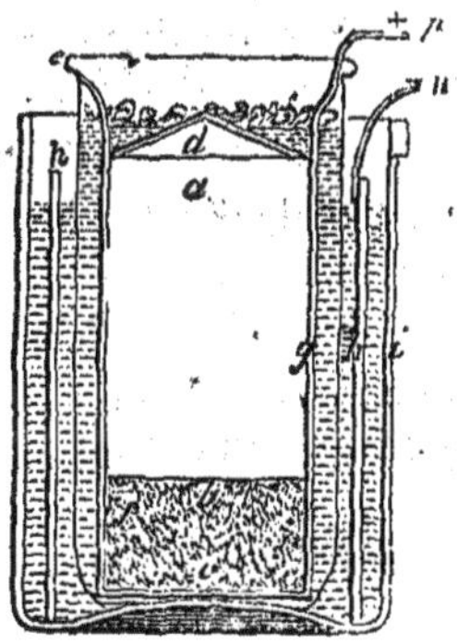

FIG. 4.

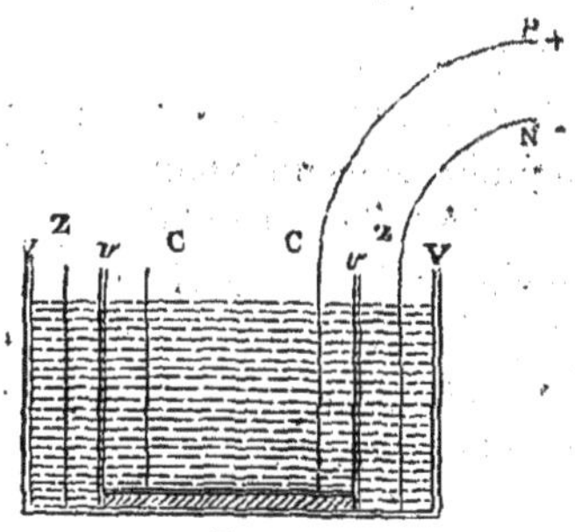

FIG. 5.

saillie *e*. Entre cette saillie et la base du cône, près de la base, se trouve une grille. On place le vase de cuivre dans une vessie qui s'y adapte librement comme un gant et qu'on attache autour du col sous la saillie *e*. La dissolution saturée de sulfate de cuivre est déposée dans la coupe au dessus du cône, et, passant à travers la grille, elle remplit l'espace entre la vessie et le vase de cuivre. On la maintient à l'état de saturation en versant dans la coupe des cristaux du sulfate. On plonge alors le vase de cuivre dans un vase de porcelaine vernie *i*, contenant une dissolution de sulfate de zinc ou de chlorure de sodium (sel commun). Un cylindre creux en zinc *h*, fendu latéralement à ses extrémités pour qu'on puisse à volonté l'élargir, le distendre ou le resserrer, est plongé dans cette dissolution qui entoure la vessie. Les pôles sont indiqués par les conducteurs *p* et *n;* le pôle positif part du cuivre, et le pôle négatif du zinc. — M. Pouillet dit que l'action de cet appareil se soutient sans variation sensible des jours entiers, pourvu qu'on ait soin d'approvisionner la coupe au dessous du cône *d* de cristaux de sulfate de cuivre, afin de maintenir la saturation de la dissolution. — Dans les batteries des télégraphes des chemins de fer français, le liquide où le cylindre de zinc est plongé est de l'eau pure; on trouve que cela suffit. — Le courant passe du cylindre de cuivre et retourne comme à l'ordinaire au zinc.

La batterie de Grove se compose de deux liquides, les acides sulfurique et nitrique, et de deux métaux, le zinc et le platine, disposés comme il suit : — Un cylindre creux en zinc Z Z, fig. 5, ouvert à ses deux bouts, est introduit dans un vase de porcelaine vernie V V. On y place un vase cylindrique de porcelaine non vernie *v v*, d'un diamètre un peu inférieur à celui du vase de zinc Z Z, afin qu'un espace d'un quart de pouce sépare leurs surfaces. Dans le vase *v v* est introduit un cylindre de platine C C, ouvert à ses extrémités, d'un diamètre un peu moindre que celui de *v v*, afin que leurs surfaces soient séparées d'environ un quart de pouce. On verse alors de l'acide sulfurique dilué dans le vase V V, et de l'acide nitrique concentré dans le vase *v v;* P, qui part du platine, sera le pôle positif, et N, qui part du zinc, sera le pôle négatif.

Bunsen a inventé une pile qui porte son nom. Elle a la puissance de celle de Grove et revient à un prix beaucoup moins élevé, car l'élément platine y est remplacé par le charbon. Dans le vase *v v* se trouve, au lieu d'un cylindre creux de platine, un cylindre solide de charbon, formé du résidu des cornues employées dans les usines à gaz. Une masse poreuse est produite en cuisant à plusieurs reprises le coke pulvérisé, et on lui donne facilement la forme voulue. On met alors de l'acide sulfurique dilué dans le vase V V, et de l'acide sulfurique concentré dans *v v*. Le fluide électrique sort d'un fil attaché au charbon et revient par un autre attaché au zinc.—MM. Deleuil et Son, de Paris, ont fabriqué avec succès des batteries d'après ce principe. J'en possède une qui se compose de cinquante paires de cylindres zinc et charbon, qui fonctionne parfaitement. Les cylindres de zinc ont 2 1/2 pouces de diamètre et 8 pouces de hauteur.

Le principal avantage de la pile de Daniell est sa *constance*. Sa force, toutefois, est fort inférieure à celle des systèmes à carbone ou à platine de Bunsen et de Grove. On doit signaler un inconvénient sérieux que présentent, dans la pratique, toutes les batteries où l'on fait usage de l'acide nitrique concentré. Il se dégage des vapeurs nitreuses très-préjudiciables aux expérimentateurs. Dans mes expériences particulières avec les batteries de Bunsen, j'ai vu plus d'une fois les assistants gravement indisposés. — Quand on se sert de la batterie de Grove, on enveloppe quelquefois les compartiments dans une boîte, du couvercle de laquelle part un tube qui conduit les vapeurs hors de la salle. Le danger est ainsi atténué.

Le Dr O'Shaughnessy a substitué l'or au platine, et un mélange de deux parties en poids d'acide sulfurique pour une de salpêtre à l'acide nitrique.

Le procédé pour produire le fluide électrique par l'action réciproque des aimants et des corps susceptibles d'aimantation sera décrit plus loin.

XXXI.

Encore que chacune des combinaisons simples, précédemment décrites, puisse produire un courant électrique qui, transmis par un fil conducteur, agisse d'une manière assez sensible pour manifester sa présence, ce courant, cependant, aurait une intensité trop faible pour être utilisé par la télégraphie. Comme aucune des combinaisons voltaïques simples, jusqu'ici découvertes, ne peut donner à un courant l'intensité nécessaire, on est parvenu à ce résultat en reliant entre elles une série de combinaisons simples. De cette façon, les courants produits par chacune étant transmis dans la même direction et sur le même fil conducteur, on obtient un courant d'une intensité proportionnée au nombre des combinaisons employées. — Cet ensemble de combinaisons voltaïques simples, reliées ainsi entre elles, porte le nom de BATTERIE VOLTAIQUE.

Le câble dans la cale du vaisseau.

CHAPITRE II.

I. Batterie ordinaire à lames (à auges). Combinaison des courants. Perte d'intensité due à l'imperfection des conducteurs. — II. Batteries cylindriques. Définition des couples, éléments et pôles. Origine du mot *pile voltaïque*. — III. Emploi du sable pour charger les batteries. Comment on varie l'intensité du courant. Batteries employées dans les télégraphes anglais. Amalgamation des lames de zinc. — IV. Des fils télégraphiques; épaisseur, etc. Ce qu'on objecte aux fils de fer. Établissement des fils télégraphiques sur les poteaux. — V. De l'isolation. Comment on l'obtient. Formes des supports isolants. Des poteaux. — VI. Formes des supports en Angleterre. *Winding posts*. — VII. Des supports en France, en Amérique, en Allemagne. — VIII. Fils isolés par oxydation superficielle. Perte du fluide électrique due à la conductibilité de l'atmosphère. — IX. Effet de l'électricité atmosphérique sur les fils. Comment on les protège. Procédés de MM. Walker et Breguet. — X. Comment le courant pénètre dans les stations. — XI. Fils souterrains. Comment on les isole. Poteaux d'épreuve.

I.

L'une des batteries voltaïques les plus simples est celle que représente la fig. 6. Elle se compose d'une auge en faïence vernie, divisée par des cloisons en une suite de cellules parallèles, et présentant une série de lames cuivre et zinc A′ B′, d'une forme et d'une grandeur correspondant aux cellules, et attachées à une verge en bois. Chaque lame cuivre est reliée supérieurement, au-dessous de la verge, par une bande métallique, à la lame zinc qui lui succède immédiatement dans la série. Pour abréger, désignons la première lame ou plaque de cuivre par C^1, la seconde par C^2, la troisième par C^3, et ainsi de suite en allant de A′ en B′; désignons la première lame zinc, qui se relie à C^1 par une bande métallique, par Z^2, la suivante, qui se relie de même à C^2, par Z^3, et ainsi de suite en allant de A′ en B′. Maintenant, si l'on a ménagé les intervalles entre les lames de manière à correspondre à la grandeur des cellules, on peut introduire dans celles-ci les séries de lames de telle sorte, qu'une cloison sépare chaque couple de lames ou plaques reliées par une bande métallique. Ainsi, la première cloison passera entre C^1 et Z^2, la seconde entre C^2 et Z^3, la troisième entre C^3 et Z^4, etc. On voit donc que la première cellule (en allant de A en B) comprendra seulement la plaque de cuivre C^1, que la seconde contiendra deux plaques C^2 et Z^2, la troisième deux plaques encore C^3 et Z^3, etc., et qu'enfin la dernière cellule, celle de l'extrémité B de la série, ne contiendra, comme la première cellule, qu'une seule plaque, la dernière plaque zinc, qu'on appellera Zn.

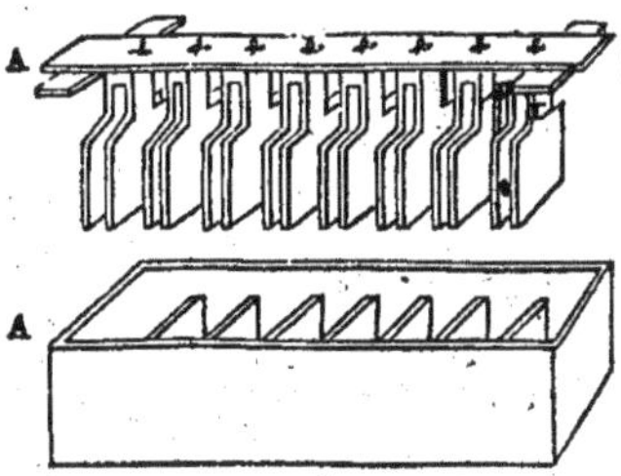

Fig. 6.

Il est évident que, avec cette disposition, les cellules première et dernière des séries diffèrent des cellules ou compartiments intermédiaires; chacune de celles-ci contient une couple de lames, tandis que les deux autres ne contiennent chacune qu'une seule lame, la première la lame cuivre C^1, et la dernière la lame Cn. Pour compléter l'arrangement, il est donc nécessaire de placer une lame zinc, que nous appellerons Z^1, dans la première cellule à la gauche de C^1, en observant de ne les pas

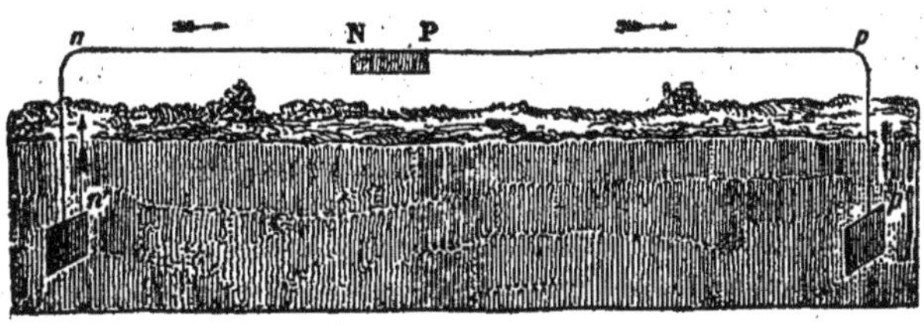

Fig. 7.

mettre en contact. On placera de même une lame de cuivre, que nous appellerons Cn, dans la dernière cellule B à la droite de Zn, en observant aussi qu'il n'y ait pas contact entre elles. On soude alors, aux bords supérieurs de ces lames extrêmes Z^1 et Cn, des fils métalliques qu'on prolonge plus ou moins, mais qu'on relie finalement à des plaques ou à d'autres masses métalliques enfoncées dans le sol en n' et p', fig. 7.

Cela fait, supposons qu'on remplisse les cellules d'un liquide légèrement acide, tel que celui qu'on a décrit déjà, mais en ayant soin que le liquide d'une cellule ne puisse passer dans la cellule suivante. Un courant d'électricité s'établira alors le long du fil et passera, comme l'indiquent les flèches, de la dernière lame cuivre qui se trouve en P, à la terre en p', et reviendra par n' à la première lame zinc Z^1 qui se trouve en N. — Ce courant est produit par l'action voltaïque combinée de toutes les paires de lames contenues dans les cellules de l'auge.

Le courant produit par la combinaison Z^1 C^1, dans la première cellule, passera de la lame C^1 par la bande métallique à la lame Z^2, dans la seconde cellule. Il suivra cette route à cause du pouvoir conducteur des métaux et du pouvoir isolant du bois et de la faïence, qui s'oppose à sa fuite. De la lame Z^2, il passera, à travers l'eau acidulée, à la lame C^2 ; car quoique cette eau n'ait pas un pouvoir conducteur égal à celui des métaux, elle en a un suffisant toutefois pour amener le courant à la lame C^2. De C^2, il passera par la bande métallique à la lame Z^3, et de celle-ci, en traversant le liquide de la troisième cellule, à la lame C^3; de cette dernière, par la bande métallique, à la lame Z^3, et ainsi de suite jusqu'à ce qu'il parvienne à la dernière lame Cn de la série, d'où il passera, par le fil conducteur, de P en p'.

Il est donc manifeste que le courant produit par la combinaison voltaïque dans la première cellule doit passer successivement à travers les lames et le liquide contenus dans toutes les cellules avant d'arriver en P.

On peut prouver de la même manière que le courant produit dans la seconde cellule, où se trouvent Z^2 et C^2, doit traverser toutes les cellules suivantes avant de gagner P, et ainsi de tous les autres courants.

Si les métaux et le liquide étaient des conducteurs parfaits, chacun de ces courants arriverait en P avec toute sa force, et l'intensité du courant dans le fil métallique Pp' serait d'autant plus supérieure à celle d'un courant produit par une combinaison voltaïque simple qu'il y aurait plus de cellules. Mais il n'en est pas ainsi. Les métaux cuivre et zinc, quoique bons conducteurs, ne le sont pas parfaitement, et l'eau acidulée en est un fort imparfait. Il en résulte que chacun des courants produits dans chaque cellule supporte une perte de force considérable avant d'atteindre le fil conducteur P p'. Des formules mathématiques, basées sur des principes théoriques et des données pratiques, expriment dans chaque cas les effets de cette diminution de force due à l'imperfection du pouvoir conducteur, ou à la *résistance*, comme on l'a appelée, des éléments de la batterie. Sans entrer dans des détails à ce sujet, il suffit ici de dire que, dans tous les cas, un courant d'une force plus ou moins grande est transmis à la lame extrême de la série par chacune des cellules, quelque soit leur nombre, et que l'on a quelquefois construit des batteries, destinées à des expériences scientifiques, qui se composaient de deux mille paires de lames.

II.

Pour simplifier notre explication, et aussi parce que l'espèce de batterie ci-devant décrite est généralement employée dans les télégraphes, nous avons choisi la batterie à lames ou à auges pour faire connaître le principe général sur lequel se basent toutes les combinaisons voltaïques. Dans la fig. 8, on voit la disposition des cylindres dans une batterie formée sur les principes de Daniell ou de Grove. Le lien métallique qui joint chaque élément cuivre ou charbon d'une paire avec l'élément zinc de la paire suivante, est représenté par une barre ou fil métallique rectangulaire.

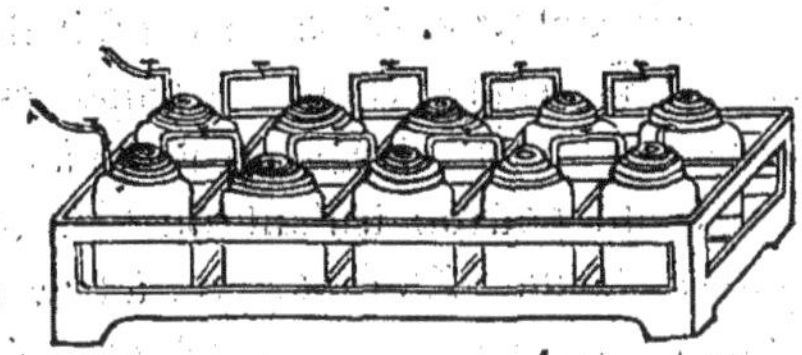

FIG. 8.

Chaque combinaison des deux métaux, ou d'un métal et du charbon, qui entre dans la composition d'une batterie, est d'ordinaire appelée une *paire* ou *couple*, et quelquefois un *élément*. Ainsi, l'on dit qu'une batterie se compose de tant de *paires* ou couples, ou de tant d'*éléments*.

L'extrémité de la batterie d'où sort le courant est appelée son *pôle positif*, et celle où il revient son *pôle négatif*. Ainsi, dans les batteries précédentes, P est le pôle positif, et N le pôle négatif. — Comme, dans les éléments cuivre et zinc qui sont le plus généralement employés, le courant sort de la dernière lame cuivre et revient à la première lame zinc, le pôle positif est quelquefois appelé *pôle cuivre*, et le négatif *pôle zinc*.

On appelle quelquefois la batterie voltaïque *pile voltaïque*, à cause de la forme donnée à la première combinaison voltaïque par son illustre inventeur. La première pile construite par Volta se composait comme il suit : — Un disque de zinc était placé sur un plateau de verre ; au-dessus était placé un disque égal de drap ou de carton, imprégné d'eau acidulée, puis sur celui-ci un disque égal en cuivre. Sur le disque de cuivre se plaçaient, dans le même ordre, trois disques de zinc, de drap mouillé et de cuivre, et la même superposition des mêmes combinaisons de zinc, de drap et de cuivre était continuée jusqu'à l'achèvement de la pile. Le disque

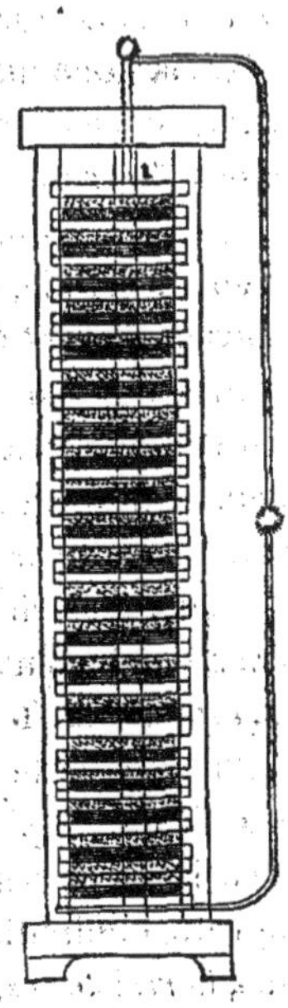

FIG. 9.

le plus élevé (celui de cuivre) était alors le pôle positif, et le disque le plus bas (celui de zinc) le pôle négatif, en vertu des principes ci-dessus exposés. D'ordinaire, on maintenait les disques en place au moyen de montants de verre. La fig. 9 représente une pile de ce genre, avec les fils conducteurs rattachés à ses pôles.

III.

Comme les batteries employées sur les lignes télégraphiques sont susceptibles de déplacements fréquents, pendant qu'elles sont chargées de leur eau acidulée ou d'un autre liquide excitant, on a cherché le moyen d'empêcher le liquide de se renverser ou de passer d'une cellule dans l'autre pendant le transport. On y est arrivé en remplissant les cellules ou compartiments, de sable siliceux, qu'on tient saturé du liquide excitant aussi longtemps que fonctionne la batterie.

Souvent, dans les opérations télégraphiques, il est besoin de varier l'intensité du courant. C'est ce qu'on fait, dans certaines limites, sans changer la batterie, de la manière suivante : — Si l'on veut donner au courant toute la force de la batterie, on attache les fils métalliques aux plaques ou lames extrêmes, de sorte que la batterie entière se trouve entre les fils. Mais si l'on veut un courant d'une intensité moindre, on attache les fils, ou l'un d'eux, à des lames intermédiaires, de façon qu'ils ne comprennent qu'une partie seulement de la batterie. La partie de la batterie comprise entre les fils joue seule un rôle *actif* dans la production du courant; tous les éléments en dehors des fils sont *passifs*. La batterie, en effet, se compose d'un nombre d'éléments moins considérable. — On verra plus tard comment l'opérateur peut, à volonté, varier ainsi la force de la batterie.

Les batteries dont on fait usage dans les télégraphes anglais sont celles qu'on a décrites dans le § 1 du présent chapitre. On les charge d'ordinaire avec du sable imprégné d'eau unie à l'acide sulfurique dans la proportion d'environ 1 partie d'acide pour 15 d'eau. On pourrait produire un courant plus intense en employant une dissolution plus forte, mais on préfère augmenter son intensité en augmentant le nombre des lames de la batterie. Les dimensions des lames sont généralement de 4 à 5 pouces de large et de 3 à 4 pouces de haut. Les lames de zinc ont un peu moins d'un quart de pouce d'épaisseur. Les cellules sont remplies de sable jusqu'en haut moins un pouce, et la partie des lames au-dessus du sable est vernie, ce qui la garantit de la corrosion et la tient propre. En général, les auges sont faites d'une faïence vernie ou d'un bois compacte, comme le chêne, le teck (bois-puant), rendu imperméable au moyen d'un ciment. Quand l'auge est en bois, les séparations des cellules sont en ardoise ; la largeur de chaque cellule est de 1 pouce 1/4 à 1 pouce 1/2. Ces auges renferment, les unes 12, les autres 24 cellules. — Les batteries de ce genre, composées de 24 cellules, donnent un courant d'une intensité suffisante pour une ligne de fils de 15 milles (6 lieues). Pour une ligne de 50 milles, il faut 48 cellules, et pour une de 75 milles, il faut trois auges de 24 cellules. M. Walker pense que ces batteries fournissent un superflu de force, mais qu'il est bon d'y recourir à cause des pertes que l'*isolation* insuffisante pourrait causer.

On augmente la durée des batteries en amalgamant les plaques de zinc: ce qu'on fait en les plongeant d'abord dans l'eau acidulée, puis dans un bain de mercure pendant une ou deux minutes. Le mercure se combine avec le zinc et forme une couche superficielle d'amalgame de zinc. Quand elles commencent à s'user, on les restaure en les nettoyant et en les soumettant au même procédé; on fait ainsi, jusqu'à ce que la lame de zinc devienne trop mince. — M. Walker dit que des batteries neuves, bien entretenues, peuvent fonctionner six ou huit mois quand on ne les force pas de travail, et que, en ayant le soin d'en enlever le sable et de le nettoyer avec de l'eau avant de le remettre dans les batteries, elles ont souvent fait le service dix ou douze mois, ou même davantage, sans avoir nécessité une nouvelle amalgamation. (*Electr. Tel. manipul.*, p. 8.)

IV.

Après avoir exposé d'une manière générale comment se produit et s'entretient le courant, nous dirons maintenant les moyens par lesquels il est amené d'une station à une autre, le long de la ligne télégraphique, et comment on en arrête ou diminue la fuite ou l'écoulement. — Les fils conducteurs employés dans les lignes télégraphiques sont en fer. Ils ont ordinairement un sixième de pouce de diamètre. Sur toutes les lignes européennes, on les soumet à une opération nommée galvanisation, qui consiste à les passer dans un bain de zinc liquide. Elles se recouvrent alors d'une couche de ce métal. La surface de zinc s'oxydant facilement, se convertit bientôt, sous l'action de l'air et de l'humidité, en oxyde de zinc; cet oxyde n'étant pas dissous par l'eau, demeure sur le fil et empêche le fer d'être corrodé. — Quand on a à poser une grande longueur de fil entre deux points éloignés et sans support intermédiaire, on préfère le fil d'acier au fil de fer, à cause de sa force et de sa tenacité plus grande. Le cuivre étant meilleur conducteur de l'électricité que le fer et moins facilement oxydable, serait pour ces motifs préférable au fer. Mais son prix plus élevé et la possibilité qu'on a de balancer l'infériorité du pouvoir conducteur du fer en employant des batteries plus puissantes, l'ont fait mettre de côté.

M. Highton, auteur de plusieurs grands perfectionnements dans des appareils télégraphiques, affirme que, quand des fils de fer galvanisé traversent de grandes villes où il se brûle beaucoup de charbon, le gaz acide sulfureux résultant de la combinaison agit sur l'oxyde de zinc qui recouvre le fil conducteur, et le convertit en sulfate de zinc. Ce sulfate étant soluble dans l'eau, est immédiatement dissous par la pluie, et le fer n'est plus garanti. La rouille alors s'empare du fil qui se corrode. M. Highton dit qu'il a vu quelquefois des fils télégraphiques réduits par cette cause à la minceur d'une aiguille à coudre ordinaire, en moins de deux ans. — Les fils dont on se sert sur les lignes américaines sont, comme en Europe, en fer, mais ils ne sont pas galvanisés. Aussi ne tendent-ils pas à s'oxyder. Une couple de fils galvanisés a été posée entre New-York et Boston; M. Shaffner, secrétaire de la Confédération des télégraphes américains, m'a appris que, à certaines époques de l'hiver, on ne pouvait faire marcher le télégraphe avec ces fils, au lieu que, avec les fils non galvanisés, il marchait sans interruption. M. Shaffner constate aussi l'existence de plusieurs phénomènes anomaux qui se sont manifestés sur quelques lignes de fils très-longues établies dans les vastes prairies du Missouri. Ainsi, dans les mois de juillet et août, on remarque que le télégraphe ne peut fonctionner de deux à six heures de l'après-midi, c'est-à-dire pendant la plus grande chaleur de la journée. On attribue ces phénomènes à des effets atmosphériques inexpliqués jusqu'ici.

Chacun sait comment les fils conducteurs se rendent d'une station à une autre. Quiconque a voyagé en chemin de fer se rappelle parfaitement les lignes de fils métalliques qui longent la voie et qu'on a comparées, lorsqu'ils sont nombreux, aux lignes sur lesquelles on écrit les notes de musique. C'est sur ces fils que circulent incessamment les dépêches avec une vitesse dont on n'a pas d'idée. Ils sont suspendus sur des poteaux, élevés à des intervalles de 60 *yards* (55 mètres environ); il y en a trente par mille (1760 *yards*, ou 1609 mètres 31). Le voyageur peut donc, en faisant attention à ces poteaux, déterminer la vitesse du convoi dans lequel il se trouve. Si, par exemple, il compte dans une minute 10 poteaux ou 20 dans deux minutes, ou 600 par heure, c'est que la vitesse du train est de 20 milles (8 lieues) à l'heure régulièrement.

V.

Comme le courant électrique qui circule le long du fil tend toujours à gagner le sol par le plus court chemin, il est évident que les supports des fils sur les poteaux doivent, le plus possible, posséder la propriété d'*isolation;* car, quoique le courant ne puisse disparaître totalement à chaque support, on conçoit cependant que s'il s'en échappait un peu à un support et un peu à un autre, il serait tellement diminué, en arrivant à l'extrémité d'une ligne étendue, qu'il ne pourrait plus produire ces effets d'où dépend le télégraphe. On a donc pris toutes les mesures possibles pour que les supports employés possédassent au plus haut degré la propriété d'isolation.

A chaque poteau ou pilier sont attachés autant de tubes ou de cylindres, ou autres variétés de supports, en porcelaine ou en verre, qu'il y a de fils à supporter. Chaque fil traverse un tube ou est supporté par un cylindre; et comme la matière des tubes ou des cylindres est un des moins bons conducteurs, la fuite de l'électricité aux points de contact est empêchée. — Malgré toutes les précautions prises, une perte considérable de fluide a lieu quand le temps est humide. La couche d'humidité qui se rassemble sur le fil, sur son support et sur le poteau, conduit l'électricité, et en soustrait au fil plus ou moins. Il faut, par conséquent, pour faire fonctionner le télégraphe, des batteries plus puissantes par un temps humide que par un temps sec. En Angleterre et sur le continent, les substances employées jusqu'à présent pour supports sont la faïence ou la poterie de grès. Aux États-Unis, c'est généralement le verre.

Les formes des supports isolants sont variées. Ce sont tantôt des tubes, tantôt des anneaux, tantôt des collets, tantôt des doubles cônes. La substance employée le plus souvent en Angleterre, — une sorte de poterie de grès brune, — a le double avantage d'être un bon isolateur, et, comme l'aile du canard sur laquelle il tombe de l'eau, de ne pas garder l'humidité. Une cruche de cette poterie, plongée dans l'eau, retient à peine quelques traces d'humidité.

La hauteur des poteaux varie généralement de 16 à 30 pieds. Le fil le plus bas est à environ 10 pieds du sol, sauf le cas où besoin est d'une élévation plus considérable pour laisser les voitures passer au-dessous, comme lorsque les fils traversent une route ordinaire, ou passent d'un côté du chemin de fer à l'autre. Les poteaux ont environ 6 pouces carrés au sommet et 8 pouces à la base.

Quelquefois on les imprègne de certaines dissolutions chimiques pour les empêcher de pourrir, on les peint généralement, et l'on carbonise et goudronne les parties qui sont dans le sol. Le mode de traitement varie, toutefois, suivant les pays.

VI.

Dans les fig. 10 et 11, on a représenté différentes formes de supports employés en Angleterre. A des traverses en bois A A' chevillées au poteau (fig. 10), sont attachés des globes, *b*, en poterie de grès, décrits précédemment, où des gorges ou rainures sont ménagées pour recevoir et soutenir les fils. Ces supports sont garantis de la pluie et de la rosée par des chaperons de fer zinqué placés au-dessus. Comme le verre est un meilleur isolateur, des boules de cette substance sont depuis quelque temps substituées à la poterie de grès. — Un autre genre de support, abrité par une espèce de toit en pente, se voit dans la fig. 12. Au devant du poteau se trouve une barre de bois à laquelle tiennent une suite d'anneaux en poterie traversés par les fils. Ces anneaux ont la forme de deux cônes tronqués se réunissant par leurs plus grandes bases. — D'ordinaire, quand les fils sont nombreux, comme sur quelques lignes voisines de Londres, on met des supports de chaque côté des poteaux, devant et derrière. Quelques-uns des poteaux de la ligne Nord-Ouest près de Londres n'ont pas moins de treize supports. Les fils de plusieurs de ces poteaux se prolongent jusqu'à Liverpool et Manchester, et même jusqu'à Glascow.

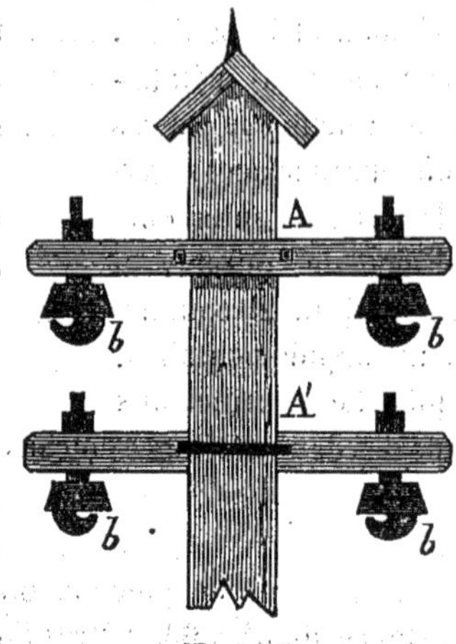

FIG. 10.

Si le même fil avait une longue distance à franchir sur une série de supports, il ne tarderait pas à devenir lâche et à former des courbes entre les poteaux. Il en résulterait un grand inconvénient, une grande confusion, car un fil, — surtout quand le vent l'agite, — pourrait en toucher un autre, les courants passeraient alors de celui-ci dans celui-là, et les signaux portés par eux n'arriveraient pas à destination. — Pour obvier à cet inconvénient,

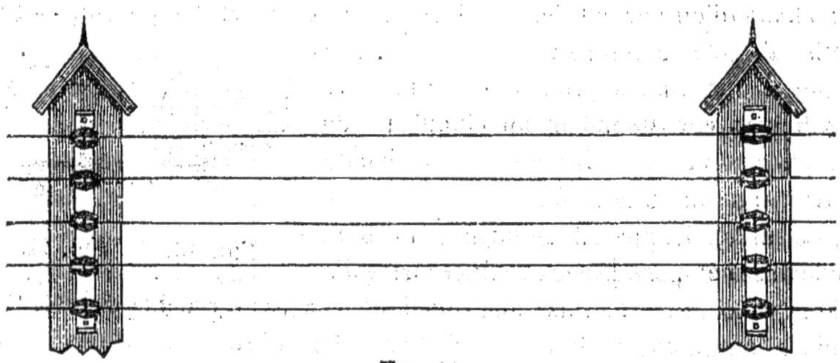

FIG. 11.

on a établi sur toutes les lignes télégraphiques, à des distances convenables, comme tous les demi-milles (805 mètres), des appareils destinés à tenir les fils tendus. Ces appareils sont sur des poteaux qui portent le nom de *winding posts* (poteaux dévideurs) et ont des dimensions plus considérables que les poteaux ordinaires. Une bobine à rainure, sur laquelle s'enroule le fil, est attachée aux poteaux par un boulon, qui traverse le poteau, mais séparé du bois. Sur ce boulon est fixée une roue à dents qui peut faire tourner la bobine dans un sens, de manière à enrouler le fil dessus, avec un crochet d'arrêt qui empêche le fil de se replier dans le sens contraire, et maintient ainsi sa tension. Le boulon ou cheville traverse un collet de poterie de grès qui l'empêche de toucher au poteau. — Le courant passe à travers le dévidoir et le boulon, car ils sont métalliques ; mais pour le cas où leurs surfaces s'oxyderaient et interrompraient le courant, on a établi un fil conducteur supplémentaire, qui relie les principaux fils des deux côtés des poteaux dévideurs, comme on le voit fig. 12.

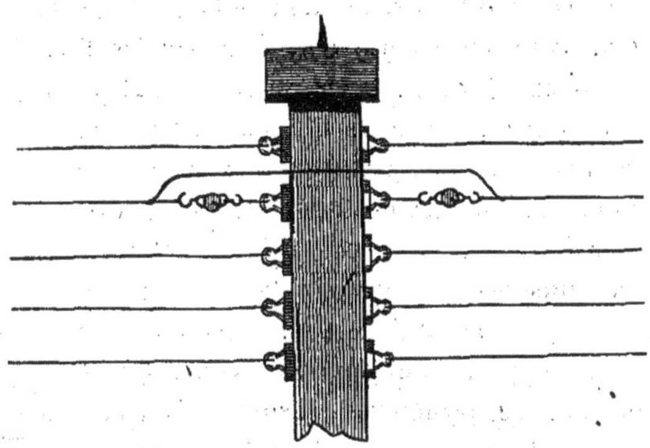

Fig. 12.

VII.

En France, les poteaux ont de 20 à 30 pieds de haut, sont placés à la distance de 54 à 63 mètres l'un de l'autre, et plantés dans le sol à une profondeur de 3 à 7 pieds. On les imprègne de sulfate de cuivre pour les empêcher de pourrir. — Le fil conducteur repose sur un crochet de fer, fixé avec du soufre au sommet de la cavité d'une cloche renversée, en porcelaine, d'où partent deux oreilles qui sont vissées au poteau. — Une section de cet appareil se voit dans la fig. 13 ; on en a une vue de profil dans la fig. 14. Les figures correspondent au cinquième de la grandeur réelle. — Les poteaux dévideurs ou tendeurs sont à la distance de 1 kilomètre ($\frac{6}{10}$ de mille). L'appareil employé pour tendre le fil se compose de deux bobines ou treuils qui ont chacune sur leur axe une roue à dents avec un crochet d'arrêt. Ces bobines sont montées sur des fourchettes de fer qui se trouvent aux extrémités d'une barre de fer. Cette barre traverse une ouverture pratiquée

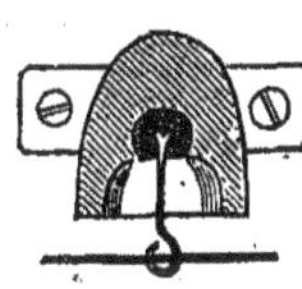

Fig. 13.

Fig. 14.

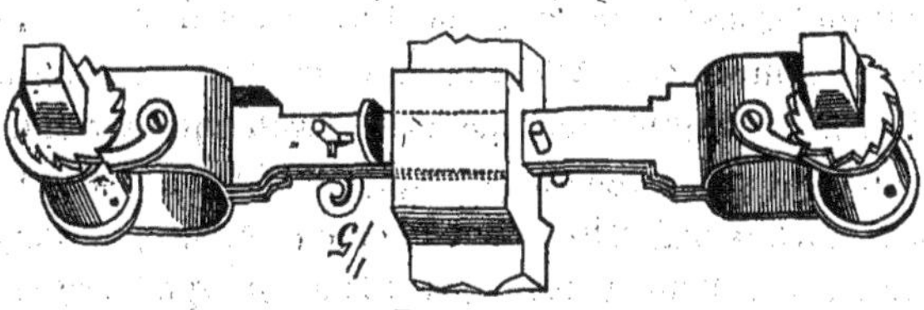

Fig. 15.

dans le support de porcelaine et est maintenue en place à l'aide de chevilles. Quant au support de porcelaine, il est fixé au poteau avec des vis qui passent dans ses oreilles. — La fig. 15 représente de face un tendeur; une vue de profil du support de porcelaine laissant voir le trou que traverse la barre de fer et les vis qui le retiennent au poteau, est représentée dans la fig. 16. Ces figures ont le cinquième de la grandeur réelle de l'appareil. Les fils conducteurs employés en France sont les mêmes qu'en Angleterre.

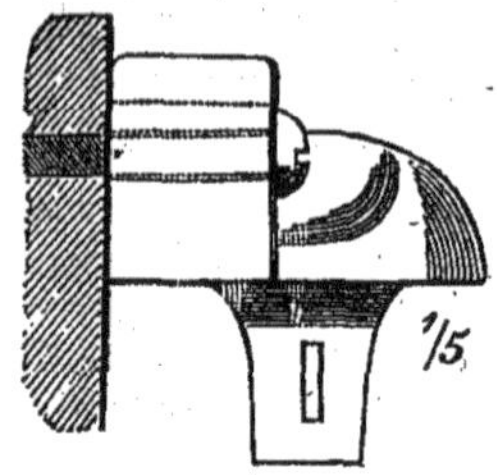

FIG. 16.

Les isolateurs des fils employés en Amérique sont très-variés. — Ceux des principales lignes de Morse se composent d'un bouton de verre, fig. 17, d'où se projettent deux anneaux dans la rainure desquels le fil est enroulé. Ce

FIG. 17.

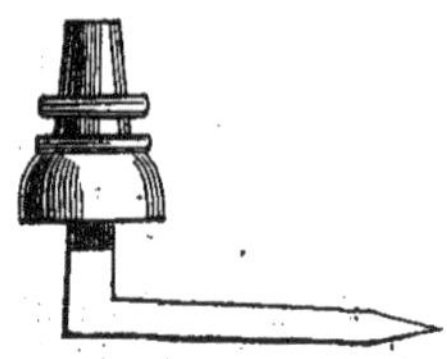

FIG. 18.

FIG. 19.

bouton de verre tient à une patte de fer, comme on le voit fig. 18, laquelle est enfoncée dans le poteau. — La fig. 19 représente un autre genre de support employé sur ces lignes. Il se compose de deux blocs de verre rectangulaires, qui ont chacun une rainure demi-cylindrique correspondant à l'épaisseur du fil conducteur. De cette façon, quand le fil est déposé dans la rainure de l'un des blocs, et qu'on applique dessus l'autre bloc, le fil se trouve complètement enfermé dans le bloc de verre formé par leur réunion. Ces blocs de verre sont entourés et protégés par un bloc de bois plus gros, qu'on voit dans la figure. Les parties blanches représentent le verre, les parties ombrées représentent le bois. — Les supports sont quelquefois attachés aux côtés des poteaux, et quelquefois placés sur une barre transversale horizontale, comme on le voit fig. 20.

Les supports isolants en usage sur les lignes de House consistent en une chape de verre d'environ 5 pouces de long et de 4 pouces de diamètre. Cette chape de verre (fig. 21, ²) est vissée et cimentée dans une chape de fer en forme de cloche (fig. 21, ¹), pesant environ trois livres, descendant un pouce plus bas que l'extrémité inférieure de la chape de verre, et la protégeant contre tout accident. On la pose avec soin au haut du poteau (fig. 21 ³), et on la couvre de peinture ou de vernis. Le fil conducteur est fixé au haut de la chape par des crochets de fer, et toute la chape de fer se trouve ainsi dans le circuit, puisque le fil est en fer et non isolé. Pour empêcher l'humidité de se déposer, le verre est couvert d'un vernis de gomme laque dissoute dans l'alcool : la forme annulaire donnée à la chape de verre a pour but d'amener l'humidité sur le bord et de l'en faire tomber. (Turnbull, *The electric Telegraph*, p. 176.)

Fig. 20.

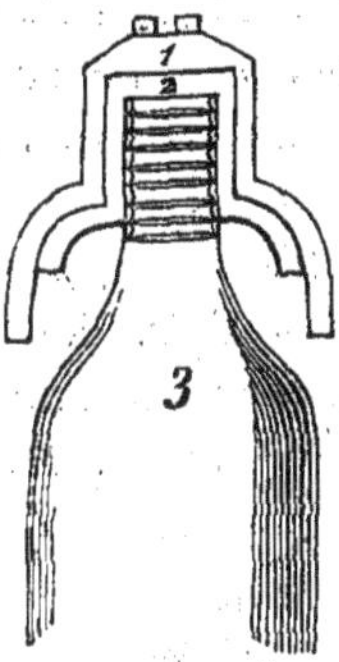

Fig. 21.

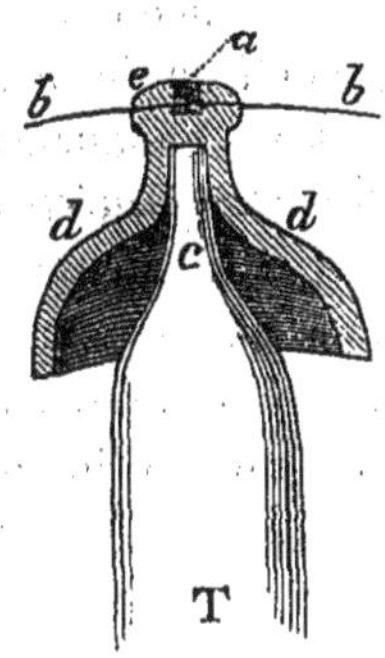

Fig. 22.

La fig. 22 indique la forme des supports isolateurs employés en Allemagne. C'est une chape isolante placée sur le bout effilé d'un poteau T. Le poteau se termine par une pointe *c* d'un pouce et demi de long sur environ 6 lignes de diamètre ; ce poteau est revêtu d'une chape de porcelaine *d d*, sorte de coupe renversée. Au sommet *e*, il y a un trou incrusté de plomb, où pénètre le fil conducteur *b b*. Au-dessus de cet isolateur s'élève ensuite un toit.

VIII.

Comment le fluide électrique ne s'échappe-t-il pas de la surface du fil dans l'intervalle d'un poteau à l'autre ? C'est là une question que chacun s'adresse ou s'est adressée. En général, lorsque les fils destinés à transmettre des courants électriques n'ont qu'une étendue peu considérable, on empêche le fluide de fuir en les entourant de fil de soie ou de coton, ce qui forme une enveloppe non conductrice sur les fils métalliques ; mais il n'en peut être ainsi à l'égard des fils télégraphiques, qui ont une longueur énorme. Cela coûterait fort cher, et, en outre, il serait difficile de protéger l'enveloppe contre les ravages du temps. — L'atmosphère, lorsqu'elle est sèche, est un fort mauvais conducteur de l'électricité ; mais, quand elle est imprégnée d'humidité, elle perd cette qualité. Cependant, en temps ordinaire, l'air étant suffisamment mauvais conducteur, les fils métalliques peuvent, sans autre enveloppe isolante que l'air lui-même, conduire le courant électrique aux distances voulues. A la vérité, un fil métallique enveloppé comme il a été dit perdrait moins de fluide en route ; mais il est plus économique d'employer des batteries assez puissantes pour compenser cette perte, que d'entourer les fils d'une enveloppe quelconque lorsqu'ils ont une telle étendue.

IX.

L'électricité de l'atmosphère envahit quelquefois les fils télégraphiques. Elle les suit et change les indications des instruments. Quelquefois même elle fait courir de grands dangers aux opérateurs. On a eu recours à différents moyens pour faire face à cet inconvénient et parer le danger. Le courant produit par cette électricité atmosphérique est souvent assez intense pour élever au rouge les fils plus fins employés aux stations dans certaines parties de l'appareil ; il va même parfois jusqu'à les mettre en fusion. Il enlève aussi aux aiguilles leur aimantation, ou donne une aimantation permanente à certaines barres de fer que renferme l'appareil, ce qui le met hors de service. — Un des procédés employés pour prévenir ces résultats facheux consiste à placer des paratonnerres sur les poteaux. On en voit les pointes dans les fig. **10**, **11** et **12**.

M. Walker, de la Compagnie du Sud-Est, et M. Breguet, de Paris, ont l'un et l'autre inventé un instrument destiné à protéger les postes télégraphiques contre l'électricité de l'atmosphère. Les deux instruments ont été trouvés excellents dans la pratique. Quoiqu'ils diffèrent complètement dans leur forme, ils reposent sur le même principe. Dans l'un et l'autre, un fil métallique beaucoup plus fin que celui du courant ordinaire est interposé entre le fil de la ligne et le poste télégraphique, de sorte qu'un courant atmosphérique intense et dangereux est obligé de passer par ce fil avant de gagner le poste. Or, un courant de cette nature a pour propriété d'élever la température du conducteur par lequel il passe à un degré de plus en plus élevé en proportion de la résistance que ce conducteur offre à son passage. Mais la résistance opposée par le fil est d'autant plus grande que sa section est plus petite. On a donc donné au fil de sûreté interposé une finesse telle, qu'il doit être fondu par un courant d'une intensité dangereuse. Le fil étant ainsi détruit, toute communication électrique avec le poste est interrompue, et le seul inconvénient qui résulte de là est la suspension temporaire des affaires sur la ligne, jusqu'à ce que la brèche ait été réparée. — Les moyens employés en Amérique pour écarter des fils l'électricité atmosphérique consistent en un certain nombre de pointes fixes partant d'une pièce métallique en communication avec la terre par une barre de métal. Ces pointes regardent une plaque métallique, ou une autre surface, attachée au fil de la ligne à l'endroit où il pénètre dans la station. Il paraît que ces pointes attirent l'électricité atmosphérique, qui se rend dans le sol par le conducteur avec lequel elles sont en communication, mais qu'elles n'attirent pas l'électricité du courant de la batterie.

X.

Les fils métalliques tendus d'un poteau à l'autre se prolongent en traversant les postes successifs de la ligne. Les moyens auxquels on a recours pour détourner le courant du fil principal et le faire passer dans le bureau télégraphique du poste, diffèrent plus ou moins dans leurs détails sur les différentes lignes et selon les pays, mais sont basés tous sur les mêmes principes généraux. Il suffira donc ici de décrire l'un des procédés ordinaires employés sur les lignes anglaises.

Le fil conducteur de la ligne principale, en passant par la station, est coupé et ses bouts sont joints par une manille, comme l'indique la fig. 12, dans le cas des poteaux dévideurs ou tendeurs. Cette manille rompant la continuité métallique arrêterait la marche du courant. Un fil est attaché à celui de la ligne au-dessous de la manille, afin de recevoir le courant qu'elle arrêterait, et se rend sur des supports isolants dans le bureau du télégraphe, où il est mis en rapport avec l'instrument télégraphique. Un autre fil en connexion avec l'autre côté de l'instrument reçoit le courant à sa sortie de celui-ci ; il est ramené sur des supports isolants au fil de la ligne attaché à ce dernier au-dessus de la manille, et rapporte ainsi le courant qui poursuit sa marche sur le fil de la ligne.

XI.

Quoique l'établissement des fils conducteurs ait lieu, en général, sur poteaux à une certaine hauteur au-dessus du sol, on a trouvé que ce procédé avait des inconvénients et offrait des difficultés dans certains endroits. On a donc adopté un système de fils souterrains.

Ce système est mis en pratique à Londres et dans quelques autres grandes villes. Les fils télégraphiques passent sous les rues. La Compagnie des Télégraphes électriques anglais et irlandais l'a également adopté sur une partie de ses lignes, qui sillonnent le pays. La Compagnie des Télégraphes sous-marins d'Europe l'a aussi établi sur la ligne d'entre Londres et Douvres, laquelle suit le tracé de l'ancienne route de Douvres, par Gravesend, Rochester et Cantorbéry.

Pour conserver et isoler ces fils souterrains, on a eu recours à différents moyens. Les fils qui partent de la station télégraphique centrale de Londres sont entourés de fil de coton et enveloppés dans un mélange de goudron, de résine et de suif. Cette enveloppe constitue un isolateur parfait. Neuf de ces fils sont mis ensuite dans un tuyau de plomb d'un demi-pouce de diamètre, et quatre ou cinq de ces tuyaux sont enfermés dans un tuyau de fer d'un diamètre d'environ trois pouces. On établit ces tuyaux de fer sous les trottoirs, dans la partie latérale des rues, et ils vont ainsi gagner les stations des divers chemins de fer, où ils sont réunis aux lignes de fils sur poteaux de ces voies.

Le long des rues, à des intervalles d'un quart de mille (43 mètres environ), se trouvent des poteaux nommés *poteaux d'épreuves* (testing posts), qui permettent de constater si les fils enterrés fonctionnent bien ou mal, et de connaître à 43 mètres près, c'est-à-dire d'un poteau à l'autre, l'endroit où une réparation est urgente.

Pont du vaisseau pendant la pose du câble.

CHAPITRE III.

I. Fils souterrains de la Magneto electric Telegraph Company. — II. Procédé de M Bright pour découvrir les défectuosités de ces fils. — III. Il est rare que l'isolation soit complète. — IV. On a abandonné récemment en Prusse la pratique des fils souterrains. — V. Fils souterrains de l'European and Submarine Company. — VI. L'isolation est imparfaite dans les tunnels. — VII. Procédé de M. Walker pour y remédier. — VIII. Système souterrain adopté pour les rues en France et aux États-Unis. — IX. Il n'est pas nécessaire que les lignes télégraphiques suivent les chemins de fer. — X. Elles ne les suivent ni en Amérique, ni dans certaines parties de l'Europe. — XI. Câbles sous-marins. — XII. Câble reliant Douvres et Calais. — XIII. Insuccès de la première tentative; perfectionnement dans la construction. — XIV. Tableau des câbles sous-marins et leurs dimensions. — XV. Dimensions et structure du câble de Douvres à Calais. — XVI. Câble de Holyhead et Howth. — XVII. Première tentative pour poser un câble entre Port-Patrick et Donaghadee. — XVIII. Orfordness et La Haye.

I.

Les fils de la Compagnie du télégraphe magnétique sont posés et protégés de la manière suivante : — Des fils conducteurs sont enveloppés dans une couche de gutta-percha, de façon à être complètement isolés entre eux. Ainsi préparés, on les dépose dans une auge de bois créosotée et carrée, ayant trois pouces de côté, de sorte que près d'un pouce carré de sa section transversale est attribué à chacun des fils. Cette auge est déposée au fond d'une tranchée de deux pieds de profondeur le long de la berge de la route ordinaire. Un couvercle en fer galvanisé, d'une épaisseur de 1/8 de pouce environ, est alors fixé dessus par des crampons ou de petits clous à crochet, et la tranchée est comblée. — La fig. 23 représente une section de l'auge dans sa grandeur réelle.

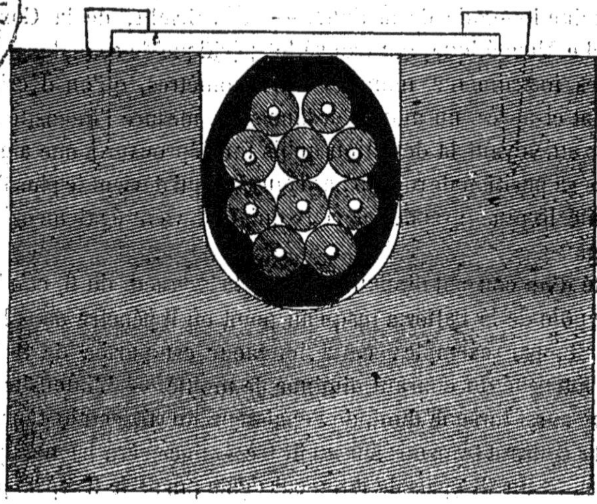

FIG. 23.

Le procédé adopté par cette Compagnie pour l'établissement des fils dans les rues est un peu différent. Des tuyaux de fer sont posés, mais ils sont fendus horizontalement. On pose les moitiés inférieures des tuyaux dans la tranchée, et, quand les fils enveloppés de gutta-percha ont été introduits, on met les moitiés supérieures et on les assure au moyen de vis traversant des rebords ménagés dans ce but. — Pour déposer la corde de fils couverts de gutta-percha dans l'auge, on l'enroule d'abord sur un gros tambour qu'on fait rouler lentement et uniformément sur la tranchée ; de cette façon, la corde de fils métalliques s'étend facilement et régulièrement dans son lit. — Ce procédé pour la pose des fils a si bien réussi, que, à Liverpool, depuis la station de Tithe Barn-railway jusqu'aux bureaux de la Compagnie du télégraphe, dans Exchange-street, East, la pose des fils n'a exigé que onze heures ; à Manchester, la pose des fils dans les rues, depuis la station du Salford-railway jusqu'à Ducie-street, Exchange, s'est accomplie en vingt-deux heures. Dans ce laps de temps, on a ouvert les tranchées, on a posé les fils télégraphiques, comblé les tranchées et rétabli les trottoirs.

II.

On a objecté au système souterrain de fils conducteurs, qu'il ne présentait aucune garantie certaine contre les défectuosités qui rendent l'isolation imparfaite et permettent au courant de passer dans le sol, mais surtout qu'il était extrêmement difficile, avec ce système, de découvrir le point défectueux des fils. Pour déterminer la position de ce point, il fallait procéder à une vérification fastidieuse d'un poteau d'épreuve à un autre, et sur une étendue indéfinie de la ligne. — MM. Bright, de la Compagnie du Télégraphe Magnétique, ont trouvé le spécifique de ce mal.

Il y a des instruments, nommés Galvanomètres, qu'on décrira plus complètement ci-après, au moyen desquels on mesure l'intensité relative des courants en voyant la déviation qu'ils font éprouver à une aiguille aimantée dans sa position de repos. Les courants qui dévient le plus l'aiguille ont l'intensité la plus grande, et ceux qui la dévient également ont des intensités égales.

L'intensité d'un courant diminue, comme la longueur du fil conducteur, — depuis le pôle de la batterie jusqu'au point où il pénètre dans le sol — augmente. Si, par exemple, cette longueur est portée de 8 lieues à 16 lieues, l'intensité du courant diminue de moitié. — L'intensité du courant diminue aussi lorsque diminue l'épaisseur du fil conducteur. Ainsi, l'intensité du courant transmis sur un fil très-mince sera beaucoup moins grande que dans un fil épais de longueur égale ; mais le fil épais peut être plus long que le mince, à ce point que sa longueur balance son épaisseur, et que l'intensité du courant transmis par lui égale celle du courant transmis par le fil plus court et plus mince.

Le procédé de MM. Bright est fondé sur cette propriété des courants. Un fil fin, entouré de soie ou de coton pour l'isoler et empêcher que le courant ne s'échappe latéralement, est enroulé autour d'une bobine. De cette façon, une longueur considérable du fil fin se trouve comprise sous un petit volume. — Le fil de la bobine, attaché par un bout avec le fil qui conduit un courant, et par l'autre mis en communication avec la terre, transmettra le courant avec une certaine intensité dépendant de sa longueur, de son épaisseur, et enfin du pouvoir conducteur du métal dont il est formé.

Or, supposons qu'une certaine longueur du fil de la ligne télégraphique soit prise, qui transmettra un courant d'intensité même : un galvanomètre placé dans chaque courant sera alors également dévié. Mais si la longueur du fil de la ligne dépasse plus ou moins la longueur équivalente exacte, le galvanomètre sera dévié par le courant de ce fil plus ou moins qu'il ne l'est par celui du fil de la bobine, selon que sa longueur sera moindre ou supérieure.

On peut donc toujours déterminer la longueur du fil de la ligne qui donnera au courant la même intensité que celle qu'il a dans tel ou tel fil de bobine. On peut donc évidemment faire des bobines ayant des longueurs de fils plus ou moins grandes, dans lesquels le courant aura la même intensité que dans les fils de diverses longueurs employés sur les lignes.

Fig. 24.

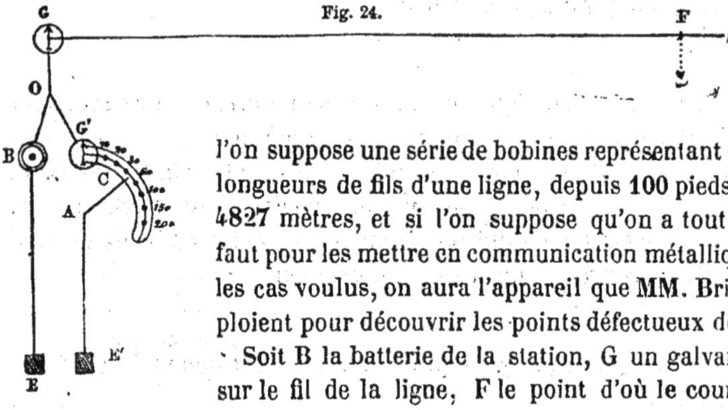

En conséquence, si l'on suppose une série de bobines représentant diverses longueurs de fils d'une ligne, depuis 100 pieds jusqu'à 4827 mètres, et si l'on suppose qu'on a tout ce qu'il faut pour les mettre en communication métallique dans les cas voulus, on aura l'appareil que MM. Bright emploient pour découvrir les points défectueux des fils.

Soit B la batterie de la station, G un galvanomètre sur le fil de la ligne, F le point d'où le courant s'échappe dans le sol, par suite d'un défaut accidentel d'isolation. Un fil est attaché au fil de la ligne de la station au point O, et mis en communication avec la première d'une série de bobines comme celles précédemment décrites. Un bras métallique A C, tournant sur le point A, est placé de façon que son extrémité C puisse se mouvoir sur la série de bobines, et que, en se mouvant au centre A, le bout C puisse être mis en communication avec le fil de telle ou telle bobine de la série. Un fil conducteur fait communiquer A avec la terre en E' ; le pôle négatif de la batterie B communique avec la terre en E (fig. 24).

L'appareil ainsi disposé, supposons que le fil A C est mis en rapport avec la première bobine, qui représente 10 milles du fil de la ligne, et que la distance G F du point défectueux est égale à 145 milles. Dans ce cas, le courant de la batterie se partagera en O, entre les deux fils O G et O G', mais la plus grande partie de ce courant gagnera la route la plus courte et la plus facile, et le galvanomètre G' sera considérablement dévié, tandis que le galvanomètre G le sera fort peu. Cela indique que le point défectueux F doit se trouver à beaucoup plus de 10 milles de la station. On fera alors passer successivement le bras A C d'une bobine à une autre. Quand il est amené à la seconde bobine, le courant de O G' a la même intensité que s'il circulait sur 20 milles du fil de la ligne ; quand il est amené à la troisième bobine, il a la même intensité que s'il circulait sur 30 milles du fil de la ligne, et ainsi de suite. L'aiguille de G' continuera donc d'être plus déviée que celle de G, quoique la différence soit de moins en moins grande, suivant que le nombre des bobines du circuit est augmenté. Quand les bobines comprises dans le circuit représentent 140 milles, G est un peu plus dévié, et quand elles représentent 150 milles, G' est un peu moins dévié que G ; on en doit conclure que le point défectueux se trouve entre le 140e et le 150e mille à partir de la station. Une évaluation plus approximative se fait ensuite en introduisant des bobines plus courtes dans le circuit : on procède ainsi jusqu'à ce qu'on ait découvert avec précision l'endroit où la fuite s'est déclarée.

III.

Mais les occasions d'appliquer ces procédés se présentent fort rarement dans la pratique. Pendant les quatre mois de novembre, décembre, janvier et février 1853-1854, trois cents milles de fils souterrains appartenant à la *Magnetic Telegraph Company* ont fonctionné sans relâche, et, malgré les mauvais temps qui régnèrent dans cet intervalle, le courant électrique ne se trouva pas un instant interrompu.

IV.

Les fils souterrains des lignes prussiennes ont cependant éprouvé des dérangements qui n'ont pas été sans amener des conséquences fâcheuses. On a attribué ces dérangements à la pose défectueuse des fils. La gutta-percha qui les entourait était mélangée de soufre ; elle avait subi le procédé de la *vulcanisation*. Après le dépôt des fils dans le sol, le soufre avait abandonné la gutta-percha, qui était devenue cassante et poreuse.

V.

La ligne souterraine de l'*European and Submarine Company*, de Londres à Douvres, est établie à peu près de la même manière que celle de la Magnetic Company. Il y a six fils conducteurs en cuivre entourés de gutta-percha. Pour trouver plus facilement le point où il y a solution de continuité, on a placé au bout de chaque mille une boîte dans laquelle sont glénés (repliés) quelques mètres de la ligne de fil continue ; de sorte que, quand le courant se trouve interrompu, le mille particulier où s'est déclarée l'interruption peut toujours être déterminé en mettant les glènes de l'extrémité de chaque mille successif en communication avec une batterie successive ; le courant ne se manifestera plus dans le mille particulier où l'interruption s'est déclarée.

VI.

En traversant les tunnels, les fils non souterrains ont été sujets à de grands inconvénients. La cause en était dans les eaux qui, filtrant à travers la voûte, tombent constamment sur les fils et leurs supports et rendent ainsi l'isolation des fils incomplète. On a constaté que, par cette cause, le courant transmis sur un fil éprouvait une perte plus ou moins grande : une partie passe, en suivant l'humidité qui environne les supports, à l'un des fils voisins, et se divise de telle sorte qu'une portion retourne au poste d'où elle a été transmise ou se rend à une station pour laquelle elle n'était pas destinée.

VII.

On obvierait à ces inconvénients en adoptant pour les tunnels le système souterrain. M. Walker, dont l'expérience en ce qui concerne les affaires télégraphiques ne saurait être révoquée en doute, a adopté, avec beaucoup de succès, paraît-il, un procédé qui consiste à entourer les fils, pendant leur passage à travers les tunnels, d'une enveloppe de gutta-percha. Le fil conducteur traité ainsi est du fil de cuivre nº **16.** La gomme, étant bien nettoyée et macérée à la vapeur, est mise sur le fil au moyen de rouleaux cannelés. Le diamètre du fil, quand il est couvert, est d'un quart de pouce. M. Walker dit que dans tous les tunnels humides sous sa direction il a substitué ce fil recouvert de gutta-percha au fil ordinaire de la ligne, et qu'il a ainsi « accompli des exploits télégraphiques qu'on n'eût osé tenter sous l'ancien système. »

VIII.

En France et aux États-Unis, dans les petites comme dans les grandes villes, les fils sont établis à une certaine hauteur, comme sur les autres points des lignes. A Paris, par exemple, les fils télégraphiques partant des diverses stations de chemins de fer entourent les boulevards extérieurs et longent les quais ; ils sont fixés à des poteaux ou aux murs des maisons et des édifices, et se rendent à la station centrale au Ministère de l'intérieur.

IX.

En Europe, les lignes télégraphiques ont invariablement, jusqu'à ces derniers temps, suivi le parcours des chemins de fer, et cette circonstance a porté quelques personnes à conclure que, sauf pour les chemins de fer, le télégraphe électrique n'aurait pas une utilité réelle.

X.

C'est là une erreur. Indépendamment de l'exemple de la Magnetic Telegraph Company déjà mentionné, les fils télégraphiques aux États-Unis, où l'on remarque une plus grande étendue de lignes qu'en Europe, ne suivent pas le parcours des chemins de fer. Ils longent, en général, les routes ordinaires, et quelquefois même traversent des contrées où il n'y a pas de routes.

On a prétendu en Europe que les fils ne seraient pas en sûreté s'ils n'étaient établis dans l'enceinte des voies ferrées. On peut répondre qu'on les trouve suffisamment en sûreté aux États-Unis, où la police est beaucoup moins active, même dans le voisinage des villes, et où le plus souvent elle fait défaut. Il est à remarquer que, chaque fois qu'un grand progrès a été proposé, les mêmes craintes, les mêmes défiances antipopulaires se sont fait jour. Ainsi, quand on projeta d'établir des chemins de fer, on objecta que la malveillance détruirait les rails, encombrerait la voie, etc., ce qui rendrait les voyages en chemin de fer si dangereux qu'ils deviendraient impossibles. — Lorsqu'on proposa l'éclairage au gaz, on objecta que des gens mal intentionnés seraient constamment occupés à couper ou briser les tuyaux et plongeraient ainsi des villes entières dans les ténèbres.

L'expérience a prouvé, cependant, l'inanité de ces appréhensions; et assurément ce qui se passe aux États-Unis démontre combien il est inutile de s'astreindre à ne poser les fils que sur le parcours des voies ferrées. Ceux qui ont pratiqué les deux systèmes, européen et américain, vont plus loin, et soutiennent que le télégraphe est sujet à moins d'inconvénients, que ses défectuosités accidentelles se réparent plus facilement, et que la surveillance est plus aisée, plus efficace, sur les routes ordinaires, comme dans le système américain, que sur les voies ferrées. — Ces motifs, joints à l'impérieuse nécessité d'étendre le Télégraphe électrique à des contrées où il n'y a pas de chemins de fer ouverts ni en projet, ont porté à établir des fils télégraphiques en dehors des lignes de chemins de fer. C'est ce qui a lieu dans différentes parties du continent. En France, particulièrement, la plupart des lignes télégraphiques nouvellement établies s'étendent sur des contrées que ne sillonne aucun chemin de fer, et même, lorsqu'il y a des chemins de fer dans ces contrées, on pose les fils, de préférence, le long des routes ordinaires.

XI.

Quand des canaux, des détroits, des bras de mer ou des fleuves d'une largeur considérable interviennent entre les points successifs d'une ligne télégraphique, on dépose les fils conducteurs au fond de l'eau, en les garantissant de son action mécanique et chimique par différents procédés plus ou moins ingénieux. On a fabriqué pour des lignes télégraphiques dans divers pays un grand nombre de ces conducteurs subaqueux (*subaqueous*, sous l'eau); on en fait d'autres journellement. Avant le mois de juin 1854, il en avait été fabriqué pour les lignes d'entre Douvres et Calais, Douvres et Ostende, Dublin et Holyhead, Donaghadee et Portpatrick, l'Angleterre et la Hollande, le Zuyder-Zée, le Mississipi, le Piémont et la Corse, etc.

XII.

On attribue au Dr O'Shaughnessy, si connu par ses heureuses entreprises télégraphiques dans l'Inde, le premier essai pour établir un courant voltaïque sous l'eau dans un but télégraphique. En 1839, il réussit à poser un fil conducteur isolé, attaché à un câble-chaîne, dans le fleuve Hoogly : le courant électrique fut transmis par le fil d'un bord du fleuve à l'autre.

La première entreprise de ce genre qui eut lieu en Europe fut celle de la pose, dans le lit du canal entre Douvres et Calais, du câble sous-marin destiné à relier les côtes d'Angleterre à celles de la France. Un acte de concession ayant été obtenu du gouvernement français, sous certaines conditions, un seul fil conducteur, entouré d'une épaisse couche de gutta-percha, fut plongé à l'aide de poids en plomb dans le travers du canal. On mit ses extrémités en communication avec des instruments télégraphiques, et des messages furent transmis d'une côte à l'autre. L'une des clauses de l'acte de concession français portait que le projet devrait être réalisé avant le mois de septembre 1850 : il le fut en effet, mais tout se borna là ; car les vagues du rivage imprimant au fil un mouvement continu sur le fond rocheux du canal, ne tardèrent pas à user l'enveloppe isolante et à mettre le câble hors de service.

XIII.

Il est juste de dire que les directeurs de l'entreprise eux-mêmes n'attendaient pas de cette première tentative un résultat complètement satisfaisant, et la considéraient plutôt comme une expérience propre à démontrer la possibilité de l'entreprise qu'autrement. On résolut, en conséquence, de recourir à des moyens efficaces pour garantir les fils conducteurs de toutes les vicissitudes auxquelles ils pouvaient être exposés. Dans ce but, MM. Newall et Cie, les célèbres fabricants de fils métalliques de Gateshead, furent chargés de la tâche difficile de trouver un procédé par lequel un câble de gutta-percha renfermant les fils conducteurs pût être entouré d'une armure de fer assez puissante pour résister à l'action des forces qu'elle aurait à subir, et, en même temps, assez légère ou assez peu rigide pour pouvoir être déposée dans le lit du canal. La conséquence de ceci fut l'invention du câble sous-marin qui, depuis, a été adopté sur les différentes lignes de communication électrique internationale dont on va parler.

Les fils conducteurs enfermés dans ces câbles sont le plus souvent des fils de cuivre, dont le diamètre égale 1/16 de pouce. Chacun des fils est d'abord recouvert d'une double couche de gutta-percha. Chaque couche successive a l'épaisseur d'une fraction de pouce. La double enveloppe ou couche de gutta-percha a pour but d'obvier aux accidents qui rendraient l'isolement imparfait. Si un accident de cette sorte arrivait à la première couche, celle-ci étant couverte par une autre, l'isolement du fil n'en demeurerait pas moins complet ; car il est improbable, pour ne pas dire impossible, que les deux couches soient maltraitées à la fois sur un même point.

XIV.

Le fil ou les fils conducteurs qu'on veut poser étant ainsi enveloppés, on les entrelace ensemble et on les entoure d'étoupe ou de toile goudronnée, de manière à former une corde compacte. Autour de cette corde, on enroule ensuite un certain nombre de fils de fer solides, dont la surface est quelquefois couverte de zinc, ou, comme on dit, galvanisée. Le câble est complet alors ; sa longueur est continue et lui permet d'aller sans interruption d'un rivage à l'autre. Les figures indiquées dans la première colonne du tableau suivant donnent les profils de différents câbles et leurs sections transversales dans leur pleine largeur. Le même tableau indique le nombre de fils conducteurs isolés par la gutta-percha et compris dans les câbles, le nombre de fils de fer qui les entourent, la longueur totale d'une côte à l'autre, et le poids des câbles par mille (1609 mètres).

	Fig.	Nombre de fils de cuivre.	Nombre de fils de fer.	Longueur totale. — Milles.	Poids par mille. — Tonneaux.
Douvres et Calais	25,26	4	10	25	7
Holyhead et Howth	27,28	1	12	70	1
Douvres et Ostende	31,32	6	12	70	7
Portpatrick et Donaghadee (Magnetic Comp.)	35,36	6	12	25	7
Orfordness et La Haye	37,38	1	10	135	2
Le câble du Danemark	41,42	3	9	16	5
Celui du Mississipi	45,46	1	8	2	2
Celui du Zuyder-Zée	43,44	6	10	5	7 ½
Terre-Neuve et l'île du Prince-Édouard	39,40	1	9	150	1 ½
Portpatrick et Donaghadee (British Comp.)	35,36	6	12	27	7
Spezzia et la Corse	35,36	6	12	110	8
La Corse et la Sardaigne	35,36	6	12	11	8

XV.

Dans le câble de Douvres à Calais, qui fut le premier fabriqué et posé, chacun des quatre fils de cuivre est entouré de gutta-percha, laquelle est indiquée, dans la fig. 26, par l'ombre éclairée autour du point central noir, qui représente la section du fil de cuivre. Les quatre fils ainsi préparés sont enveloppés dans la masse de toile goudronnée que représente l'ombre moins éclairée. Les dix fils de fer galvanisés sont enroulés autour du tout, de manière à former une armure complète et serrée. La forme extérieure et l'aspect de cette enveloppe en hélice se voient dans la fig. 25.

Fig. 25.

Ce câble, qui fut terminé en trois semaines par MM. Newall et Cie, mesurait dans le principe 24 milles (9 lieues) de long. Eu égard à la manière dont il fut posé, il ne se trouva pas assez long pour aller d'une côte à l'autre, quoique la distance directe ne fût que de 21 milles (moins de 8 lieues). On fut donc obligé de fabriquer un câble supplémentaire qui, ajouté à la portion déjà posée, compléta le câble. Le 17 octobre 1851, les communications électriques entre Douvres et Calais étaient un fait accompli.

Le prix de revient du câble même s'éleva à 9,000 livres (225,000 fr.), c'est-à-dire à 360 livres par mille (1609 mètres). Le prix total pour le câble et les postes à Douvres et Calais s'éleva à 15,000 livres (375,000 fr.).

XVI.

Le câble sous-marin qui fut posé après celui de Douvres est celui qui relie Holyhead, dans le pays de Galles, à Howth, sur la côte d'Irlande. Pendant que plusieurs Compagnies, qui s'étaient formées dans ce but, s'occupaient de rassembler les capitaux nécessaires, on apprit, non sans surprise, que le projet était déjà sur le point de se réaliser par l'initiative de MM. Newall et Cie.

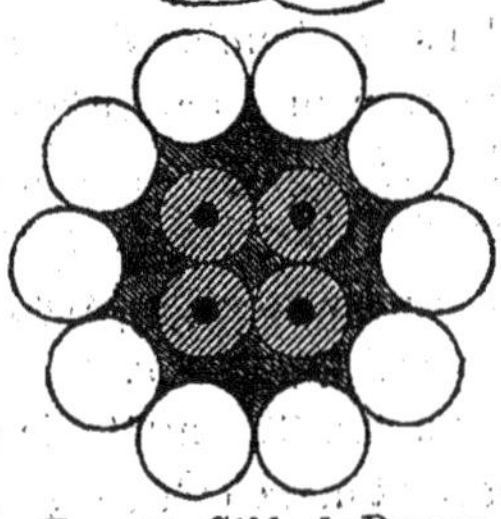

Fig. 26. Câble de Douvres à Calais.

La distance entre les points à relier étant de 60 milles, on donna au câble une longueur additionnelle de 10 milles, afin de faire face à tout évènement. Dans ce câble, qui n'avait qu'un fil conducteur unique, on donna aux fils extérieurs enfermant la corde isolante plus d'épaisseur aux parties voisines des rivages qu'à celles posées en pleine eau : les premières sont en effet sujettes à un plus grand nombre d'accidents. La fig. 27 donne le profil de la partie plongée dans l'eau, et la fig. 28 une section transversale de cette même partie. La fig. 29 représente le profil des extrémités du câble du côté voisin du rivage, et la fig. 30 en représente une section transversale, grandeur naturelle.

Fig. 27.

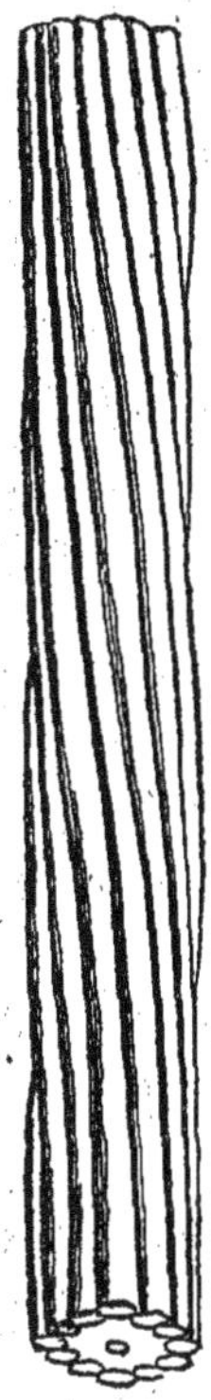

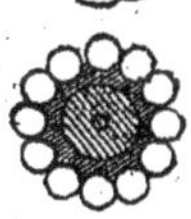

Fig. 28. Câble d'Holyhead à Howth.

Fig. 29.

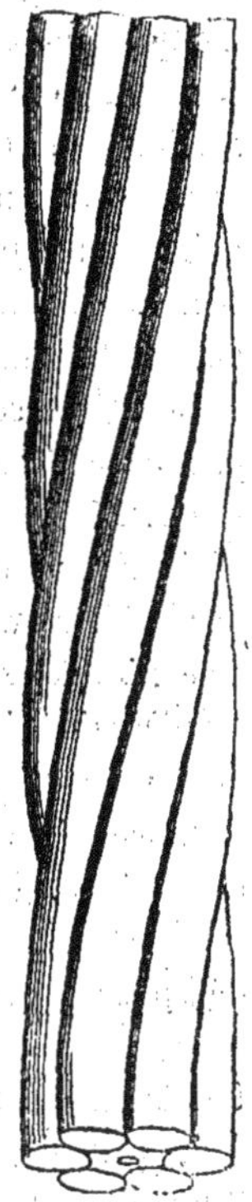

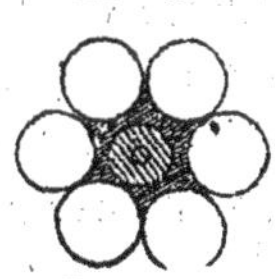

Fig. 30.

La corde de gutta-percha fut fabriquée par la Gutta Percha Company, de City-road, à Londres, et envoyée de là à Gateshead, où elle reçut l'enveloppe de fils de fer dans la fabrique de MM. Newall et Cie, dans le court espace de quatre semaines. Chargé sur vingt wagons, le câble fut expédié par chemin de fer à Maryport, où il fut embarqué à bord de la *Britannia* et transporté à Holyhead. Le matin du 1er juin 1852, une de ses extrémités étant établie à Holyhead, il fut posé dans le lit du canal. Voici ce qui se passa : — On leva (plia) avec le plus grand soin le câble dans la cale du steamer ; puis une de ses extrémités fut enroulée plusieurs fois autour d'une roue d'engrenage et transportée sur le rivage, où elle fut mise en rapport avec un instrument télégraphique. L'autre extrémité du câble fut mise en rapport avec un second instrument dans la chambre du steamer. De cette façon, tout message passant d'un instrument à l'autre pouvait traverser tout le câble de la cale et de la roue d'engrenage pendant la pose du câble. Une fois l'une des extrémités bien assujettie au rivage, le steamer se mit en marche, et une certaine tension fut imprimée au câble avec la roue d'engrenage, afin qu'il se trouvât posé droit sur le fond de la mer.

La fig. 34, en tête de ce chapitre, représente, au premier plan, le câble sortant de la cale ; il se rend entre des chevalets à rouleau vers le tambour ; on le revoit ensuite au dernier plan, à son passage à l'arrière. On établit à l'arbre du tambour un compteur pour savoir à chaque instant la longueur de câble posée dans la mer.

Les vents et les marées ont pour effet d'écarter les bâtiments de leur route, de sorte que la somme de câble dépensée est toujours plus considérable que la distance entre les deux points d'une ligne droite. Pour le câble d'Holyhead à Howth, la quantité employée fut de 60 milles (96,540 mètres). La profondeur de l'eau est de 70 brasses (127 mètres 40), le double au moins de celle de Douvres.

La pose du câble fut achevée en 18 heures. Pendant une autre heure, le câble fut amené à terre et mis en rapport avec les fils télégraphiques d'entre Howth et Dublin ; immédiatement Londres et Dublin furent reliés l'un à l'autre par des moyens de communication instantanée.

Le câble dont il s'agit était beaucoup plus léger que celui de Douvres à Calais ; son poids était un peu inférieur à 1 tonneau (1015 kilogr. 649) par mille (1609 mètres) ; par conséquent, son poids total n'excédait pas 80 tonneaux. Le câble de Douvres à Calais pesait, au contraire, 7 tonneaux par mille, et son poids total s'élève à 180 tonneaux.

On ignore pourquoi ce câble, après avoir fonctionné pendant trois jours, se trouva hors de service. On a supposé qu'il avait été accroché par l'ancre d'un bâtiment, car, lorsqu'on l'examina, on vit qu'il s'était rompu près de Howth, et que la gutta-percha ainsi que le fil de cuivre s'étaient étirés d'une manière extraordinaire.

XVII.

Le 9 octobre 1851, MM. Newall et Cie tentèrent de poser un câble dans la partie la plus resserrée de la mer d'Irlande, entre Portpatrick et Donaghadee. Ce câble avait six fils conducteurs, semblables à ceux de la fig. 43. La distance est la même qu'entre Douvres et Calais, c'est-à-dire de 21 milles, et l'on mit à bord du steamer *Britannia* 25 milles de câble. La submersion se fit bien jusqu'à ce qu'on fût parvenu à en poser 16 milles ; mais tout à coup un vent violent s'éleva, qui rendit impossible de diriger convenablement le vaisseau, et M. Newall se vit contraint à couper le câble, n'étant plus qu'à 7 milles de la côte d'Irlande et ayant encore à bord 9 milles de câble.

La totalité de ces 16 milles de câble a été repêchée en juin 1854, après avoir séjourné dans l'eau près de deux ans. Ce ne fut pas chose facile : la profondeur de l'eau sur ce point du canal d'Irlande est de 150 brasses, ou 900 pieds anglais (270 mètres) ; c'est de cette profondeur que le câble fut retiré au moyen d'un appareil puissant mû par une machine à vapeur établie sur le pont d'un steamer. L'opération ne dura pas moins de 4 jours ; l'impétuosité du flot, dont le mouvement est de 6 milles à l'heure, ne permit de travailler qu'au moment de la haute et de la basse eau. Le câble se trouvait aussi embarrassé dans le sable, de sorte qu'il fallut, pour l'amener en haut, des efforts souvent fort grands.

Le recouvrement de ce câble a résolu la question de la durée des télégraphes sous-marins. Celui dont il s'agit se trouva presque en aussi bon état qu'au moment de sa pose. On remarqua une légère corrosion dans certaines de ses parties qui paraissaient avoir séjourné dans des détritus de plantes marines; les parties embarrassées dans le sable étaient complètement intactes; quant à celles qui avaient gagné le fond de l'eau, elles portaient quelques zoophytes. On essaya le câble, et l'on constata que l'*isolation* n'était pas moins parfaite que lors de sa pose.

FIG. 31.

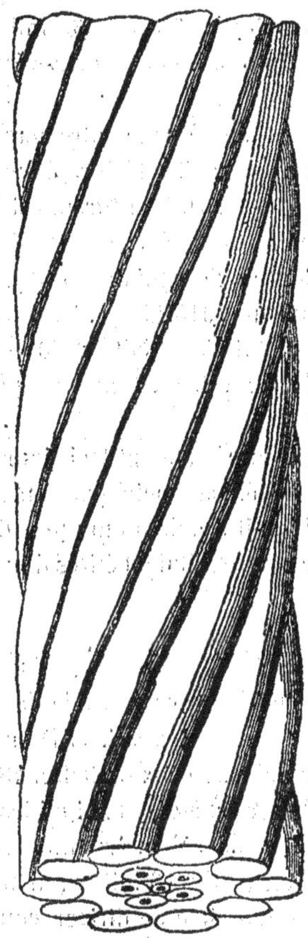

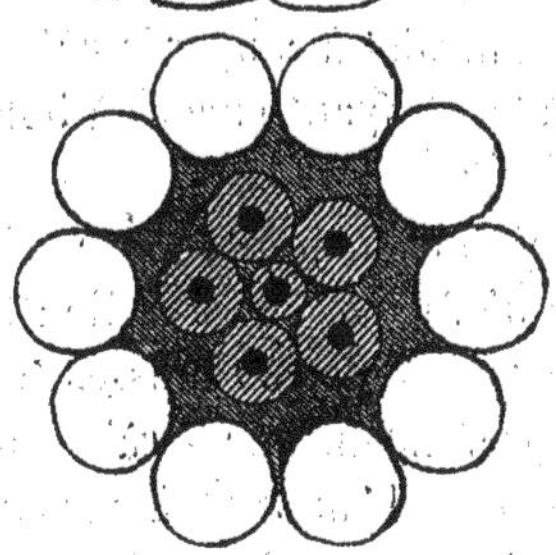

FIG. 32.

XVIII.

La grande entreprise du même genre qui suivit la précédente, et dont l'exécution doit rendre à jamais mémorable le siècle dans lequel nous avons le bonheur de vivre, est celle de la pose du câble qui relie les côtes de l'Angleterre à celles de la Belgique, et qui mesure ***soixante-dix milles sans interruption aucune !*** Cette corde colossale de métal et de gutta-percha a eu pareillement pour constructeurs MM. Newall et Cie.

L'extension probable de ces extraordinaires moyens de communication sociale, commerciale et politique, entre des pays séparés par des bras de mer, peut se concevoir en pensant que, durant l'hiver de 1852-1853, MM. Newall et Cie ne fabriquèrent pas moins de 450 milles de câbles.

Le câble posé entre Douvres et Calais a, comme on l'a dit, quatre fils conducteurs. Celui d'entre Douvres et Ostende en possède six, isolés par la double enveloppe de gutta-percha fabriquée, sous la direction de M. S. Statham, par la Gutta Percha Company. La gutta-percha est recouverte de douze fils de fer épais, dont la force réunie est égale à une tension de 40 à 50 tonneaux, — supérieure à la tension d'épreuve du câble-chaîne d'un vaisseau de guerre de première classe.

Les fig. 31 et 32 représentent un profil et une section de ce câble, grandeur naturelle.

Le câble belge pesait 7 tonneaux par mille ; son poids total était, par conséquent, de 500 tonneaux environ. Il revint à 33,000 livres (825,000 fr.). On mit 100 jours à le faire, 70 heures à le plier dans le bâtiment d'où il fut posé dans la mer, et 18 heures à en opérer la submersion.

La fig. 33 (en tête du chap. II) représente le câble plié dans la cale du bâtiment.

Le mercredi 4 mai 1853, le bâtiment nommé le *William Hutt*, capitaine Palmer, chargé du câble, étant ancré devant Douvres près Saint Margaret's South-Foreland, la pose commença. Ce bâtiment était assisté des vaisseaux de Sa Majesté le *Lézard*, capitaine Rickets, de la marine royale, et le *Vivid*, capitaine Smithett. Le capitaine Washington, de le marine royale, avait été chargé par l'Amirauté de tracer la route et de diriger l'expédition.

Au lever du jour, on sortit du *Hutt* environ 200 yards (yard = 0mèt.,914) de câble, que des canots transportèrent à la côte. L'extrémité en fut déposée dans une caverne au pied de la falaise. Là se trouvaient des instruments télégraphiques à l'aide desquels et à travers le câble lui-même on entretint une communication incessante pendant l'opération avec le vaisseau, des instruments télégraphiques correspondants ayant été placés à bord du *Hutt*. — A 6 heures, le *Hutt* fut pris par le remorqueur à vapeur *Lord Warden*.

La fig. 34, en tête du présent chapitre, représente la manière dont le câble fut *filé* pendant la marche du vaisseau. A mesure que le câble arrivait de la cale, on lui faisait faire plusieurs fois le tour d'une grande roue d'engrenage qui l'empêchait d'aller trop vite et maintenait son mouvement égal à la marche

FIG. 35.

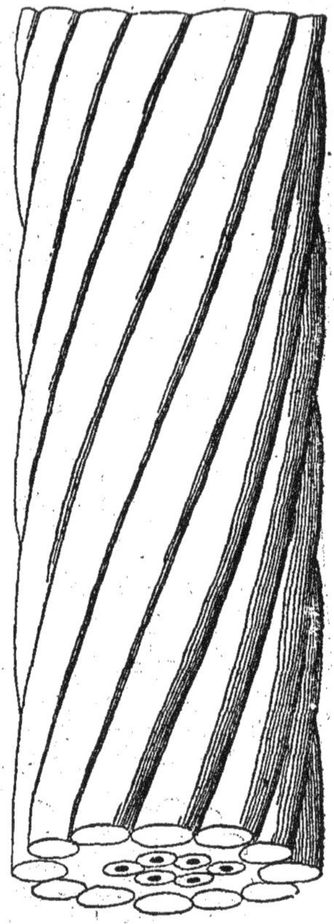

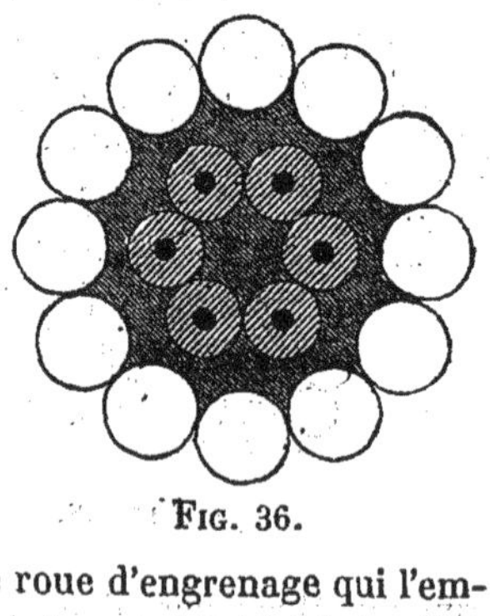

FIG. 36.

du vaisseau. On voit dans la gravure des hommes qui mettent le frein à la roue.

Fig. 37.

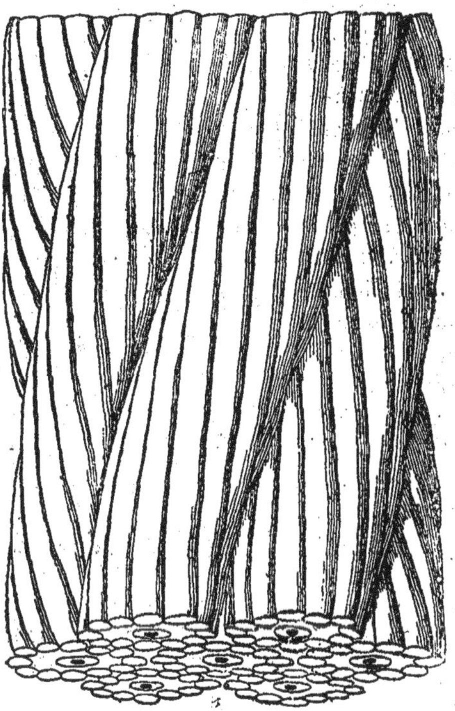

En arrivant devant Middlekerke, sur la côte belge, un bateau envoyé du rivage prit à bord de 500 à 700 yards du câble, pour les mettre à terre. Les canots des bâtiments anglais prirent le bateau à la remorque, et le bout du câble arriva à terre en bon état. On le déposa dans un corps-de garde de la douane. Là, on disposa les instruments télégraphiques apportés par le *Hutt*, la communication fut établie, et l'on transmit à Londres la dépêche suivante :

Union de la Belgique et de l'Angleterre, une heure moins vingt minutes de l'après-midi. Le 6 mai 1853.

XIX.

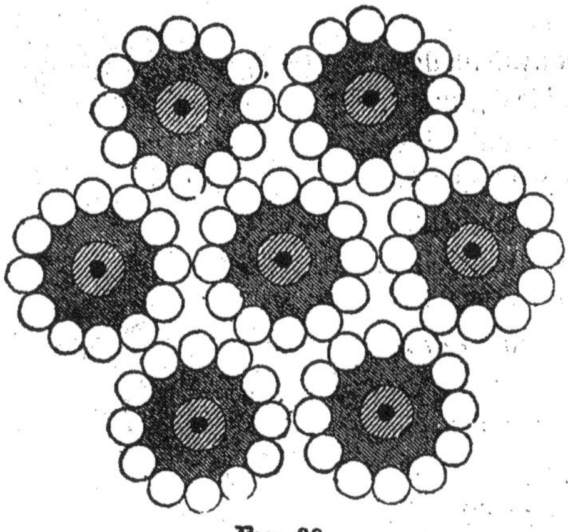

Fig. 38.

Un autre câble sous-marin fut ensuite posé par la Compagnie du Télégraphe magnétique (Magnetic Telegraph Company) : c'est celui qui relie Donaghadee à Portpatrick. Il sort aussi des manufactures de MM. Newall et Cie.— Ce câble, qui contient six fils conducteurs, est représenté avec ses dimensions propres dans les fig. 35 et 36, et correspond par le poids comme par la forme au câble belge ; dans sa construction et dans sa composition, on a introduit quelques perfectionnements. Il fut fabriqué en 24 jours, et revint à environ 13,000 livres (325,000 fr.). — Le câble posé par la Compagnie du Télégraphe Anglais (British Telegraph Company) entre les mêmes points est absolument semblable au précédent.

XX.

On se propose de relier Orfordness, sur la côte du Suffolk, à La Haye, par sept câbles sous-marins distincts, ayant chacun un seul fil. Près des deux rivages anglais et hollandais, ils seront réunis et entrelacés de manière à ne former qu'un câble unique, comme l'indiquent les fig. 37 et 38.

Trois seulement de ces câbles ont été posés. — La distance d'Orfordness à La Haye étant de 120 milles, on a donné aux câbles 135 milles de longueur. Ils sont posés à part, mais à une faible distance l'un de l'autre. A 3 milles 1/2 du rivage, ils sont réunis ensemble. Les quatre autres seront posés quand la nécessité s'en fera sentir.

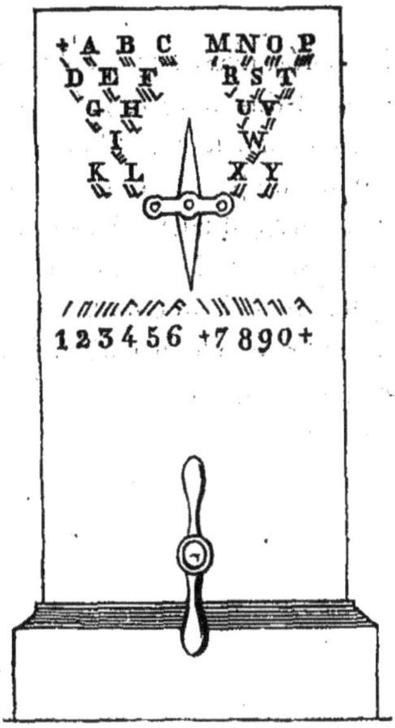

Fig. 66. Télégraphe à une seule aiguille.

CHAPITRE IV.

I. Câble entre Spezzia et la Corse.— II. Autres câbles européens et américains.— III. Objections élevées par des savants contre les câbles sous-marins. — Réponses des praticiens. — IV. Exemple d'un câble non endommagé par l'action de la mer. — V. Précautions nécessaires dans la pose du câble.— VI. Accident survenu lors de la pose du câble de Calais. — VII. Imperfection du câble belge. — VIII. Télégraphe de l'Océan transatlantique. — IX. Fils souterrains entre le Strand et Lothbury. — X. Effet de l'action inductive des fils souterrains ou sous-marins. — XI. Influence possible de cette action sur les opérations télégraphiques. — XII. Exemples de fils souterrains s'étendant à de grandes distances sans support intermédiaire. — Entre Turin et Gênes. — XIII. Lignes télégraphiques dans l'Inde. — XIV. Obstacles procédant de l'électricité atmosphérique. — Hauteur et distance des poteaux. — Procédé pour la pose des fils souterrains. — Étendue des lignes indiennes en avril 1854. — XV. L'intensité du courant diminue comme la longueur du fil augmente. — XVI. Elle augmente avec l'épaisseur du fil. — XVII. Elle augmente avec le nombre des éléments de la batterie. — XVIII. Résultat des expériences de M. Pouillet sur l'intensité du courant.— XIX. Intensité produite en augmentant la puissance de la batterie. — XX. Comment le courant produit des signaux télégraphiques. — XXI. Vitesse du courant. — XXII. La transmission des signaux s'opère instantanément.

I.

On a projeté de relier l'Europe aux îles de la Méditerranée et au continent africain, en prolongeant les fils qui déjà s'étendent sans interruption jusqu'à Gênes, du Royaume-Uni et des Etats du nord de l'Europe à Spezzia, et de poser un câble sous-marin entre ce dernier point et la Corse, un autre entre la Corse et la Sardaigne, puis un entre la Sardaigne et Bone; Bone serait ensuite reliée à Alexandrie par des fils souterrains qui longeraient la côte.

On considère même comme chose possible de mettre Alexandrie en communication électrique avec Bombay; et comme cette dernière ville est déjà reliée par une ligne télégraphique à Calcutta, une ligne de communication continue, entre Londres et Calcutta serait ainsi établie.

La distance entre Spezzia et Bone sur la côte de l'Algérie se décompose ainsi :

	milles :
De Spezzia à la Corse (ligne sous-marine)	76
A travers la Corse (souterraine)	128
De la Corse à la Sardaigne par le détroit de Bonifacio (sous-marine)	7
A travers la Sardaigne (souterraine)	203
De la Sardaigne à Bone, sur la côte de l'Algérie (sous-marine), environ	125
(211 lieues 1/2) — Total	539

Il y aurait ainsi 208 milles de câble sous-marin (76 milles d'une part, 7 et 125 milles de l'autre), et 331 milles de fils terrestres nécessaires pour relier la côte méridionale de l'Europe à la côte septentrionale de l'Afrique.

Tel est le plan proposé, et les câbles de Spezzia à la Corse, de la Corse à la Sardaigne, sont déjà posés et à l'œuvre. Mais si l'on examine la carte, on verra que l'on serait arrivé au même résultat avec une étendue moins considérable de câble sous-marin, en prolongeant la ligne terrestre jusqu'à Piombino, dans le grand-duché de Toscane, en reliant cette ville à l'île d'Elbe par un câble sous-marin de 8 ou 10 milles, et la partie la plus occidentale de cette île à Bastia, en Corse, par un autre câble de 35 à 40 milles. Ce plan aurait, en outre, l'avantage de comprendre dans la ligne plusieurs places importantes sur la côte d'Italie, entre autres Carrare, Massa, Lucques, Pise et Livourne.

On a préféré le parcours ci-devant décrit à cause de certains avantages accordés à la compagnie par le gouvernement sarde, avantages qu'elle n'eût point obtenus si l'autre tracé avait été suivi.

Le câble aujourd'hui posé renferme six fils conducteurs, et ressemble sous tous les rapports à celui que représentent les fig. 35 et 36.

II.

Le petit câble sous-marin posé entre l'île du Prince-Édouard et la côte de la Nouvelle-Écosse n'est qu'une partie d'une ligne sous-marine plus étendue, reliant Terre-Neuve au Canada. Les autres sections formeront une longueur totale de 140 milles; mais l'exécution du projet est arrêtée quant à présent par le refus fait par l'Assemblée de la Nouvelle-Écosse d'accorder à la compagnie l'autorisation de passer par cette province.

Fig. 39, 40.

Ile du Prince-Édouard.

Fig. 41.

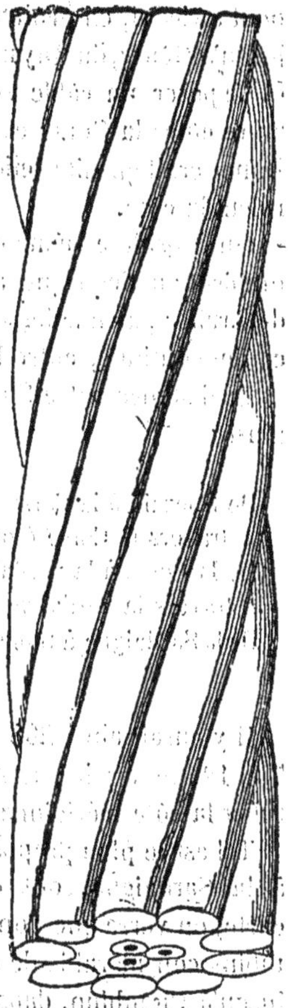

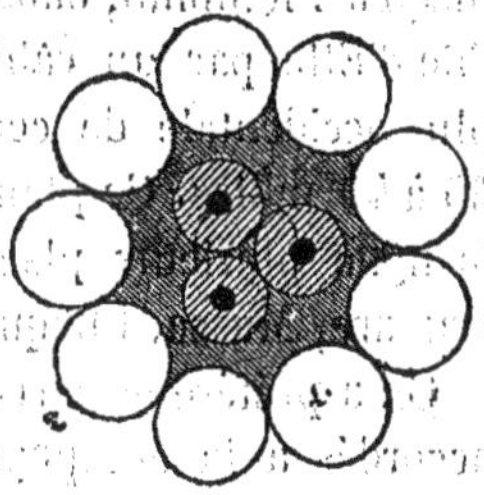

Fig. 42. Le grand Belt.

Le câble sous-marin danois (fig. 41, 42) traverse le Grand-Belt de Nyborg à Korsoe, point le plus rapproché de la côte opposée de la Zélande.

Le câble qui traverse le Zuyder-Zée se voit dans sa grandeur naturelle fig. 43, 44.

Plusieurs fleuves d'Amérique ont des câbles sous leurs eaux. Les ingénieurs considérèrent la pose et la conservation de ces conducteurs comme une chose tellement difficile, que d'abord on fit passer les fils au-dessus des fleuves, en les suspendant au haut de grands poteaux élevés sur les rives. Mais on ne tarda pas à remarquer que le fil ne pouvait se maintenir dans cette position. Les poteaux étaient renversés par les tempêtes inhérentes au climat, et souvent détruits par la foudre.

On pensa alors à poser les fils conducteurs sur le lit des fleuves. L'Ohio, par exemple, est traversé par un câble ayant un fil conducteur. Les journaux américains en ont donné la description suivante :

« Il se compose d'un gros fil de fer recouvert de trois couches de gutta-percha, formant une corde d'environ 5/8 de pouce de diamètre.

Fig. 43.

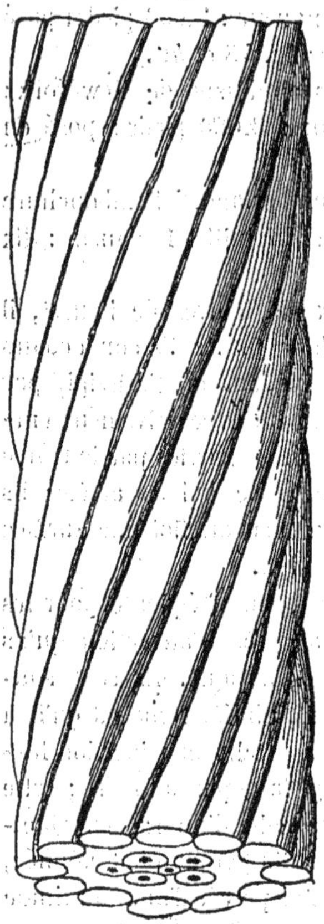

« Pour le garantir du frottement et pour conserver son *isolation*, il y a trois couches d'*osnabruck* saturé d'une composition élastique de *non-électriques;* et autour sont dix-huit gros fils de fer, tendus autant que possible; le tout est relié en spirale avec un autre gros fil qui l'entoure à chaque 3/4 de pouce. Cela forme un câble d'environ deux pouces de diamètre. »

Le câble a 4,200 pieds de longueur; c'est le plus long qui ait été posé aux États-Unis. Il a eu pour constructeurs MM. Shaffner et Sleeth.

M. Shaffner a aussi construit et posé des câbles subaqueux dans les lieux qui suivent :

Dans le Tennessee, quatre milles au-dessus de Paducah, près de sa jonction avec l'Ohio. Longueur : 2,200 pieds; même construction; posé en 1851.

Dans le Mississipi, au cap Girondeau, dans l'état du Missouri. Longueur : 3,700 pieds; posé en 1853.

Dans le Merrimac, là où il se jette dans le Mississipi, vingt milles au-dessous de Saint-Louis. Longueur : 1,600 pieds; posé en 1853.

Tous ces câbles ressemblent à celui de Paducah.

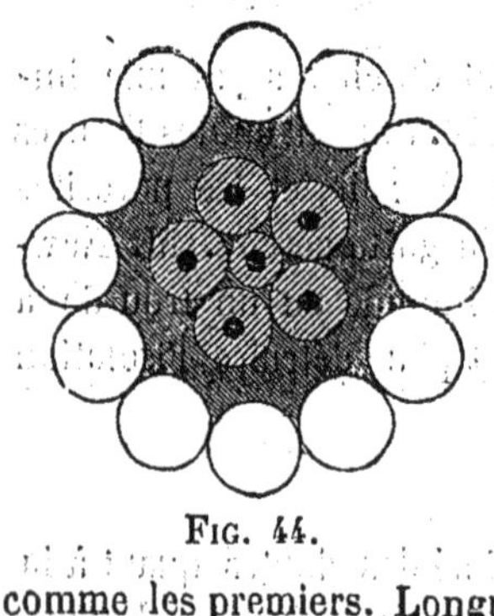

Fig. 44.

Dans le Mississipi, à Saint-Louis, M. Shaffner a posé trois câbles pour des lignes différentes, chacun entouré de 14 fils latéraux extérieurs. Longueur : 3,500 pieds; posés en 1852-53.

Dans l'Ohio, à Marysville, Kentucky, un câble ayant deux fils conducteurs, entouré de 28 fils latéraux extérieurs, construit comme les premiers. Longueur : 2,700 pieds; posé en 1853.

Dans l'Ohio, à Henderson, Kentucky. Longueur : 3,200 pieds; posé en 1854.

Des câbles construits par MM. Newall et Cie ont également été posés dans les lieux suivants :

Fig. 45.

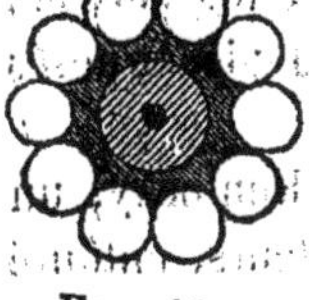

Fig. 46.

Dans le Mississipi, à la Nouvelle-Orléans, un câble ayant un fil conducteur. Longueur : 3,000 pieds ; posé en 1853. Représenté dans les fig. 45 et 46.

Dans l'Hudson, dix milles au-dessus de New-York : même construction. Longueur : 3,600 pieds ; posé en 1854.

Dans le détroit de Northumberland, à l'embouchure du Saint-Laurent. Construction pareille. Longueur : dix milles ; posé en 1853.

Sur certains points des grands fleuves de l'ouest, il est fort difficile de garder en bon état les fils conducteurs qui les traversent. A Saint-Louis, sur le Mississipi, par exemple, plusieurs câbles ont été successivement emportés par les flots. De gros arbres charriés par le fleuve s'accrochent fréquemment au câble qui les arrête ; ils s'accumulent et finissent par offrir au flot une surface telle que le câble cède à la pression.

Une autre cause de destruction fréquente pour les câbles du continent occidental, c'est l'attraction qu'ils exercent sur l'électricité atmosphérique. Ils sont souvent détruits par la foudre. M. Shaffner me dit qu'il a rencontré parfois dans la gutta-percha une incision longitudinale de dix pieds de long, faite par la foudre ; cette incision était aussi nette que celle d'un rasoir. Quelquefois il a constaté que la gutta-percha était gonflée, rugueuse, poreuse, et quelquefois percée d'une multitude de trous.

M. Newall explique cet état de choses par une imperfection dans l'enveloppe du fil. Suivant lui, les fissures ont pour cause l'introduction de l'air, et les porosités de l'enveloppe, l'air mêlé à la gutta-percha. M. Newall a constaté qu'un cheveu humide ou un trou de la largeur d'un cheveu suffisaient pour détruire l'isolation du fil.

III.

Plusieurs savants ont exprimé des doutes quant à la durée des câbles sous-marins. On a remarqué, à propos du câble de Douvres à Calais, que le fond du canal en cette partie du détroit est sujet à des variations considérables ; ainsi, ses points élevés atteignent quelquefois une hauteur telle que l'eau qui les recouvre n'est plus assez profonde pour les garantir des suites de l'agitation qui se produit à la surface pendant les tempêtes violentes. On doit ici rappeler au lecteur que l'agitation de l'Océan qui, dans les grandes tempêtes, paraît si épouvantable, ne s'étend qu'à une profondeur tout à fait restreinte, au-dessous de laquelle les eaux sont dans le plus complet état de repos. L'objection dont il s'agit est donc basée sur cette hypothèse, que les crêtes de quelques-unes des éminences sur lesquelles repose le câble sous-marin s'élèvent assez pour atteindre cette limite de profondeur, et l'on craint qu'alors la violence des eaux, pendant les tempêtes violentes, n'imprime au câble un mouvement de va-et-vient assez fort pour que le frottement use son armure métallique et expose ainsi les fils conducteurs au contact de l'eau ; ce qui détruirait l'isolation.

Mais il a été prouvé, à la suite de l'examen d'une partie du fil posé entre Douvres et Calais en 1850, et lorsque ce fil avait séjourné deux ans sous l'eau, que l'action des vagues est sans effet sur le fond du détroit en cet endroit. Le fil était intact. La plus grande profondeur du détroit est de 30 brasses, et le fond s'incline en talus régulier depuis Douvres jusque près du cap Grinez, où il y a une chaîne de rochers qui surgissent brusquement du fond.

On a encore exprimé la crainte que, malgré l'effet de la galvanisation de la surface des fils métalliques qui entourent le câble, l'action corrosive de l'eau de mer ne puisse finalement les détruire ; et l'on a prétendu que le meilleur moyen pour les protéger serait de recourir au procédé de Davy pour conserver le doublage en cuivre des vaisseaux, c'est-à-dire d'entourer le câble par intervalles d'une épaisse couche de zinc.

Mais les hommes pratiques ont répondu qu'il résulte de leurs observations que rien jusqu'ici n'a justifié les appréhensions manifestées par les théoriciens ; que l'action des marées et des tempêtes est sans effet sur le câble, et que le fil de fer fin qui forme le fil conducteur n'est point affecté par l'eau de mer, comme le sont des masses de fer plus considérables, telles que des ancres. A l'appui de leur dire, les praticiens citent l'état d'altération légère où l'on a trouvé des clous, des pistolets retirés de vaisseaux depuis longtemps submergés. Ils disent que le goudron contenu dans la couche d'étoupe renfermée par les fils protecteurs agit comme préservatif, que les fils soient ou non galvanisés. Ainsi, en examinant le conducteur sous-marin d'entre Donaghadee et Portpatrick, on a trouvé qu'une concrétion de goudron et de sable s'est déjà formée, et que des masses de coquillages s'attachent sur tous les points qui ne sont pas enfouis dans le sable ; il est évident que, sous peu d'années, un dépôt calcaire se sera formé tout autour du câble, qu'il cimentera au fond des eaux et qu'il préservera en même temps de l'action de l'eau de mer.

IV.

Lorsqu'on pose des câbles sous-marins, on doit choisir avec soin les points du rivage les plus convenables, ceux où il y a du sable, particulièrement. On assure que, en prenant cette précaution, l'action des marées est sans influence sur les câbles. En 1852, la Compagnie du télégraphe magnétique posa une portion de câble près de Portpatrick ; elle fut obligée d'abandonner l'opération à moitié parce que, pendant la pose, une tempête violente assaillit le vaisseau. On laissa le fil exposé sur la plage, et, en juin 1854, il était encore dans un bon état ; les fils de fer galvanisé, leur enveloppe de zinc, tout était absolument dans le même état qu'au moment de la pose.

V.

Les praticiens soutiennent que si les câbles sous-marins ne répondent pas à leur but, cela tient à deux causes seulement : 1° parce qu'ils ont été mal posés ; 2° parce qu'ils ont été mal construits.

L'opération de la pose exige beaucoup d'attention. On doit spécialement éviter toute tension brusque du câble.

VI.

Lors de la pose du câble de Calais, on s'aperçut qu'il était trop court pour parvenir jusqu'à la côte, et l'on fut obligé d'y ajouter (épisser) une pièce supplémentaire. L'articulation ainsi formée se défit plus tard, et besoin fut de recommencer l'opération. Depuis, le câble paraît s'être maintenu en bon état.

VII.

On dit que le câble belge a laissé à désirer. La position des fils dans l'enveloppe n'est pas convenable. Le sixième fil se trouvant dans l'axe du câble, entouré des cinq autres (voy. fig. 32), on a remarqué que, quand l'enveloppe extérieure des fils protecteurs fut mise autour de lui, la pression exercée sur le fil central le rendait imparfait, et que les cinq autres fils qui l'entourent souffraient jusqu'à un certain point.

On a, paraît-il, les mêmes reproches à adresser aux autres câbles construits sur le même principe.

Une enveloppe ou étui de chanvre bien goudronné, au centre, forme la meilleure sauvegarde pour les fils recouverts de gutta-percha, pendant la pose du câble ; car cette enveloppe se prête à toute espèce de compression sans endommager le fil.

VIII.

On a beaucoup parlé, on parle beaucoup encore d'un projet dont le but est de relier l'ancien monde au nouveau au moyen d'un câble jeté en travers de l'Atlantique. Ce projet est considéré aujourd'hui à peu près de la façon que l'était, il y a quelques années, celui destiné à mettre en communication les îles britanniques entre elles et avec le continent européen. Les ardents le regardent comme praticable et croient à sa prochaine réalisation. Les hommes calmes n'en parlent qu'en s'en moquant. Les hommes de science admettent en général la possibilité de l'entreprise, tandis que les hommes de finance doutent fort qu'il y ait un lucre quelconque à en attendre.

L'étendue de l'Atlantique entre les points les plus rapprochés de l'Amérique anglaise et la côte occidentale d'Irlande est d'environ 1,600 milles (640 lieues). Douze câbles, d'une longueur égale chacun à ceux qui ont été posés entre Orfordness et La Haye, suffiraient pour aller d'une côte à l'autre. On enterait l'un sur l'autre ces douze câbles. Rien d'impossible à cela. Le câble de Calais à Douvres, composé de deux câbles, démontre cette possibilité.

Le lieutenant Maury, que ses nombreuses expériences hydrographiques ont fait connaître, a fait un grand nombre de sondages à l'effet de déterminer la forme et l'état du lit de l'Océan entre les côtes de l'Amérique anglaise et de l'Irlande. Il a constaté que entre Terre-Neuve, ou l'embouchure du fleuve Saint-Laurent, et la côte occidentale de l'Irlande, le fond de l'Océan consiste en un plateau qui, comme il dit, « semble avoir été placé là tout exprès pour recevoir les fils d'un télégraphe sous-marin et les conserver à l'abri des accidents. Il n'est ni trop ni pas assez profond ; cependant il l'est assez pour que les fils, une fois posés, demeurent à jamais au-delà de l'atteinte des vaisseaux, des ancres, des blocs de glace et de n'importe quels objets ; il l'est assez peu pour que les fils arrivent sans tarder sur son fond.

» La profondeur de ce plateau est tout-à-fait régulière ; elle augmente graduellement depuis les rivages de Terre-Neuve, à mesure qu'on approche de l'autre côté, de 1,500 à 2,000 brasses. »

C'est là un fait, d'après le lieutenant Maury, qui décide complètement la question, du moins en tant qu'il s'agit du fond de l'Océan. Le câble passerait au nord des grands bancs et serait posé sur le plateau ci-dessus, où les eaux sont « *aussi calmes que celles d'un bief de moulin.* » (*Report* of lieut. Maury to the Secretary of the U. S. Navy ; 22 fév. 1854.)

Le lieutenant Maury a été amené à cette conclusion en considérant que tous les échantillons enlevés au fond du plateau se composent de coquilles microscopiques où l'on ne trouve ni gravier ni sable. S'il existait des courants à cette profondeur, les coquilles eussent été jetées çà et là, usées par le frottement, et plus ou moins mêlées aux *débris* du lit naturel de l'Océan, tels que vase, sable, gravier et autres substances. « En conséquence, un câble télégraphique une fois établi en cet endroit, y demeurerait aussi bien à l'abri de tout accident que s'il était placé dans des étuis hermétiquement fermés. »

Des personnes assez mal renseignées ont dit que le câble ne descendrait pas au-delà d'une certaine profondeur et que la densité croissante de l'eau de mer rendrait celle-ci, à volume égal, aussi pesante que le câble. C'est méconnaître les propriétés physiques de l'eau. Quoique l'eau ne soit pas incompressible dans le sens absolu, elle est susceptible de compression, mêmes aux plus grandes profondeurs de l'Océan, à un degré assez grand pour que le câble l'emporte de beaucoup sur son poids spécifique.

Si donc l'on fait abstraction du côté financier de la question, il semble qu'il n'y ait aucune bonne raison à faire valoir contre le projet dont il s'agit, contre la possibilité d'établir un câble au fond de l'Océan.

Le câble une fois posé, serait-il possible de transmettre par son intermédiaire un courant qui produisît des signaux télégraphiques?

Deux motifs seulement laissent place au doute : 1° la longueur du fil conducteur; 2° l'action inductive de l'eau sur le câble.

L'intensité du courant transmis par une batterie d'une force donnée sur un fil métallique, est en raison directe du pouvoir conducteur du fil et de la grandeur de sa section transverse, et en raison inverse de sa longueur. Une longueur de 1,500 ou de 1,600 milles devrait, il semble, avoir pour effet d'affaiblir le courant.

Mais on se rappelle que, lors des expériences faites par MM. Le Verrier et Lardner, expériences décrites dans le chapitre premier de ce traité, des messages furent expédiés sur un fil de 1082 milles de long sans batterie intermédiaire, et à l'aide d'une batterie extrême ou terminale d'une force très-limitée. Dans l'espèce, 336 milles du fil sur lequel se transmettait le courant étaient en fer (conducteur très-indifférent), et les 746 milles restants étaient en fil de cuivre d'un diamètre extrêmement petit. Il est donc certain que, à raison du pouvoir conducteur inférieur, d'une part, et de la très-petite section transverse, de l'autre, cette longueur de 1082 milles (482 lieues 80) offrait une résistance beaucoup plus grande à la transmission du courant que celle qu'opposeraient 1600 milles de fil de cuivre, substance dont sont formés d'ordinaire les câbles sous-marins.

Mais, indépendamment de ces considérations, rien ne serait plus facile que de donner au fil de cuivre enfermé dans le câble une épaisseur telle, et d'employer des batteries tellement puissantes, que la transmission d'un courant d'une intensité suffisante s'ensuivît nécessairement.

Les effets des courants rétrogrades ou de retour produits par l'action inductive de l'eau sur le câble, ne peuvent être convenablement appréciés dans l'état actuel de la science : mais, quoique ces effets soient évidents dans les fils sous-marins et souterrains jusqu'ici posés, ils n'ont pas empêché les télégraphes de remplir leurs fonctions, et les directeurs de la Magnetic Telegraph Company, qui a dans son département des fils souterrains et sous-marins, m'ont assuré que la cause ci-dessus n'a jamais apporté d'entrave ni présenté d'inconvénient. S'il ne s'élève contre le projet d'un câble transatlantique aucune autre objection, on peut dire en toute assurance qu'on n'a à redouter rien que la science et l'art ne soient à même de surmonter.

Il semble donc que le grand problème du télégraphe sub-atlantique est résolu ; le côté financier de la question reste seul entouré d'obscurité. Si une compagnie commerciale entreprend la pose du câble, sera-t-elle dédommagée de ses peines, et aura-t-elle *des bénéfices ?* Ne serait-ce pas plutôt aux différents États de l'ancien et du nouveau monde à mettre la main à l'œuvre et à envisager la question comme une de ces grandes entreprises internationales qui, utiles à tous, doivent être payées par tous ? Nous n'avons ni assez d'espace ni assez de vocation pour discuter ces deux points.

IX.

En 1852 eut lieu la pose des fils conducteurs qui relient le Branch Telegraph-Office (Bureau du Télégraphe d'arrondissement), établi dans le Strand, en face d'Hungerford Market, au General Post-Office (la Grande-Poste). Les fils, au lieu d'être en cuivre, sont en laiton galvanisé. Ils sont, comme à l'ordinaire, dans des tubes de fer, et posés le long des trottoirs du Strand, Fleet-street, Ludgate-hill et St. Paul's Church-yard jusqu'à Cheapside, où ils se rendent à Fosterlane, et, traversant le bureau d'arrondissement dans la salle de la Grande-Poste, gagnent le poste du télégraphe central dans Lothsbury, derrière la Banque d'Angleterre.

X.

Lorsqu'un grand nombre de fils souterrains et sous-marins eurent été construits et posés, l'attention du Dr Faraday fut appelée par quelques directeurs sur certains phénomènes qui s'étaient manifestés sur les lignes. Il résulta des expériences qu'on fit, que l'électricité fournie par la batterie voltaïque au fil couvert était en grande quantité arrêtée là, à cause de l'attraction de l'électricité de nom contraire qui se dégageait de l'eau ou de la terre où le fil était plongé ; l'attraction agissait à travers la couche de gutta-percha exactement de la même façon que l'attraction de l'électricité développée par une machine électrique ordinaire, et déposée sur l'enveloppe métallique interne d'une bouteille de Leyde, agit à travers le verre sur l'électricité naturelle de l'enveloppe externe ou de la terre mise en rapport avec elle. Les deux électricités opposées de l'intérieur et de l'extérieur de l'enveloppe du fil se neutralisent par leur action réciproque, et, dans certaines circonstances, une personne qui mettrait ses mains en communication métallique avec les deux côtés de l'enveloppe pourrait constater la présence d'une forte charge du fluide neutralisé, car elle recevrait un choc semblable à celui d'une bouteille de Leyde chargée.

XI.

On craint que ce phénomène imprévu ne vienne entraver plus ou moins la marche de tous les télégraphes qui ont des fils conducteurs souterrains, et je tiens des employés des bureaux du télégraphe de Paris que ses effets se font sentir dans toutes les communications directes entre Paris et Londres.

Mais, d'un autre côté, la Compagnie du Télégraphe électro-magnétique qui, dans ce moment (mai 1854), n'a pas en opération moins de 900 milles de fils souterrains, dit qu'elle transmet quelquefois sans difficulté des signaux sur une longueur de 500 milles de fils souterrains, et qu'elle a des lignes souterraines continues, reliant des villes situées à 300 milles l'une de l'autre, qui fonctionnent sans relâche.

La seule plainte qu'on élève contre les fils conducteurs a pour cause l'isolement incomplet qui s'y produit, et qui procède de défectuosités dans l'enveloppe de gutta-percha ou de toute autre substance. Ces défectuosités permettent à l'humidité de pénétrer, lorsque le temps est mauvais, et de gagner le fil conducteur. Le fil aussi peut se rompre. Dans tous ces cas, le courant n'arrive pas à destination, et le télégraphe ne transmet aucun signal.

L'emploi des fils souterrains, la découverte du phénomène d'action inductive ci-devant décrit, sont trop récents pour qu'on puisse dire ce qu'il en résultera pour les opérations télégraphiques. C'est le temps et l'expérience qui permettront de prononcer.

XII.

Quoique les supports des fils en plein air (*overground*, surterrains) se trouvent en général à des intervalles d'environ 60 yards ou 54 mèt. 60, il y a de nombreuses exceptions à cette règle ; on en voit dont les distances intervallaires sont bien plus considérables. Quiconque a passé par Paris a pu observer les longues lignes de fils qui longent les boulevards et traversent la Seine.

Mais le plus surprenant exemple de longues lignes de fils sans support intermédiaire, c'est la ligne télégraphique traversant au nord et au sud le Piémont, entre Turin et Gênes, qui le présente. D'après un compte rendu publié par la Gazette du Piémont, sur le parcours de la ligne qui traverse la contrée coupée par la chaîne de la Bochetta, l'ingénieur, M. Bonelli, a eu la hardiesse de faire passer les fils d'un sommet de la montagne à un autre, à travers des vallées fort étendues et des ravins, à des hauteurs énormes au-dessus du niveau du sol. Dans beaucoup de cas, la distance entre ces sommets ne s'élève pas à moins de 800 mètres, et dans quelques autres à moins de 1,200. Quand elle a à traverser des villes, cette ligne devient souterraine, et à sa sortie du sol elle est de nouveau posée d'une crête à l'autre des Apennins maritimes; après quoi elle rentre finalement dans le sol, passe sous les rues de Gênes, et se termine au palais ducal.

On a constaté que l'isolement des fils de cette ligne pittoresque s'est maintenu si parfait, malgré les circonstances peu favorables dans lesquelles elle se trouve, que, pendant le premier hiver où elle a fonctionné, jamais la transmission des signaux, soit de jour, soit de nuit, n'a éprouvé aucun retard extraordinaire.

XIII.

On a récemment essayé de transporter dans l'Inde le système d'intercommunication télégraphique. Le Dr O'Shaughnessy, du département médical de la Compagnie des Indes-Orientales, en construisant une ligne d'essai sur une distance de 80 milles à partir de Calcutta, a employé, au lieu de fils, des barres de fer. Ces barres furent reliées ensemble et supportées par des bambous.

Il a remarqué que les fils employés en Europe devaient être complètement mis de côté dans l'Inde. En Angleterre, où les lignes suivent le parcours des chemins de fer et où l'on n'a aucun obstacle vivant à combattre, le mince fil de fer no 8 suffit; mais dans les Indes, à peine les barres de fer furent-elles placées sur leurs supports de bambous, que des bandes d'oiseaux de la plus grosse espèce vinrent s'y percher et des nuées de singes y tenir conseil. Les fils ordinaires seraient donc évidemment insuffisants. On a constaté, en outre, que non-seulement les fils doivent avoir plus de force, mais qu'ils doivent être placés à une hauteur plus considérable qu'en Europe; ce sont les éléphants qui imposent cette obligation : lorsqu'ils marchent sur les routes, ils n'ont, à ce qu'il paraît, aucun égard pour les lignes télégraphiques, et il est bon de faire en sorte qu'ils puissent passer au-dessous, eux et leurs charges.

XIV.

Les télégraphes de l'Inde ont encore d'autres risques à courir, risques assez rares en Angleterre. Les galvanomètres sont détruits par la foudre, et les poteaux renversés par les ouragans. Le Dr O'Shaughnessy a tenu tête aux éléments; il a donné des paratonnerres aux instruments, et plus de résistance aux supports.

A son retour en Angleterre, l'intrépide expérimentateur fit faire, à Warley, près Brentwood, 3000 milles de fil épais galvanisé, destiné pour l'Inde. L'une des premières lignes entreprises fut celle de Calcutta à Bombay. Ce qui distingue les lignes télégraphiques indiennes des lignes anglaises, c'est la distance plus grande existant entre les poteaux, qui sont plus élevés et plus forts que les poteaux ordinaires. Le fil est fixé à une hauteur de 14 pieds, sur des poteaux séparés l'un de l'autre d'à peu près un huitième de mille (environ 200 mètres). Pour obtenir la force de résistance nécessaire, les poteaux sont fixés avec des pilots ou pieux à vis. On a essayé de la manière suivante la force des fils ainsi posés : une corde fut attachée au centre du fil le plus long, et un soldat grimpa le long de cette corde; le poids de son corps ne donna au fil qu'une légère courbure. La flexion ordinaire procédant du poids d'un fil de la longueur d'un *furlong* (201 mètres, 16437) n'excède pas 18 pouces.

Le procédé du docteur O'Shaughnessy pour la pose des fils souterrains, quand ce mode de pose est nécessaire, est très-économique. Les fils de cuivre recouverts de gutta-percha, au lieu d'être mis dans des tubes de fer, sont déposés dans des sleepers (traverses) en bois, bien saturés d'arsenic pour les protéger contre les termites (fourmis blanches), puis introduits dans une tranchée d'environ deux pieds de profondeur. Le mille (1609m) de fils posés par ce procédé revient à 35 liv. sterl. (875 fr.).

Pour assembler les fils épais galvanisés, on recourbe leurs bouts qu'on met l'un dans l'autre; puis on les introduit dans un moule semblable à un moule à balles; on fait fondre sur le tout un lingot de zinc, et l'on obtient un nœud solide et une connexion métallique parfaite (Year-Book of facts, 1853, p. 150).

Des rapports qu'on a reçus au mois de mai 1854, il résulte que, à cette date, une ligne télégraphique fonctionnait de Calcutta à Agra (distance : 800 milles, ou 320 lieues), et que la ligne entière jusqu'à Bombay (distance : 1500 milles) était sur le point d'être achevée et ouverte.

(Depuis que ce paragraphe a été écrit, la ligne de Bombay à Calcutta fonctionne.)

XV.

Pour produire les effets, quels qu'ils puissent être, par lesquels sont exprimés les messages télégraphiques, il faut que le courant électrique ait une certaine intensité. Or, l'intensité du courant transmis par une batterie voltaïque donnée sur une ligne de fil donnée, décroît, toutes choses pareilles d'ailleurs, dans la même proportion que la longueur du fil s'accroît : ainsi, le fil s'étend-il sur un espace de 10 milles, le courant aura deux fois l'intensité qu'il aurait eue si le fil se fût étendu sur une distance de 20 milles.

Il est donc évident que le fil peut avoir une longueur telle que le courant n'ait plus l'intensité suffisante pour pouvoir produire, à la station où la dépêche est transmise, ces effets qui donnent et expriment la signification de la dépêche.

XVI.

L'intensité du courant transmis par une batterie voltaïque donnée sur un fil d'une longueur donnée, augmente dans la même proportion que la surface de la section du fil augmente. Si, par exemple, le diamètre du fil est doublé, la surface de la section devenant ainsi quatre fois plus grande, l'intensité du courant transmis sur le fil s'accroîtra dans la même proportion.

XVII.

Enfin, l'intensité du courant peut aussi s'augmenter en augmentant le nombre de paires de lames ou de cylindres composant la batterie galvanique.

Comme, en général, l'emploi du fer pour fils conducteurs a été trouvé tout à fait suffisant, il est sans importance pratique de tenir compte de l'influence que la qualité du métal peut avoir sur l'intensité du courant. Néanmoins, il est bon de remarquer que, toutes choses pareilles d'ailleurs, l'intensité du courant sera plus ou moins grande suivant le pouvoir conducteur du métal dont le fil est formé, et que le cuivre est le meilleur conducteur des métaux.

XVIII.

Des expériences de M. Pouillet il est résulté que le courant fourni par une batterie voltaïque de dix paires de lames, transmis sur un fil de cuivre d'un 4/1000 de pouce de diamètre et d'une longueur de $\frac{6}{10}$ de mille (964 mètres environ), avait assez d'intensité pour transmettre un message. Or, si l'on suppose que le fil, au lieu d'avoir $\frac{4}{1000}$ de pouce de diamètre, a un diamètre de $\frac{1}{4}$ de pouce, comme son diamètre sera plus grand dans le rapport de 62 $\frac{1}{2}$ à 1, sa section sera plus grande dans le rapport d'à peu près 4000 à 1; il transportera, par conséquent, un courant d'intensité pareille sur un fil 4,000 fois plus long, c'est-à-dire sur 2400 milles (ou 960 lieues) de fil.

XIX.

Mais, dans la pratique, on n'a pas à pousser si loin le pouvoir de transmission. Pour corroborer et entretenir l'intensité du courant, il suffit d'établir à des distances convenables, le long des lignes, des batteries intermédiaires qui produisent des suppléments de fluide électrique. Ceci n'offre aucune difficulté, car les postes télégraphiques intermédiaires sont à des distances l'un de l'autre beaucoup moins grandes que la limite à laquelle l'intensité du courant pourrait trop s'affaiblir.

XX.

Après avoir vu par quels moyens un courant électrique peut être amené d'un lieu de la terre vers un autre, quelle que soit la distance qui les sépare ; après avoir vu comment on peut donner à ce courant l'intensité nécessaire ou désirable, examinons maintenant comment une personne, placée dans un endroit, peut instantanément, à l'aide d'un courant électrique, faire parvenir dans un autre endroit, et à telle ou telle distance, des signes qui remplacent le langage écrit et en remplissent le rôle.

On peut dire, en quelques mots, que la production de ces signes dépend de la faculté que possède l'agent qui transmet le courant, de le transmettre, de le suspendre, de l'arrêter, de le détourner ou renverser à volonté. Ces changements dans l'état du courant ont lieu simultanément sur tous les points du fil conducteur, quelle que soit sa longueur ; car quoique, strictement parlant, il y ait un intervalle, dépendant du temps que le courant met à passer d'un point à un autre, cet intervalle ne peut en aucun cas dépasser une minime fraction de seconde.

XXI.

On n'est pas d'accord sur la vitesse du courant électrique ; mais tous les physiciens disent qu'elle est prodigieuse. Elle varie suivant le pouvoir conducteur du métal dont le fil est composé, mais elle ne dépend pas de l'épaisseur du fil. Sur un fil de cuivre, elle est, d'après le professeur Wheatstone, de 288,000 milles (115,200 lieues), et d'après MM. Fizeau et Gonelle, de 112,680 milles (45,072 lieues) par seconde. Sur le fil de fer employé dans les télégraphes, la vitesse du courant est de 62,000 milles par seconde (25,000 lieues environ), d'après Fizeau et Gonelle ; 28,500 milles d'après le professeur Mitchell, de Cincinnati ; et d'environ 16,000 milles d'après le professeur Walker, des États-Unis.

XXII.

Il est donc évident que l'intervalle de temps qui doit s'écouler entre un changement produit dans l'état du courant au poste télégraphique, et la production du même changement à telle ou telle distance, ne peut excéder une très-petite fraction de seconde ; et comme la transmission des signaux dépend exclusivement de la production de ces changements, il s'ensuit que cette transmission doit se faire instantanément dans la pratique.

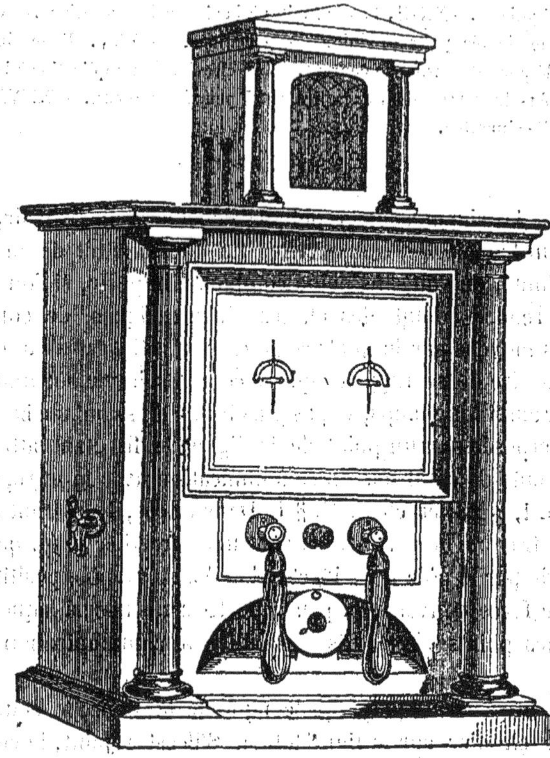

Télégraphe à deux aiguilles.

CHAPITRE V.

I. Contrôle du courant par la disjonction et la réunion des conducteurs. —II. Instruments de vérification. Commutateurs. — III. Principe général du commutateur. — IV. Son application aux opérations télégraphiques. — V. Transmission du courant sur la ligne supérieure seule. — VI. Sur la ligne inférieure exclusivement. — VII. Sur les deux lignes. — VIII. Renversement du courant. — IX. Suspension et transmission alternative du courant.—X. Comment on traite le courant qui arrive à une station.—XI. Comment on lui fait sonner l'alarme. — XII. Poste avec deux sonneries. — XIII. Avertissement du poste qui transmet et qui reçoit les signaux. — XIV. Quand les signaux ne s'adressent pas au poste, le courant passe outre. —XV. Comment se reçoit un message au poste télégraphique, et comment on l'empêche d'aller plus loin. — XVI. Comment plusieurs dépêches peuvent être en même temps envoyées entre des stations différentes sur la même ligne.—XVII. Lignes de fils secondaires employées alors. —XVIII. Réca pitulation. — XIX. Signaux à l'aide de combinaisons d'intervalles inégaux de transmission et de suspension. — XX. Commutateur à clef. — XXI. Commutateur par un courant à pulsations égales et régulières. — XXII. Cas où les pulsations ne sont pas continues ni régulières.—XXIII. Pas de limites à la vitesse des pulsations.—XXIV. Emploi d'une roue dentée pour produire les pulsations. — XXV. Roue sinueuse. — XXVI. Procédé pour détourner le courant. Court circuit. Son application à la sonnerie. — XXVII. Effets du courant dont on a tiré parti pour les signaux.— XXVIII. Déviation de l'aiguille aimantée.

I.

Comme tous les signaux télégraphiques dépendent du pouvoir, possédé par l'agent qui les fait, de transmettre, de contrôler et de modifier le courant à volonté, on voit sans peine combien il importe, si l'on veut parfaitement se rendre compte des choses télégraphiques, de comprendre avant tout les moyens par lesquels ce pouvoir s'obtient et s'exerce.

Il est nécessaire de se rappeler que le courant circule sur une ligne de fil conducteur aussi longtemps, et pas plus longtemps, qu'une batterie voltaïque est interposée sur un point de la ligne, le fil étant attaché à ses pôles, et les bouts de ce fil mis en communication avec la terre, comme il a été dit chap. I, § 23, et chap. II, § 1. Dans ce cas, le courant circule le long du fil à travers la terre, en suivant une direction telle, qu'il arrive dans la batterie par le pôle négatif, et l'abandonne au pôle positif; et si la batterie a une force convenable, peu importe la distance à laquelle soient de ses pôles les points où les fils sont mis en communication avec la terre.

Si le fil est brisé sur un point quelconque de la ligne, le courant cesse à l'instant de circuler sur la ligne totale. S'il est rejoint, le courant est instantanément rétabli. Si la connexion du fil avec les pôles de la batterie est renversée, de façon que le bout qui était relié au pôle positif se trouve relié au pôle négatif, et réciproquement, la direction du courant sur toute la ligne est renversée, car il part toujours du pôle positif et revient au pôle négatif. Si le fil est brisé sur un point quelconque et qu'on le relie à un autre fil partant de la terre dans une autre direction, le courant gagne le dernier fil et abandonne sa première route. Si l'on relie, en un même point, le fil conducteur du courant à deux fils qui sont l'un et l'autre en communication avec la terre, le courant se partage entre les deux fils; la plus grande partie de ce courant, toutefois, suit le fil qui lui présente la route la plus facile vers la terre.

Ces quelques principes, d'une simplicité, d'une clarté remarquables, donnent la clef de l'art électro-télégraphique.

II.

Les moyens mécaniques par lesquels l'agent qui a des signaux à transmettre, peut diriger et modifier le courant, ainsi qu'il a été dit, ont reçu le nom de *commutateurs*. Leur forme, leur arrangement diffèrent suivant les fins auxquelles ils s'appliquent. Non-seulement ces appareils diffèrent dans les diverses contrées où il a été établi des télégraphes, mais même sur les lignes diverses d'un même pays et sur les diverses parties d'une même ligne. On n'essaiera pas de décrire toutes les variétés de commutateurs adoptées ; tous sont basés sur les principes décrits précédemment et n'offrent, la plupart, que des modifications peu importantes. On se bornera à dire ici quelle est leur structure, quelle est leur manière de fonctionner, et comment se transmettent et se reçoivent les signaux.

III.

Supposons que dans les bords d'un disque d'ivoire, de bois, ou de toute autre substance isolante, sont encastrées, à des intervalles convenables, des pièces métalliques B, U, T, D, etc., fig. 47, que nous nommerons *pièces de contact*, dont le but est de former et de rompre le contact métallique qui gouverne le courant. Derrière le disque, près de ces pièces de contact, se trouvent des vis ou crampons par lesquels les fils conducteurs sont reliés avec elles.

Du centre du disque partent deux aiguilles métalliques AA', qu'on peut faire tourner autour du disque comme les aiguilles d'une montre, et qui ont des mouvements indépendants. Ces aiguilles, on peut les supposer formées de barres métalliques élastiques, appliquées à leurs extrémités sur la surface du disque, de manière à la presser avec une certaine force ; on peut supposer aussi que l'une des aiguilles se meut au-dessus de l'autre sans la déranger, comme l'aiguille des minutes d'une montre se meut au-dessus de l'aiguille des heures. A" est une autre aiguille semblable, tournant sur un point d'appui fixé sur la pièce de contact E, de façon qu'on peut la transporter à volonté sur l'une ou l'autre des pièces de contact P ou N.

Il est donc évident que si l'on porte les aiguilles A et A' sur deux quelconques des pièces de contact, elles seront mises en rapport métallique, et par conséquent un courant venant de l'une de ces pièces se rendra, à l'aide des aiguilles, vers l'autre pièce ; de même, au moyen de l'aiguille A", l'une ou l'autre des pièces de contact P ou N peut être mise en connexion métallique avec E.

IV.

Pour donner une idée générale de la manière dont s'applique, en télégraphie, l'appareil dont s'agit, supposons, par exemple, que des fils conducteurs relient les différentes pièces de contact comme il suit :

1° P, au pôle positif de la batterie;
2° N, à son pôle négatif;
3° E, à la terre;

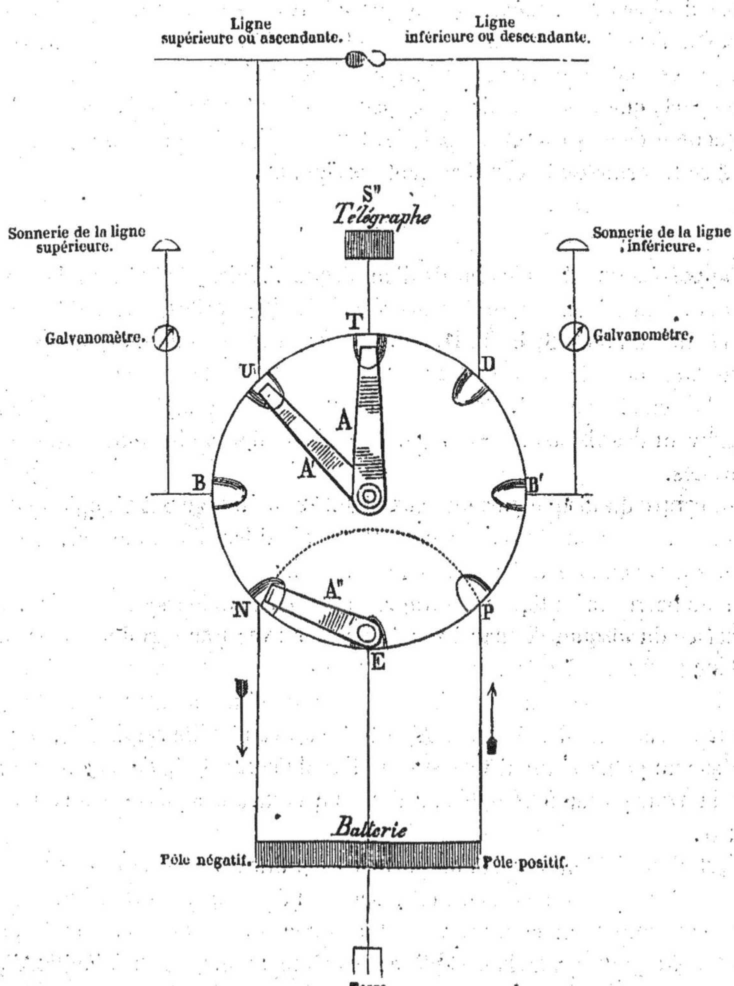

FIG. 47.

4° U, au fil de la ligne *supérieure ;*
5° D, au fil de la ligne *inférieure ;*
6° B, à une sonnerie ou réveil.

Il est bon de dire ici qu'on a coutume d'appeler *fil supérieur* (up wire), celui qui se rend à la station principale extrême d'une ligne, et *fil inférieur* (down wire), celui qui se rend à la station secondaire extrême. Ainsi, si une ligne télégraphique s'étend entre Londres et Douvres, le fil qui reliera Londres avec n'importe quelle station intermédiaire sera, pour *cette station*, le *fil supérieur*, et le fil qui la reliera avec Douvres sera le *fil inférieur.*

On expliquera ci-après comment le courant qui arrive à un poste fait sonner la cloche ou réveil de ce poste.

Comment l'employé d'une station peut-il *contrôler* (diriger) le courant au moyen du commutateur? — Ou l'employé veut transmettre des signaux, ou il a à en recevoir.

Dans le premier cas, il se sert du courant de sa propre batterie; dans le dernier, il reçoit le courant à son arrivée par le fil de la ligne supérieure ou inférieure.

Voyons d'abord le cas où l'employé a des signaux à transmettre.

V.

Transmettre un courant sur la ligne supérieure seulement. — On place l'aiguille A" sur la pièce métallique N, l'aiguille A sur P, et A' sur U. Le pôle négatif N de la batterie se trouvant alors en communication avec la terre E par l'aiguille A", et le pôle positif P en communication avec le fil supérieur U par les aiguilles A et A', tandis que le fil supérieur se trouve lui-même, à la station où il se rend, en communication avec la terre, le courant circulera de P, par A et A', sur le fil supérieur, jusqu'à la station où le fil gagne la terre.

VI.

Transmission d'un courant sur la ligne inférieure seule. — A" et A sont placés comme devant, et A' est transporté en D. Le courant circulera alors sur la ligne inférieure; l'explication est la même que ci-dessus.

VII.

Faire passer un courant sur toute la ligne d'un bout à l'autre. — On met A' sur U, A sur N; deux aiguilles semblables derrière le disque sont en même temps placées sur P et D, et l'aiguille A" éloignée de N et P. Dans ce cas, le courant passera du pôle positif P en D, en suivant les aiguilles derrière le disque, et de D, sur le fil inférieur, à la station extrême, où il gagnera la terre; par celle-ci il gagnera la plaque métallique, plongée en terre, à la station extrême supérieure; de là il arrivera par le fil supérieur en U, et de U, par les aiguilles A' et A, au pôle négatif N.

On voit donc que le courant circulera sur toute la ligne, d'un bout à l'autre, en passant de la station supérieure jusqu'à la station inférieure.

VIII.

Renverser la direction du courant. — Il suffit, pour parvenir à ce résultat, de renverser les communications avec les pôles de la batterie. Ainsi, si le courant est transmis sur la ligne supérieure seule, l'aiguille A' sera sur U, A sur P, et A" sur N; le courant, comme il a été dit § V, passera alors de U à la station supérieure. Si on transporte A" sur P, et A sur N, la direction sera renversée, et le courant suivra la route suivante: il se rendra du pôle positif P en E, par l'aiguille A"; de la terre E à la plaque terrestre de la station supérieure; de celle-ci au fil supérieur; de là en U, et de U par A' et A à N.

Ainsi, en transportant tour à tour les aiguilles A" et A entre les pièces de contact P et N, on peut changer la direction du courant sur le fil supérieur aussi souvent et aussi rapidement qu'on veut.

On peut également renverser le courant de la même façon sur le fil inférieur, en portant l'aiguille A' sur la pièce D.

Le renversement peut se faire aussi facilement et aussi rapidement, si le courant a lieu sur toute la ligne, en changeant la position des aiguilles dirigées sur P et N; on l'a vu § VII.

IX.

Suspendre et transmettre alternativement le courant pendant tel ou tel laps de temps. — Que le courant soit établi sur la ligne supérieure ou sur la ligne inférieure, ou sur toutes deux, on obtient sans difficulté le résultat ci dessus en écartant l'une ou l'autre des aiguilles de la pièce de contact sur laquelle elle repose, et en la replaçant sur cette pièce après le laps de temps voulu. L'aiguille écartée, le courant est suspendu; quand elle est remise, le courant est rétabli. Les temps de suspension et de transmission sont aussi longs et aussi courts qu'on veut. Ils peuvent être égaux ou inégaux, et se succéder l'un à l'autre avec telle ou telle rapidité. Ainsi, dans une minute, il peut y avoir dix mille intervalles de suspension et dix mille de transmission. Le caractère instantané de la propagation du fluide électrique rend suffisamment compte de ce phénomène.

X.

Voyons maintenant de quelle façon l'employé d'une station reçoit le courant qui arrive d'une station différente, et comment il lui fait produire les signaux voulus.

Le courant arrive soit par le fil supérieur, soit par le fil inférieur, et, par conséquent, à l'une ou à l'autre des pièces de contact, U ou D.

XI.

Pour faire que le courant qui arrive donne l'éveil. — Lorsque l'employé d'une station n'est pas occupé à transmettre des signaux, il doit toujours être prêt à en recevoir. Un instrument, auquel on a donné le nom de *réveil* (la sonnerie), appelle l'attention de l'employé quand des signaux sont sur le point d'être transmis. C'est un appareil construit de telle façon que, toutes les fois que le courant le traverse, une sonnette est agitée et entendue par l'employé.

On suppose ici que la pièce de contact B est reliée avec un fil qui conduit au réveil.

Lorsqu'il n'est pas occupé à transmettre des signaux, l'employé relie les deux fils supérieur et inférieur avec le réveil. Dans ce but, il place A' sur U, et A sur B. La pièce de contact B est en communication avec le fil qui pénètre dans l'appareil, et le fil qui en sort est en communication avec B'. Deux aiguilles, qui sont derrière le disque, sont placées, l'une sur B', et l'autre sur D. Dans ce cas, si un courant descend la ligne jusqu'en U, il passe par les aiguilles A et A' en B, et de là par le fil du réveil en B', d'où il se rend par les aiguilles derrière le disque en D, et de là au fil inférieur.

Si le courant arrive par D, il se rend de même, en traversant le réveil, en U, et au fil supérieur.

Donc, de quelque point de la ligne que le courant soit transmis, soit sur la ligne supérieure, soit sur la ligne inférieure, il lui faut traverser le réveil ou sonnerie, et avertir l'employé.

XII.

Dans quelques cas, un poste télégraphique est muni de deux sonneries distinctes, l'une pour la ligne inférieure, l'autre pour la ligne supérieure ; leurs tons sont différents, ce qui permet à l'employé de reconnaître, en les entendant, de quelle direction les signaux vont venir.

Le fil de la sonnerie de la ligne supérieure est alors attaché à B, et celui de la ligne inférieure à B'; quant aux fils qui sortent des deux sonneries, ils sont toujours, dans ce cas, mis en communication avec la terre.

Lorsque l'employé n'a pas de signaux à transmettre, il place les aiguilles A' et A sur U et B, et les aiguilles derrière le disque sur D et B'. Si un courant arrive par U, il passe par B en traversant la sonnerie pour gagner la terre, et avertit l'employé. Si c'est par D qu'il arrive, il passe encore à travers la sonnerie B' pour gagner la terre, et avertit pareillement l'employé.

Cependant, chaque station n'a, le plus souvent, qu'une sonnerie unique, qui agit comme il a été dit précédemment.

Les communications entre les aiguilles et les pièces de contact étant établies de façon que le courant puisse franchir toute la ligne d'un bout à l'autre, toutes les sonneries de toutes les stations se feront entendre au moment du passage du courant. Avis général est, par conséquent, donné qu'un message est expédié d'une station de la ligne à une autre station.

XIII.

Il est nécessaire, toutefois, de faire connaître aux employés de chaque poste télégraphique le lieu d'où le message va être expédié et le lieu où on l'expédie. A cet effet, l'employé transporte de la sonnerie à son instrument télégraphique les communications des aiguilles et des pièces de contact. Ainsi, il porte l'aiguille A de B en T, et relie le fil venant de l'instrument télégraphique par les aiguilles derrière le disque avec D. Au moyen de ce changement, le courant passe de U en T, de T, à travers l'instrument télégraphique, en D, et de là gagne la ligne. Les signaux transmis se manifestent sur l'instrument télégraphique et disent à l'employé le lieu d'où viendra le message et celui où on veut l'envoyer.

XIV.

Si l'employé voit que le message ne le concerne pas, il prend des dispositions qui dépendent de la position qu'occupe sa station par rapport aux deux stations entre lesquelles le message doit être transmis. Si sa station est au milieu des deux, il amène les aiguilles A et A' sur les pièces de contact U et D, de manière à laisser le courant passer entre le fil supérieur et le fil inférieur le long des aiguilles, sans interruption et sans perte de sa force.

XV.

S'il voit que le message s'adresse à lui-même et qu'il part d'une station placée sur la ligne supérieure, par exemple, il place alors l'aiguille A' sur U, A sur T, et, au moyen des deux aiguilles derrière le disque, il relie le fil sortant de l'instrument télégraphique avec E. Par cette disposition, le courant qui arrive en U passe en T par les aiguilles A' et A, et de T il passe, à travers l'instrument télégraphique, en E, par les aiguilles derrière le disque, et à la terre.

Dans ce cas, la course du courant est bornée à la partie du fil de la ligne comprise entre la station d'où le courant est transmis et celle à laquelle i est envoyé. En mettant en communication l'instrument télégraphique avec la terre par E, le fil de la ligne inférieure est libre; de cette façon, pendant que le fil de la ligne supérieure transporte le message en question, d'autres messages peuvent être transmis entre les stations de la ligne inférieure.

XVI.

Si, par exemple, l'on représente la principale station extrême par S, et les autres stations de la ligne qui en partent par S^1, S^2, S^3, S^4, etc., n'est-il pas évident qu'on peut, *en même temps*, expédier des messages différents entre ces stations, pourvu qu'à chacune des stations qui reçoit un message on ait pris les mesures ci-devant décrites? Ainsi, si S envoie un message à S^1, et que S^1 rompe ses communications avec le fil inférieur en mettant son instrument télégraphique en rapport avec la terre, le courant transmis de S s'arrête à S^1. Un message peut donc être, en même temps, envoyé entre S^2 et S^3, un autre entre S^4 et S^5, et ainsi de suite.

Ainsi, la même ligne de fil conducteur peut être, en même temps, en train de transporter plusieurs messages; seulement, quand un message est transmis entre deux stations, aucun autre message ne peut être, au même moment, transmis entre les stations intermédiaires.

Il suit de là que si, comme il arrive d'ordinaire dans les contrées où la population est considérable, la station extrême ou terminale et une ou deux des stations intermédiaires sont en travail incessant, chaque station doit posséder des fils indépendants et des instruments spéciaux pour le service des stations secondaires. Ainsi, sur les chemins de fer, on voit des trains de seconde et de troisième classe qui desservent les stations secondaires de la ligne, stations que les trains de première classe franchissent sans arrêter.

Toute grande ligne télégraphique présente des exemples de ce fait. Ainsi, sur la ligne de Douvres, des fils et des instruments particuliers sont destinés à la transmission des dépêches entre les stations terminales, Londres et Douvres, et les stations intermédiaires, Tonbridge, Ashford et Folkestone. Le fil conducteur traverse les bureaux télégraphiques à ces trois stations intermédiaires, mais non ceux des stations d'une importance secondaire; Godstone, Penshurst, Marden, Staplehurst, etc., ont d'autres fils conducteurs et des instruments télégraphiques spéciaux.

XVII.

Cependant, comme il doit y avoir communication télégraphique entre *toutes* les stations intermédiaires, et comme les principaux fils qui passent par les grandes stations intermédiaires ne pénètrent pas dans les stations secondaires, il s'ensuit que les fils des stations secondaires doivent gagner, non-seulement les stations terminales ou extrêmes, mais aussi toutes les grandes stations secondaires. Ainsi, les fils qui traversent les stations de Godstone et de Penshurst doivent aussi passer par celles de Tonbridge, d'Ashford et de Folkestone; autrement, aucune communication ne serait possible entre les dernières et les premières.

D'après les explications qu'on a données plus haut, on aura compris que les stations intermédiaires sur la ligne peuvent communiquer entre elles, et qu'aucune station n'est forcée de garder le silence, hormis celles qui se trouvent entre deux stations en train de communiquer. Pour rendre ceci plus clair, supposons que les stations secondaires d'un bout à l'autre de la ligne sont représentées par les petites lettres, et les stations principales (extrêmes ou terminales, et intermédiaires) par les grandes lettres, dans l'ordre suivant :

A, b, c, d, e, F, g, h, i, K, l, m, n, O.

Maintenant, par les fils secondaires, les stations A et b, b et c, c et d, etc., peuvent, au même moment, communiquer entre elles. Mais si les stations A et d communiquent, b et c ne peuvent plus communiquer entre eux ni avec aucune autre station. Ils sont nécessairement réduits au silence. De même, si A et m communiquent, le silence est imposé à toutes les stations b, c, d, e, g, h, i et l.

On voit par là combien il est nécessaire de placer les grandes stations intermédiaires comme F et K sur les fils principaux; car si elles ne pouvaient communiquer avec A et O que par les fils secondaires, les communications de toutes les stations secondaires entre elles subiraient de fréquentes interruptions.

On voit aussi combien il importe que sur les lignes intermédiaires où il y a affluence de messages, il se trouve établi un troisième et même un quatrième système de fils conducteurs.

Ce qui précède explique assez pourquoi, sur les lignes voisines de Londres, on remarque un si grand nombre de fils.

Les lignes télégraphiques, comme les lignes de chemins de fer, ont souvent des embranchements qui se relient soit aux fils principaux ou aux fils secondaires de la ligne principale, soit aux uns et aux autres, suivant leur importance. Par exemple, sur la grande ligne de Londres à Douvres, on trouve des embranchements qui vont à Maidstone d'un côté, et à Tonbridge-Wells de l'autre. Quelquefois ces fils d'embranchement peuvent se mettre en rapport avec les fils de la ligne principale, de sorte que les stations placées sur la ligne principale peuvent communiquer *directement* avec celles placées sur la ligne d'embranchement. Quelquefois cette faculté de mise en rapport fait faute, et alors un message venant de la ligne principale doit être répété à la station d'embranchement. C'est là un inconvénient qui disparaîtra sans doute, car, pour relier entre elles les lignes d'embranchement et les lignes principales, il n'est besoin que de simples commutateurs; ceux-ci remplissent dans le télégraphe un rôle semblable à celui des *aiguilles* ou rails mobiles, au moyen desquels on fait passer des trains de la ligne principale sur la ligne d'embranchement, et réciproquement.

D'après ce qui a été dit, il est évident qu'un message transmis sur la ligne de fils secondaires peut être, en même temps, délivré à toutes les stations qui se trouvent d'un bout à l'autre le long de la ligne, ou bien qu'ils peut franchir l'une des stations ou plusieurs d'entre elles sans y pénétrer, si les commutateurs de ces stations ont été disposés de telle et telle façon.

XVIII.

Jusqu'ici l'on a parlé des signaux produits par le courant, sans dire la nature des signaux, ni les moyens particuliers à l'aide desquels on les produit ; la raison, c'est que tous les faits concernant leur transmission d'une station à une autre, et qu'on a exposés, sont complètement indépendants du caractère particulier des signaux et du moyen de les produire. On parlera maintenant du caractère des signaux employés et des instruments à l'aide desquels ils sont produits.

Auparavant disons, pour résumer tout ce dont il a été question, que par l'appareil de changement (commutateur) décrit plus haut, ou par l'une ou l'autre des espèces sans nombre d'appareils équivalents proposés pour la télégraphie, un employé peut produire les effets suivants à la station où arrive un courant : 1° il peut faire passer ce courant par la sonnerie et lui faire avertir l'employé de son arrivée; 2° il peut lui faire passer l'instrument télégraphique et produire des signaux ; 3° il peut lui faire franchir la station et continuer sa route le long de la ligne sans qu'il agisse en aucune façon sur l'appareil télégraphique de la station ; 4° s'il traverse la sonnerie ou l'instrument, on peut le faire passer dans la terre et l'empêcher ainsi d'aller plus loin sur la ligne ; 5° s'il traverse la sonnerie ou l'instrument, on peut, après qu'il les a abandonnés, le diriger sur la ligne, de manière qu'il continue sa route vers les autres stations en deçà ou au-delà de celle à laquelle on le suppose destiné.

XIX.

Dans certains télégraphes, le système de signaux transmis à une station est entièrement basé sur la suspension et le rétablissement alternatifs du courant pendant des intervalles de temps plus longs et plus courts. Cette succession d'intervalles longs et courts, diversement combinés comme des notes de musique, se convertit en une sorte de langue télégraphique que les praticiens finissent par parler et comprendre aussi facilement, aussi promptement que la langue ordinaire écrite ou parlée.

XX.

Dans les télégraphes dont il s'agit, la suspension et la transmission alternatives du courant sont produites par un commutateur dont la forme est semblable à la clef (touche) d'un piano-forte. L'employé qui envoie un message touche du commutateur comme on touche du piano.

La fig. 48 représente l'une de ces touches et le mécanisme qui s'y rattache. Elle est fixée sur une pièce de bois BB. La touche joue sur un centre E. A la paroi inférieure du plus long bras de cette touche (ED) tient une pièce métallique *v*, nommée le *marteau*, sous laquelle est une pièce métallique fixe, de forme et de grandeur correspondantes, nommée l'*enclume*.

Fig. 48.

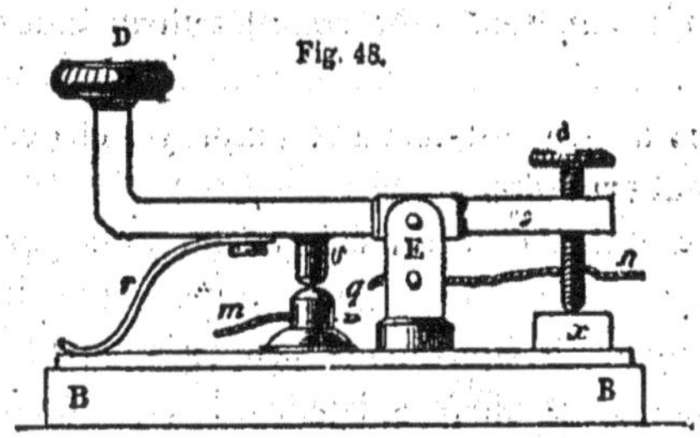

L'action de la touche sur le courant est la même précisément que celle déjà décrite (§ IX de ce chapitre), qui résulte de l'écartement et du rapprochement alternatifs de l'aiguille vis-à-vis de la pièce de contact, fig. 47. Le marteau, dans l'exemple actuel, représente l'aiguille, et l'enclume la pièce de contact. L'un des fils de la ligne, *m*, est attaché à l'enclume, et l'autre fil, *n*, au support métallique E du marteau et de la touche. Quand le marteau est en contact avec l'enclume, le courant passe, et quand le contact cesse, le courant est suspendu.

Le bouton D est recouvert d'ivoire pour être pressé par le doigt, et la vis *d* qui traverse le petit bras de la touche est pressée sur le bloc *x* par le ressort *t*, lorsque la touche n'est pas pressée par le doigt en D. Le marteau *v*, et l'enclume *q* sont l'un et l'autre recouverts de platine pour empêcher l'oxydation, ce qui s'opposerait à ce contact métallique complet dont il est besoin pour que la transmission du courant se fasse convenablement.

Un employé habile peut faire marcher la touche D avec autant de précision et de rapidité qu'un musicien les touches de son piano ; il peut ainsi traduire en langue télégraphique un message manuscrit placé devant lui, et le transmettre à n'importe quelle station. Ceci sera plus complètement expliqué ci-après. Quand aucun message n'est à transmettre de la station où se trouve la touche, il est nécessaire de laisser le passage libre au courant sur les fils *m n*. Dans ce but, on tourne la vis *d*, qui traverse le petit bras de la touche, afin d'élever le petit bras et par conséquent d'abaisser le bras E D jusqu'à ce que le marteau *v* soit amené en contact permanent avec l'enclume *q*. Quand cela est fait, la continuité métallique entre *m* et *n* est établie, et le courant circule sans interruption sur le fil de la ligne. Lorsqu'on veut transmettre un message, on tourne la vis *d* de manière à abaisser le bras *d* et à élever E D, c'est-à-dire de manière à rompre le contact du marteau avec l'enclume. La touche peut alors transmettre le message comme il a été dit.

XXI.

Dans quelques appareils télégraphiques, il est nécessaire que les intervalles de transmission et de suspension du courant soient absolument égaux en durée et se succèdent l'un à l'autre avec une régularité chronométrique. Différents moyens permettent d'obtenir ce résultat ; en voici un :

Une roue métallique mise en rapport avec un mouvement d'horlogerie, de façon à recevoir un mouvement de rotation régulier, a ses bords divisés en parties égales au moyen de pièces d'ivoire ou de quelque autre substance

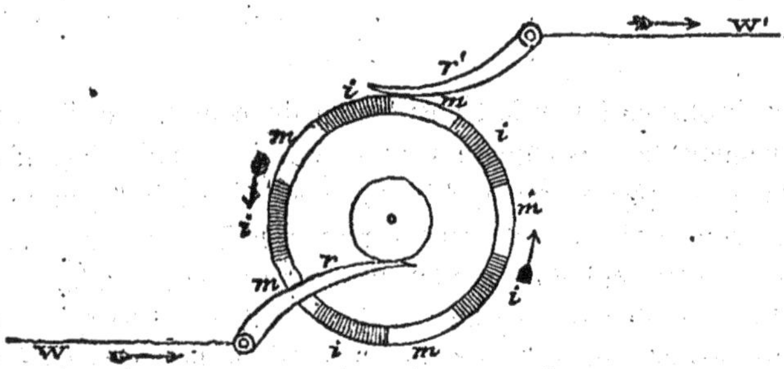

Fig. 49.

non conductrice incrustées comme on le voit dans la fig. 49, figure où la partie métallique de la roue est représentée par *m*, et l'ivoire par *i*. Un ressort métallique *r'*, en communication avec un bout du fil conducteur *w'*, appuie constamment sur le bord de la roue, et un autre ressort *r*, en communication avec l'autre bout du fil *w*, appuie constamment sur l'axe métallique de la roue, isolé d'ailleurs.

Or, si l'on suppose que la roue possède un mouvement uniforme de rotation, les divisions successives de métal et d'ivoire sur son bord passeront successivement sous le ressort *r'*, tandis que le ressort *r* sera constamment en rapport métallique avec l'axe. Si un courant passe dans le fil *w*, il sera transmis par le ressort *r* à l'axe, et de là par le métal de la roue au ressort *r'*, lorsque *r'* sera en contact avec l'une des parties métalliques *m* du bord de la roue ; mais il sera suspendu, lorsque le ressort *r'* sera en contact avec les parties d'ivoire *i* de ce même bord.

Si la roue, entraînée par le mouvement d'horlogerie, se meut de manière que chacune de ses divisions marquées *m* et *i* passe sous le ressort *r'* en une seconde, le courant sera pareillement transmis et suspendus pendant des intervalles d'une seconde. En réalité, ce courant sera soumis à une pulsation ou battement réglé constant, dont l'étendue sera régie et déterminée par le mécanisme d'horlogerie qui agit sur la roue.

XXII.

Dans quelques cas, le mouvement imparti à la roue n'est ni régulier, ni continu. La roue peut alors être mue directement, soit avec la main, soit avec une courroie, soit à l'aide d'un mouvement d'horlogerie susceptible d'un retard qui suspend le courant à certaines positions de la roue. Dans tous ces instruments, les pulsations du courant sont réglés, dans leur nombre, leur étendue, leur continuité, par le mouvement imparti à la roue.

XXIII.

Comme la suspension et la transmission du courant s'opérent toujours instantanément, la vitesse qu'on peut donner à ses pulsations n'a pas de limite. On peut, par exemple, faire tourner la roue de façon que 500 divisions de son bord passent sous le ressort *r'* dans une seconde, ce qui donnerait 250 transmissions et 250 suspensions par seconde.

Et qu'on ne croie pas que, dans un laps de temps si bref, le courant ne saurait être arrêté ou établi sur toute l'étendue du fil conducteur. Il a été prouvé que, sur les fils les plus longs, tels que ceux employés dans les télégraphes, il suffit de la $\frac{10}{1000}$ partie d'une seconde pour établir ou pour arrêter le courant.

XXIV.

On peut produire les intervalles de suspension du courant à l'aide d'une roue dentée ordinaire comme celle de la fig. 50, sans plaques d'ivoire ni couches de substances non conductrices. Dans ce cas, une pièce métallique cunéiforme, reliée avec le fil de la ligne supérieure, est fixée à la paroi inférieure d'un levier de bois, pendant que l'axe de la roue est constamment tenu en communication métallique avec le fil inférieur. Quand une dent de la roue vient toucher le métal fixé au levier, le contact métallique s'établit ; mais lorsque le métal tombe entre les dents, c'est alors la surface du levier de bois qui repose sur ces dents, et comme le contact métallique est rompu, le courant se trouve suspendu.

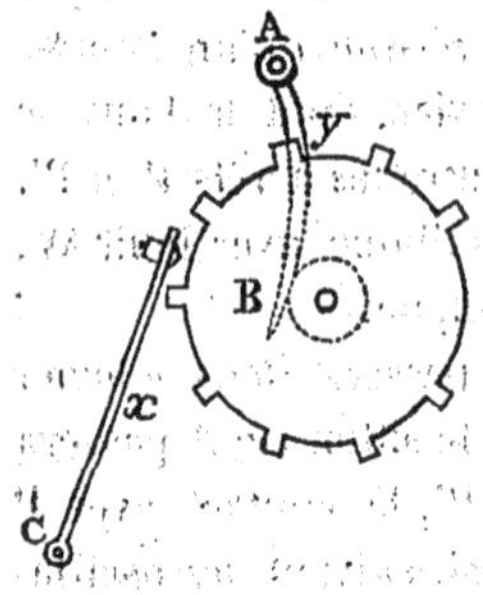

FIG. 50.

Il est évident que, à chaque révolution de la roue, il y aura autant de pulsations du courant qu'il y a de dents ; et comme la rotation de la roue peut être aussi rapide qu'on veut, et les dents aussi nombreuses, il n'y a aucune limite à la rapidité possible de ces pulsations.

XXV.

Un autre instrument à l'aide duquel des pulsations sont imparties au courant, consiste en une roue métallique au-devant de laquelle est creusé un sillon sinueux, une rainure. Dans ce sillon est insérée une cheville partant du bras d'un levier métallique, de façon que, quand la roue tourne sur son axe, la cheville attachée au levier reçoit des sinuosités du sillon un mouvement tour à tour à droite et à gauche, lequel est imparti à l'autre bras du levier. Ce dernier bras joue entre deux arrêts métalliques, dont l'un communique avec le fil *w*, sur lequel circule le courant. Quand le bras du levier vient en contact avec ce fil, le courant est transmis par le levier au sillon sinueux de la roue, et de là au fil *w'*. Lorsque le levier se retire de l'autre côté, le contact avec le fil *w* est rompu, et le courant suspendu.

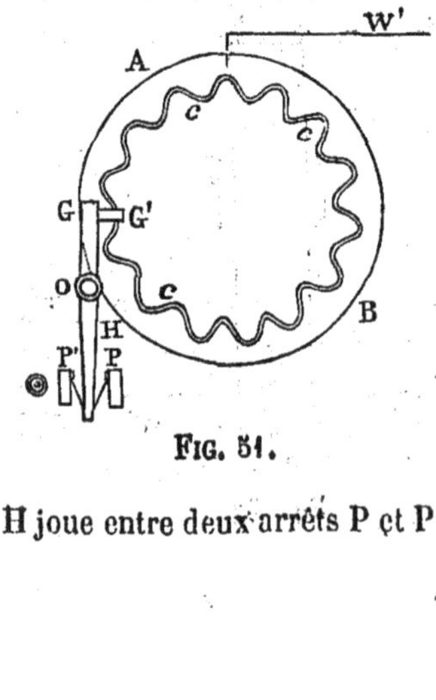

FIG. 51.

A l'aide de la fig. 51 on comprendra mieux cette explication. AB est la roue, *ccc* le sillon sinueux, G O H le levier jouant sur l'axe O. De G part une petite pièce G G' qui passe devant la roue en travers du sillon, et de cette pièce sort une cheville qui pénètre dans le sillon. Le bras H joue entre deux arrêts P et P', munis de ressorts pour assurer le contact avec le levier. L'arrêt P est relié au fil conducteur W, et le sillon *c* au fil W'. Lorsque la roue tourne, la cheville en G' est alternativement tirée par les sinuosités du sillon à droite et à gauche ; il en résulte qu'un mouvement correspondant est imparti au bras H du levier, dont le bout se trouve, en conséquence, poussé alternativement contre les arrêts P et P'. Quand il est poussé sur P, il est en connexion métallique avec le fil W. Quand il est poussé sur P', cette connexion est rompue.

Or, si un courant circule dans P, ce courant passera dans le levier quand H sera poussé sur P ; puis, par le levier et le sillon *cc*, il passera dans le fil W'. Lorsque le bras H sera poussé sur P', le contact avec P se trouvant rompu, le courant sera suspendu. Ainsi, suivant les oscillations du levier entre P et P', oscillations résultant du mouvement de la roue et de l'action du sillon sinueux, le courant est alternativement transmis et suspendu, il reçoit, en un mot, une succession de pulsations correspondant exactement aux sinuosités du sillon. Si donc le sillon décrit soixante courses ou sinuosités dans la circonférence de la roue, le courant recevra soixante pulsations pendant un tour de roue, et, si la roue fait soixante révolutions par minute, le courant aura 3600 pulsations par minute.

XXVI.

Pour changer la direction du courant électrique, on a quelquefois eu recours à un moyen qui diffère en principe du commutateur, et qui est basé sur la tendance du courant à suivre le chemin le plus court et le plus large qui lui est ouvert entre deux points.

Dans la fig. 52, W est le fil de la ligne, B représente la sonnerie, et T l'instrument télégraphique. Le fil de la ligne est recourbé supérieurement dans la direction M de la cloche B, puis inférieurement dans la direction *m'* et *w'* du télégraphe T. En conséquence de cette disposition, le courant passe d'abord par le fil *m* à la sonnerie B, qu'il met en mouvement, puis par le fil *m' w'* au télégraphe T. Si le message était transmis alors, le courant passant sans cesse par B pendant la transmission, la sonnerie ne cesserait pas de se faire entendre, ce qui ne serait pas moins fastidieux qu'inutile.

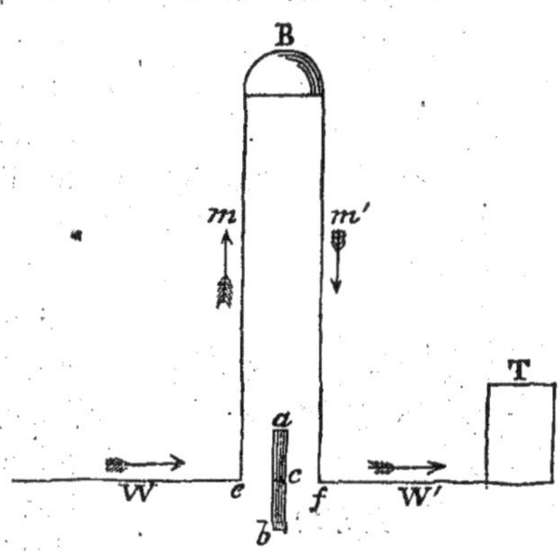

FIG. 52.

On obvie à cet inconvénient, en faisant arriver directement le courant au télégraphe T sans qu'il ait besoin de passer par B, à l'aide de l'expédient qui suit.

Une pièce métallique épaisse, *ab*, tourne sur un axe *c*, de manière que, lorsqu'elle est placée dans la position horizontale, les extrémités *a* et *b* sont mises en contact parfait avec le fil conducteur en *e* et *f*. Le courant, à son arrivée en *e*, se divise en deux parties : l'une se rend par *a b* en *f*, et de là à T; l'autre comme ci-devant, par *m*, à la sonnerie. Mais comme la pièce métallique *a b* est beaucoup plus courte et plus large que le fil *m m'*, la plus grande partie du courant passe par *a b;* quant à celle qui passe par *m m'*, elle est trop peu considérable pour agir sur la sonnerie de manière à ce quelle se fasse entendre.

En conséquence, l'employé de la station qui reçoit un message, averti par la sonnerie que l'employé de la station S va expédier un message, met la pièce métallique *a b* dans la position horizontale, la sonnerie cesse de se faire entendre, et le télégraphe T reçoit le message.

XXVII.

La manière dont les pulsations du courant sont produites, gouvernées et réglées par l'opérateur de la station S'' étant comprise par les exemples ci-dessus, il est bon de faire connaître maintenant comment ces pulsations sont amenées à produire, à la station à laquelle s'adresse le message, des signaux qui permettent à l'opérateur ou à l'observateur de comprendre et d'interpréter la communication faite.

Les effets du courant qu'on a jugés les plus convenables pour arriver à ce but sont :

1o Le pouvoir qu'il possède de dévier l'aiguille aimantée de sa position de repos et de l'amener dans une autre direction

2° Celui d'impartir une aimantation temporaire au fer doux, aimantation qui abandonne instantanément le fer lorsque le courant est suspendu ;

3° Celui de produire la décomposition chimique de certaines substances.

XXVIII.

Comme toutes les variétés de télégraphes électriques reposent sur l'une ou l'autre de ces propriétés du courant, il est absolument nécessaire de les bien comprendre si l'on veut saisir le mode d'opération de ces merveilleux instruments.

Si l'on étend un fil métallique au-dessus et au-dessous de l'aiguille d'une boussole tournée au nord et au ud magnétique, parallèlement à l'aiguille et aussi près d'elle que possible, sans toutefois qu'il y touche, comme dans la fig. 53, l'aiguille demeure immobile dans sa position. Mais si l'on met les bouts *p* et *n* du fil en communication avec les pôles d'une batterie voltaïque, de manière qu'un courant d'une certaine intensité passe dans le fil, aussitôt que le courant circulera dans celui-ci l'aiguille aimantée *a b* quittera sa position accoutumée, et, au lieu de regarder le nord et le sud, regardera l'est et l'ouest.

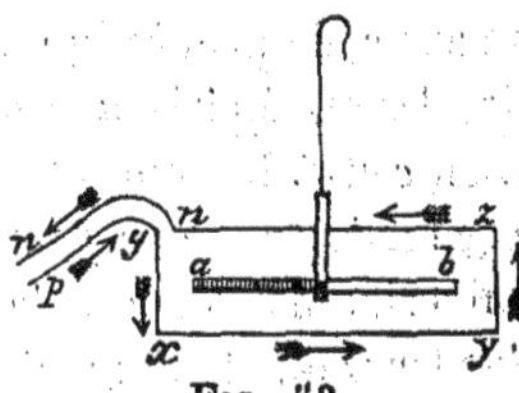

FIG. 53.

Si l'on renverse la direction du courant dans le fil, la direction de la déviation de l'aiguille sera renversée.

Imprimé par HENRI et CH. NOBLET, 46, rue St-Dominique.

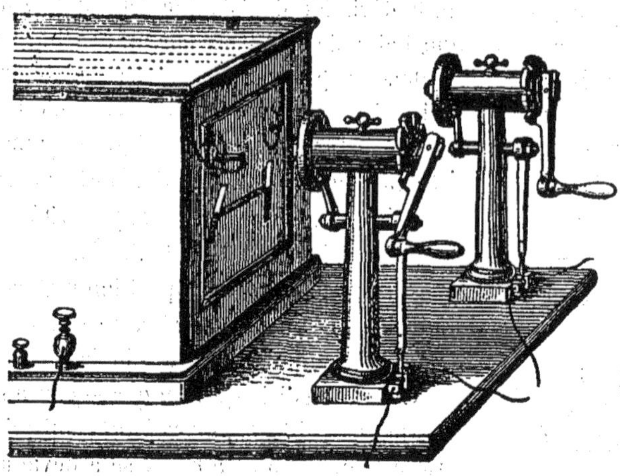

Fig. 72. Télégraphe du gouvernement français.

CHAPITRE VI.

I. Rapport entre la déviation de l'aiguille et la direction du courant. — II. Galvanomètre ou multiplicateur. — III. Enveloppe des fils. — IV. Montage de l'aiguille. — V. Transmission des signaux par le galvanomètre. — VI. Comment le courant peut produire une aimantation temporaire. — VII. Electro-aimant de Pouillet. — — VIII. Electro-aimants composés de deux barreaux droits. — IX. Ils s'aimantent et se désaimantent instantanément. — X. Les pulsations magnétiques aussi rapides que celles du courant électrique — XI. Comment on les rend sensibles et comment on les compte. — XII. Vitesse extraordinaire des oscillations ainsi produites. — XIII. Elles donnent naissance à des sons musicaux qui permettent d'obtenir le chiffre de vibrations. — XIV. Comment les vibrations peuvent mettre des rouages en mouvement. — XV. Leur action sur un échappement. — XVI. Comment le mouvement d'une horloge peut être, par le courant, transmis à une autre. — XVII. Comment un électro-aimant peut produire des caractères écrits dans une station éloignée. — XVIII. Comment le mouvement de l'aiguille sur un cadran dans un poste peut produire, dans un autre poste éloigné, un mouvement semblable d'aiguille sur un autre cadran. — XIX. Comment l'un des employés d'une station peut mettre en mouvement la sonnerie d'une autre station. — XX. Comment il y peut décharger un fusil ou un canon. — XXI. Le pouvoir de la sonnerie ou d'un autre signal est indépendant de la force du courant. — XXII. Mécanisme de la sonnerie. — XXIII. Sonneries diverses des bureaux télégraphiques. — XXIV. Magnéto-électricité.

— XXV. Comment se produit un courant magnéto-électrique temporaire. — XXVI. Sa production par un électro-aimant.

I.

Pour expliquer comment la déviation de l'aiguille dépend de la direction du courant, supposons que l'aiguille est placée sur un axe horizontal O, fig. 54, de manière à jouer dans un plan vertical et à se maintenir dans la direction verticale quand elle n'est pas influencée par un courant. Il suffit pour cela de donner au bras de l'aiguille, sur lequel se trouve son pôle sud, une légère supériorité de poids. Par cette disposition, l'aiguille, quand elle n'est pas troublée, gardera la position verticale, c'est-à-dire que son pôle nord N se dirigera par en haut, et son pôle sud S par en bas.

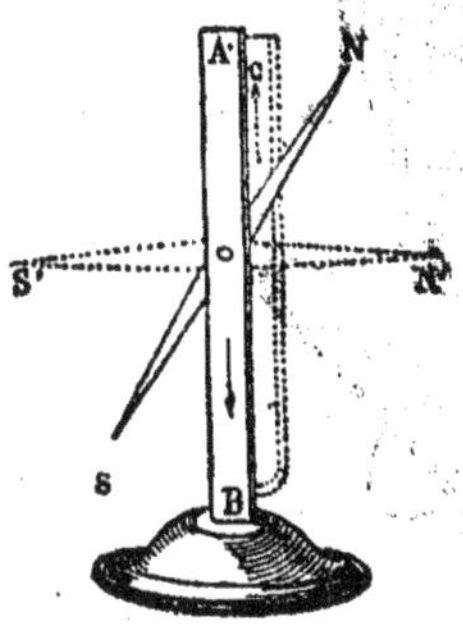

Fig. 54.

Or, si l'on dirige *par en bas* le courant qui est devant l'aiguille, et *par en haut* celui qui est derrière elle, le pôle *nord* N sera dévié à *droite*, et par suite le pôle *sud* S à *gauche*, comme l'indique la figure. Mais si l'on renverse la direction du courant, de façon que *devant* l'aiguille il soit dirigé par en haut, et *derrière* elle par en bas, le pôle nord N sera dévié à gauche et le pôle sud S à droite.

Si l'intensité du courant est considérable et la prépondérance donnée au bras inférieur de l'aiguille faible, la force déviatrice du courant suffira pour mettre complètement l'aiguille à angles droits avec sa position de repos, c'est-à-dire pour lui donner la direction horizontale. Mais il importe de remarquer que, quelle que soit l'intensité du courant, il ne saurait l'influencer davantage. Le pôle nord, par exemple, ne peut être dévié jusqu'en bas, ou le pôle sud jusqu'en haut. En un mot, la force du courant, quelque considérable qu'elle soit, ne peut agir sur l'aiguille de manière à la pousser au-delà de la *direction* horizontale.

L'intensité du courant n'est pas assez grande pour que l'aiguille prenne la direction horizontale ; elle prendra néanmoins une position intermédiaire entre cette direction et la direction verticale où elle était en repos. Elle s'écartera plus ou moins de la verticale suivant l'intensité du courant ; ce fait a permis de déterminer l'intensité du courant en calculant la somme ou l'étendue de déviation qu'il fait éprouver à l'aiguille.

II.

Évidemment, l'impressionnabilité de l'aiguille est d'autant plus grande que la prépondérance ou le poids du bras l'est moins, et que l'intensité du courant l'est plus. Cependant on a trouvé un moyen ingénieux pour permettre à un courant très-faible d'agir sur l'aiguille. On fait faire au fil qui transporte le courant plusieurs fois le tour de l'aiguille, en ayant soin que chaque repli du fil soit parallèle à l'aiguille. Il suit de là que chaque repli du fil produit sur l'aiguille un effet distinct, séparé, et que, si cinquante de ces replis passaient successivement devant et derrière l'aiguille, chaque portion du fil qui transporte ainsi le courant produirait une force déviatrice indépendante ; par conséquent, la totalité de la force déviatrice serait cent fois plus grande que celle produite par une seule portion du fil passant une fois seulement au-dessus et au-dessous de l'aiguille.

C'est ainsi que la puissance déviatrice du plus faible courant peut être *multipliée* de manière à produire sur l'aiguille un effet aussi considérable que celui qui serait produit par un courant d'une grande intensité.

L'appareil formé d'un fil ainsi replié autour d'une aiguille magnétique porte le nom de *multiplicateur*, car il multiplie la faculté déviatrice de l'aiguille. On le nomme aussi *rèoscope, rèomètre*, et quelquefois *galvanoscope* ou *galvanomètre*, car il indique la présence, et, avec certaines dispositions, mesure l'intensité d'un courant galvanique ou voltaïque.

III.

Lorsque le fil conducteur est ainsi replié autour d'une aiguille, il faut qu'il soit recouvert ou enveloppé d'une substance non conductrice de l'électricité ; autrement, les replis du fil se trouvant nécessairement en contact l'un avec l'autre, le courant, au lieu de suivre le fil même, passerait d'un repli dans l'autre. Le fil est donc entouré de soie ou de coton qui, étant mauvais conducteurs, resserrent et bornent le courant, absolument comme un tuyau retient et limite l'eau qui coule entre ses parois.

IV.

Comme le fil replié, ainsi qu'il a été dit plus haut, et le châssis qui le porte, empêcheraient d'observer convenablement et facilement le jeu de l'aiguille, l'aiguille incluse dans le châssis est fixée sur l'axe qui la porte, de manière que l'axe tourne avec elle. Cet axe traverse la paroi du châssis, sur lequel est replié le fil, et à l'extrémité de l'axe, qui se projette au-delà du châssis, est fixée une autre aiguille, parallèle à l'aiguille aimantée, et dont le jeu correspond nécessairement au jeu de celle-ci. Cette aiguille joue (se meut) sur une sorte de cadran qui indique ses déviations, à droite ou à gauche, de sa position de repos.

Pour mieux comprendre cette explication, jetons un coup-d'œil sur la fig. 55. Cette figure offre une section du montant de l'aiguille, des replis du fil et de leurs accessoires, pratiquée suivant un plan vertical traversant l'axe de l'aiguille. L'aiguille est représentée dans le rouleau de fil en A B, à sa position de repos. L'axe de l'aiguille traversant le châssis qui supporte le fil, et traversant aussi la plaque du cadran, porte au-devant du cadran l'aiguille a' b', fixée sur l'axe dans une position parallèle à l'aiguille a b. L'aiguille a' b' répète donc devant le cadran le jeu ou les mouvements de l'aiguille a b à l'intérieur du rouleau de fil.

V.

Pour gouverner le jeu de l'aiguille, il faut que l'employé, à la station d'où le signal est transmis, puisse : 1° suspendre et transmettre le courant à la station qui le reçoit ; 2° changer sa direction sur le fil conducteur. La première de ces facultés est nécessaire pour qu'il puisse, en tout temps, amener l'aiguille à sa position de repos ; la seconde ne l'est pas moins pour qu'il lui soit possible de la dévier à droite ou à gauche, suivant les exigences des communications télégraphiques.

Le principe sur lequel se basent ces changements dans la marche et dans la direction du courant, a déjà été exposé (chap. V, § III). Il est aisé de concevoir comment, au moyen d'un mécanisme très-simple, le mouvement d'un levier ou d'une barre peut établir ou rompre le contact des fils conducteurs, de manière à transmettre ou suspendre le courant à volonté. De même, par le mouvement d'un levier de cette sorte, les aiguilles A et A"

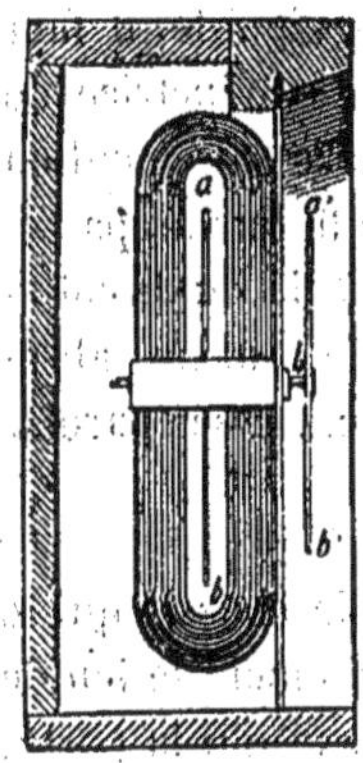

Fig. 55.

Fig. 56.

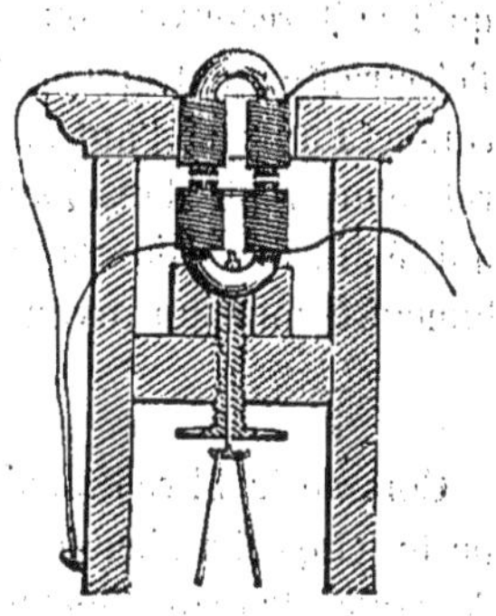

Fig. 57.

(fig. 47), ou toutes autres pièces équivalentes, peuvent être transportées de P en N et de N en P, de manière à renverser le courant sur le fil vers lequel le bras A' est dirigé.

Si donc l'employé d'une station, S" par exemple, possède tout ce qu'il faut pour suspendre ou renverser le courant qui passe sur le fil, entre S et S', il peut, à volonté, amener une aiguille magnétique, montée à la station S, à sa position de repos, c'est-à-dire à la position verticale, en suspendant le courant, ou la faire dévier à droite, en faisant circuler le courant par le fil conducteur dans une direction, ou la faire dévier à gauche, en renversant la direction du courant.

VI.

Pour expliquer comment le courant électrique peut donner une aimantation temporaire au fer doux, supposons qu'un fil de cuivre, entouré de soie (pour empêcher le contact métallique des replis contigus), est enroulé autour d'une barre de fer doux, recourbée en forme de fer-à-cheval, fig. 56; on a pris soin, en faisant passer le fil d'une branche à l'autre, que la direction des replis fût la même que si l'on avait prolongé ses replis jusque autour de la partie recourbée du fer.

Tant qu'il ne passera aucun courant dans les replis du fil, le fer-à-cheval sera privé d'aimantation. Mais si l'on met les bouts du fil, marqués + et —, en communication avec les pôles d'une batterie voltaïque, de manière qu'un courant passe autour des replis du fil, le fer-à-cheval deviendra aussitôt un aimant, dont la puissance sera d'autant plus grande que le courant sera plus intense et les replis plus nombreux.

Si l'on présente une armature chargée d'un poids aux bouts du fer-à-cheval, pendant le passage du courant dans le fil, cette armature adhérera aux bouts du fer, et le poids, s'il n'est pas trop considérable, sera porté.

VII.

En 1830, on construisit à Paris, par les soins de M. Pouillet, un électro-aimant d'une puissance extraordinaire. Cet appareil, représenté dans la fig. 57, se compose de deux fers-à-cheval, dont les pattes se présentent l'une à l'autre, et dont les coudes ou courbures sont tournées dans des directions contraires. Le fer à-cheval supérieur est fixé au châssis de l'appareil; l'inférieur est attaché à une traverse qui glisse dans des rainures verticales formées dans les côtés du châssis. A cette traverse est suspendu un plateau dans lequel on place des poids qui finissent par vaincre l'attraction unissant les deux fers-à-cheval. Chacun des fers-à-cheval est entouré de 10,000 pieds de fil métallique recouvert de soie, et ils sont disposés de manière que les pôles de noms contraires soient en contact. Avec un courant d'une intensité modérée, l'appareil peut supporter un poids de plusieurs *tons* (ton = 1015 kil. 649).

VIII.

En général, on préfère les électro-aimants composés de deux barres droites de fer doux, réunies par un bout au moyen d'une autre barre transversale et scellée aux précédentes par des vis. La forme de l'aimant n'est plus celle d'un fer-à-cheval, car le bout auquel se réunissent les branches n'est pas recourbé, mais carré. Le conducteur du courant spiral est ordinairement un fil de cuivre d'une ténuité extrême.

IX.

Quelle que soit la forme donnée à ces aimants, le fait le plus remarquable qu'ils présentent dans leur emploi télégraphique, c'est que, s'ils ont été préparés convenablement, ils acquièrent la vertu magnétique quand le courant est établi, et la perdent quand le courant est suspendu instantanément. Aussitôt que les extrémités du fil qui entoure le fer-à-cheval sont mises en communication avec les pôles de la batterie, le fer-à-cheval devient un aimant, et aussitôt que la communication avec la batterie est rompue, le fer-à-cheval perd son aimantation.

X.

On a déjà vu que, à l'aide de moyens fort simples, on pouvait interrompre le courant des centaines ou même des milliers de fois par seconde, et le rétablir dans les intervalles. L'acquisition et la perte de l'aimantation par le fer-à-cheval accompagnent ces pulsations avec la simultanéité la plus parfaite, la plus absolue. Si les pulsations du courant se produisent à raison de mille par seconde, la présence et l'absence alternatives de la vertu magnétique dans le fer-à-cheval se produiront également mille fois par seconde. Ces effets ne sont en aucune façon modifiés par la distance où se trouve l'aimant du lieu où s'opère l'interruption du courant. Ainsi, un opérateur peut produire, à Londres, les pulsations du courant, et les pulsations simultanées de l'aimant peuvent avoir lieu à Vienne, pourvu que ces deux villes soient en communication par une suite continue de fils conducteurs.

XI.

Il reste à faire voir comment ces pulsations rapides de l'aimantation du fer peuvent être rendues sensibles, et comment on peut même les évaluer et compter.

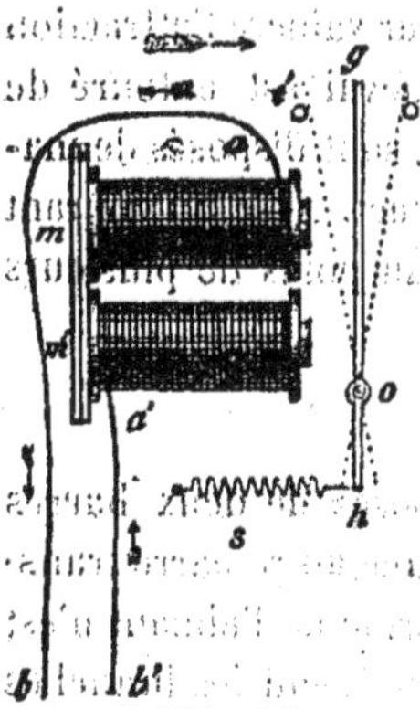

Fig. 58.

Fig. 58. — Cette figure représente deux barres de fer doux entourées par un fil métallique qui s'enroule autour un grand nombre de fois, et qui est recouvert de soie ou de coton. Les extrémités *m m'* de ces barres sont reliées entre elles par une autre barre de fer doux, fixée aux deux premières au moyen de vis et d'écrous. Le fil *a b*, qui part d'une station éloignée S, est mis en communication métallique avec le bout du fil qui entoure la barre *m*; et le fil *a' b'*, qui est attaché à l'extrémité du dernier repli du fil qui entoure la barre *m'*, est mis en rapport métallique avec la terre. Dans cet état des choses, si un courant passe le long de a b, il passera pareillement autour des barres de fer m et m' et se rendra de là, par le fil a' b', dans la terre. Tant que ce courant circule, les barres sont aimantées, et elles perdent leur aimantation lorsqu'il est suspendu.

Maintenant, soit une barre de fer légère, pouvant se mouvoir sur un pivot en o, à droite et à gauche. Soient t t' deux arrêts, placés à une petite distance à droite et à gauche de l'extrémité g de la barre, de manière à limiter l'étendue de son jeu. Soit s un ressort établi à l'extrémité h, par lequel cette extrémité est constamment tirée vers la gauche et, conséquemment, l'extrémité opposée g entraînée vers la droite contre l'arrêt t. Lorsque le courant est suspendu et les barres m m' non aimantées, le levier cède à l'action du ressort s, et l'extrémité g demeure appuyée sur l'arrêt t. Mais quand le courant circule dans le fil, les barres m m' s'aimantent, attirent le bras o g du levier, et, comme cette attraction est supérieure à la force du ressort, le bras o g est attiré vers l'électro-aimant jusqu'à ce que, rencontrant l'arrêt t', il y reste appuyé tant que le courant continue à circuler. Mais aussitôt que le courant est suspendu, les barres m m' perdent subitement leur aimantation, et le levier o g, abandonné à l'action du ressort, est ramené de nouveau en arrière sur l'arrêt, où il demeure jusqu'à ce que le courant soit rétabli.

Supposons qu'un employé de la station S, à laquelle se rend le fil a b, et qui peut se trouver à la distance de 500 milles, par exemple, de la station S'', dispose de tous les moyens dont on a parlé et à l'aide desquels il peut gouverner les pulsations du courant. Quand il fait circuler le courant, les barres m m' s'aimantent, et le levier o g est amené sur l'arrêt t. Lorsqu'il suspend le courant, il enlève aux barres m m' leur aimantation et abandonne le levier o g à l'action du ressort s qui l'amène sur le point d'arrêt t.

On voit donc que, à chaque pulsation que reçoit le courant de l'employé de la station S, le levier o g de la station S'' qui en est à 500 milles, forme une vibration entre les arrêts t et t'. La transmission et la suspension du courant, comme aussi l'aimantation et la désaimantation des barres m m', sont instantanées; il n'existe aucune limite pratique à la vitesse des pulsations du courant ni à la vitesse de celles de l'aimantation tour à tour acquise et perdue par les barres m m'. Les oscillations du levier o' g, produites par ces pulsations, sont limitées, cependant, par le poids du levier, la force du ressort et la distance entre les arrêts t et t'. Plus sont considérables le poids du levier, la force du ressort et la distance entre les arrêts, plus est lent le mouvement du levier de t en t', produit par un courant d'une intensité donnée. Plus sont considérables le poids du levier et la distance entre les arrêts, en même temps que la force du ressort est moins grande, plus le mouvement de t en t' est lent.

L'arrêt *t'* est placé de manière à empêcher le contact absolu du bras du levier avec l'électro-aimant, mais à lui permettre, toutefois, d'en approcher très-près. Le contact absolu doit être évité, parce qu'alors le bras adhère à l'aimant avec une certaine force après que le courant a cessé de circuler; mais lorsque le contact absolu est rendu impossible, le bras est immédiatement ramené en arrière par le ressort *s*, quand le courant est suspendu.

XII.

Il est donc de toute évidence que la limite de la vitesse possible des vibrations qu'on veut donner au levier *o g*, à l'aide des pulsations du courant, dépendront de l'accord du poids et du jeu du levier, et de la force du ressort *s*.

La vitesse d'oscillation, toutefois, qu'on peut ainsi communiquer au levier, est telle, qu'on ne saurait le croire si l'on n'en a réellement été témoin. Lorsque cette vitesse n'excède pas une certaine limite, les oscillations peuvent être notées et comptées, en faisant en sorte que le levier mette en mouvement l'ancre d'un échappement, relié à une suite de rouages qui agissent sur une aiguille se mouvant sur un cadran gradué. Mais ces oscillations sont susceptibles de vitesses si grandes, qu'il serait difficile de les compter à l'aide de ce procédé. M. Gustave Froment, de Paris, en emploie un autre qui réussit à merveille; il est basé sur les lois qui régissent les vibrations des cordes de musique.

XIII.

On sait que le ton des notes musicales est la conséquence du nombre des vibrations de la corde qui les produit, et que plus la vibration est rapide, plus la note est élevée dans la gamme musicale. Au contraire, plus la vibration est lente, plus la note est basse. Ainsi, la corde d'un piano-forte qui donne la note  vibre 132 fois par seconde; celle qui produit la note  vibre 66 fois dans une seconde, et celle qui produit la note  vibre 264 fois par seconde.

Sur un piano-forte à sept octaves, la plus haute note de dessus est trois octaves au-dessus de  et la plus basse note à la basse est quatre octaves au-dessous. Le nombre des vibrations correspondant à la première doit être de 3520, et le nombre des vibrations par seconde correspondant à l'autre est 27 1/2.

Si donc le levier $o\ g$ a un nombre de vibrations plus rapide que 27 1/2 par seconde, et moins rapide que 3520 par seconde, il produira par son mouvement un son musical défini ; et si l'on trouve sur un piano-forte la note correspondante, le nombre des vibrations de la corde qui produit cette note sera le même que celui du levier.

Quand on sait que les vibrations données par les pulsations du courant à des leviers montés comme il a été dit, ont produit des notes musicales environ deux octaves plus hautes que la plus haute note d'un piano à sept octaves, on a une idée de la rapidité de la transmission et de la suspension du courant électrique, de l'aimantation et de la désaimantation des barres de fer doux, enfin de l'oscillation du levier sur lequel agissent ces barres. La corde qui produit la plus haute note sur le piano à sept octaves vibre 3520 fois par seconde. Une corde qui produirait une note plus haute d'une octave vibrerait 7040 fois par seconde, et une corde qui fournirait une note de deux octaves plus haute vibrerait 14080 fois par seconde.

En conséquence, on peut dire que, grâce à l'action merveilleusement subtile du courant électrique, le mouvement d'un pendule est produit, qui divise une seule seconde de temps en douze à quatorze mille parties égales.

XIV.

On a déjà vu comment on peut appliquer le mouvement d'un rouage d'horlogerie à la direction des pulsations du courant électrique. Nous allons voir maintenant comment, d'un autre côté, les pulsations du courant peuvent gouverner le mouvement des rouages. Ce procédé offre un haut intérêt, car il a reçu des applications heureuses.

XV.

Si l'on suppose le levier $g\ h$, fig. 58, mis en rapport avec l'ancre de la roue d'échappement d'un système de rouages, on verra facilement comment ces rouages peuvent être réglés par les pulsations du courant électrique.

Dans la fig. 59, W W' est la roue d'échappement tenue en mouvement incessant à l'aide d'un poids descendant ou d'un grand ressort dans la direction des flèches. L'ancre A B C de l'échappement est reliée à un axe D par la barre droite B D. Cette barre B D peut être, soit le bras d'un levier tel que $g\ h$, fig. 58, tenu en état d'oscillation par le courant agissant sur un électro-aimant, soit le prolongement de ce bras; c'est-à-dire qu'elle peut-être reliée à un levier tel que $g\ h$, de façon à osciller en même temps que lui et à avoir l'étendue de jeu nécessaire pour l'action des palettes A et C de l'ancre sur la dent de la roue d'échappement.

Lorsque l'ancre n'est pas en état d'oscillation, une dent de la roue repose sur l'une de ses palettes (bras), et la roue, ainsi que les rouages qui s'y rattachent, sont arrêtés. Lorsque l'ancre se meut de gauche à droite, la dent de la roue qui, auparavant, était arrêtée par la surface supérieure *n'* de la palette C, peut *s'échapper*, et, obéissant au ressort ou au poids qui meut les rouages, elle avance vers *m'*. Chaque fois que la palette A s'engage dans l'intervalle de deux dents de la roue, elle arrête son mouvement. Lorsque l'ancre rétrograde de droite à gauche, la palette C vient sous la dent suivante de la roue. Ainsi, chaque mouvement de l'ancre à la droite laisse avancer une dent qui était arrêtée par la palette C, puis la palette A empêche une autre dent d'avancer, tandis que chaque mouvement à la gauche laisse avancer la dent arrêtée par A, et ensuite la palette C arrête la dent prochaine qui s'avance de ce côté.

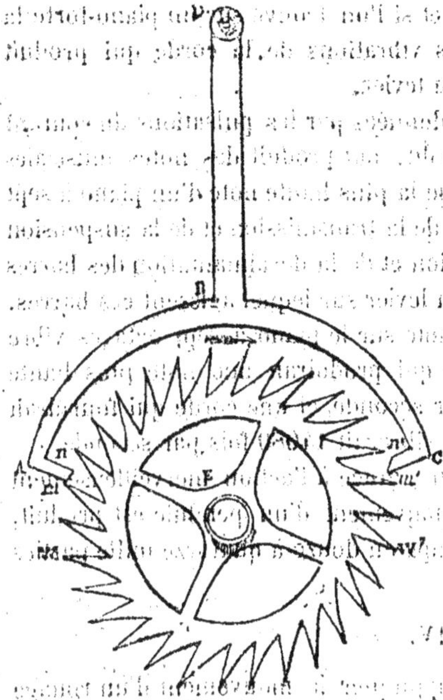

Fig. 59.

Chaque oscillation complète de l'ancre, se composant d'un mouvement à droite et d'un mouvement à gauche, laisse donc passer une dent, une seule, de la roue d'échappement.

Or, si l'on suppose que les pulsations du courant communiquent à l'ancre, par l'intermédiaire de l'électro-aimant et de ses accessoires, un mouvement de vibration, une dent de la roue d'échappement, une seule, franchira l'ancre à chaque pulsation du courant. Si le courant est suspendu, le mouvement de la roue d'échappement et des rouages qui s'y rattachent sera suspendu pareillement ; quand la pulsation du courant recommence, les oscillations de l'ancre et, par conséquent, le mouvement de la roue d'échappement et des rouages qui s'y rattachent, recommencent aussi.

XVI.

Si les pulsations du courant sont réglées (et elles peuvent l'être, comme on l'a vu chap. V, § xxi) par le pendule d'une horloge de telle station, le mouvement de l'ancre de l'échappement établi à telle autre station où le courant est transmis, sera synchrone à celui du pendule qui régit les pulsations du courant ; de cette façon, un mouvement régulier peut être communiqué par une horloge à une autre, pourvu qu'un conducteur soit établi entre elles, et le pendule d'une horloge règle les pulsations du courant qui gouvernent le mouvement de l'ancre de l'échappement d'une autre.

XVII.

Si l'extrémité du levier *o g*, fig. 58, porte un pinceau qui appuie sur du papier lorsque le levier est entraîné vers l'électro-aimant, et si, en même temps, le papier se meut sous le pinceau avec un mouvement uniforme, une ligne est tracée sur le papier par le pinceau. La longueur de cette ligne est en proportion de celle de l'intervalle pendant lequel le levier *o g* est tenu en contact avec l'arrêt *t'*. Or, comme l'employé de la station S peut régler cet intervalle à volonté, c'est-à-dire faire agir le courant pendant un court intervalle s'il veut faire sur le papier une ligne courte, pendant un long intervalle s'il veut faire une ligne longue, et pendant un instant s'il ne veut tracer qu'un point, on comprend comment cet employé peut marquer une feuille de papier à la station S", distante de 500 milles, d'une suite de lignes de longueurs différentes ou de points, et comment il les peut combiner de façon à remplir son but.

On a supposé ici que le pinceau attaché à l'extrémité du levier est alternativement pressé sur le papier et éloigné de lui par le mouvement du levier. Si, cependant, le papier est placé de façon que le levier oscille parallèlement à lui, le pinceau présenté au papier restera d'une manière permanente en contact avec lui, et tracera sur le papier une ligne alternativement à droite et à gauche, dont la longueur sera égale au jeu de l'extrémité G du levier, à laquelle est attaché le pinceau. Si, pendant que ceci a lieu, le papier est mu sous le pinceau dans une direction à angles droits avec la ligne de son jeu, le pinceau tracera sur le papier une ligne en zigzag, dont la forme dépendra du rapport entre le mouvement du papier et celui du pinceau. Si le courant est dans ce cas suspendu, le papier passant sous le pinceau au repos, une ligne droite sera tracée dessus.

Ainsi, le papier sera marqué, soit d'une ligne en zigzag, soit d'une ligne droite, selon que le courant sera transmis ou suspendu.

Si le courant est alternativement transmis et suspendu pendant des intervalles de longueur inégale, à la volonté de l'employé de la station S, le papier de la station S" sera marqué d'une ligne alternativement en zigzag et droite, la longueur des parties en zigzag et droites variant à la volonté de l'opérateur de la station S.

XVIII.

Pareillement, si une roue dentée, mue par l'employé de la station S, produit une pulsation du courant par le passage de chaque dent successive, ces pulsations produiront instantanément des oscillations du levier *o g* à la station S". Si ces oscillations agissent sur l'ancre d'une roue d'échappement en rapport avec des rouages à la station S", cette roue avancera dans sa révolution dent par dent, avec la roue de la station S. Si chacune de ces roues fait mouvoir des aiguilles sur des cadrans, comme les aiguilles d'une horloge, l'aiguille du cadran en S" aura exactement le même mouvement que l'aiguille du cadran en S, de sorte que si, dans le principe du mouvement, les deux aiguilles regardent la même figure ou lettre du cadran, elles continueront, en se mouvant ensemble, de regarder toujours les mêmes figures ou lettres.

Ainsi, si l'opérateur en S veut diriger l'aiguille du cadran de S" sur l'heure de 3 ou de 5, il n'aura qu'à tourner l'aiguille sur le cadran de sa station sur l'une ou sur l'autre de ces heures.

On va voir l'importance de ce fait dans l'art électro-télégraphique.

XIX.

Si le levier *o g*, fig. 58, est mis en rapport avec le marteau d'un réveil (sonnerie), de manière que, quand *o g* est mis en vibration, la cloche se fasse entendre et ne cesse de se faire entendre qu'après cessation de la vibration, il est évident que l'opérateur en S peut, à volonté, faire sonner une cloche en S", en produisant des pulsations du courant par l'un des moyens déjà décrits.

Un opérateur placé à la station S" peut de même sonner une cloche en S.

Grâce à cette faculté de sonner des cloches, chaque opérateur peut appeler l'attention de l'autre, quand il a à transmettre un message, et l'autre, en faisant sonner la cloche, peut dire qu'il est prêt à recevoir le message, comme on l'a déjà expliqué.

XX.

Si le levier *o g* est en communication avec la platine ou autre mécanisme par où l'on puisse enflammer la poudre qui charge un canon, l'opérateur en T peut, à volonté, décharger un canon en R, quelle que soit la distance dont R se trouve de T.

XXI.

On doit noter que, lorsqu'une cloche est mise en mouvement, ou lorsque tout autre signal est produit à la station S", à l'aide d'un courant électrique transmis d'une station éloignée S, ce n'est pas directement la force du courant qui agit sur l'objet par lequel est fait le signal. Le courant ne joue là qu'une action indirecte ; il agit simplement sur le mécanisme qui fait le signal, et laisse la force qui meut ce mécanisme libre d'agir. Ainsi, dans l'espèce la plus ordinaire d'une cloche, l'action qui se produit sur elle pendant qu'elle sonne ne procède pas du courant, mais d'un ressort ou d'un poids. La force à laquelle donne naissance ce ressort ou ce poids est transmise au marteau absolument comme celle d'un ressort ou d'un poids d'une horloge est transmise à l'appareil frappant. Le courant ne fait autre chose que dégager un crochet d'arrêt, par lequel le mouvement des rouages est empêché. Le crochet une fois dégagé, l'action du courant sur la cloche cesse, et celle-ci ne se fait plus entendre que grâce à l'action du ressort ou du poids. Le bruit de la cloche peut pareillement être arrêté par le courant, en ramenant le crochet d'arrêt entre les dents d'une des roues.

On voit par là que, puisque la force qui influence la cloche est indépendante du courant, une cloche de telle ou telle grandeur peut être mise en action par un marteau de tel ou tel poids, sans qu'elle exige du courant une force supérieure à celle qui suffit pour qu'un électro-aimant puisse dégager le crochet qui arrête le mécanisme de la cloche.

XXII.

Quoique le mécanisme de la sonnerie employée dans les télégraphes ne diffère pas essentiellement de celui d'un réveille-matin ordinaire, il n'est pas sans intérêt de décrire l'un de ces instruments.

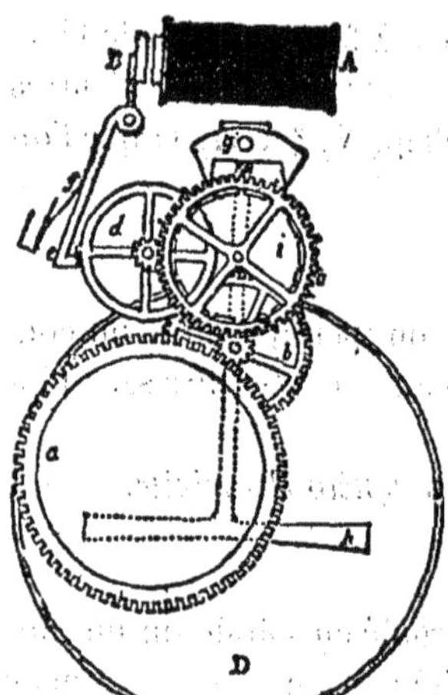

Fig. 60.

La figure 60 représente le mécanisme de la sonnerie d'une ligne télégraphique anglaise, la ligne de la South-Eastern Railway Company.

A est l'électro-aimant.

B son armature.

B *e* est un levier réuni par son extrémité supérieure à l'armature et portant à son extrémité inférieure un crochet d'arrêt *e* qui, lorsque l'armature n'est pas attirée vers l'aimant, se trouve pressé par un ressort *f*.

La lettre *d* représente une roue qui possède une dent où le crochet *e* s'engage par la pression du ressort *f*, l'orsque l'armature B n'est pas attirée vers l'aimant, mais qui est affranchie du crochet *e*, lorsque l'armature B est entraînée vers l'aimant.

La lettre *a* représente une boîte cylindrique renfermant un ressort puissant qui tient les rouages en mouvement tant que le cliquet *e* n'est pas engagé dans la dent de la roue *d*.

On empêche le contact de l'armature B avec les pôles de l'électro-aimant à l'aide de deux petits boutons d'ivoire vissés à la surface qui s'offre à l'aimant. Le jeu de l'armature B est limité de façon que le crochet *e* soit précisément dégagé de la roue *d*, lorsque les boutons d'ivoire viennent en contact avec les pôles de l'aimant.

Lorsque l'aimant, en écartant le crochet *e* de la roue *d*, a mis les rouages en liberté, le ressort placé dans la boîte cylindrique a fait tourner la roue dentée attachée à la boîte. Cette roue meut un pignon placé sur l'axe de la roue *b*; la roue *b* meut un pignon placé sur l'axe de la roue *e*; les dents de la roue *e* s'engagent dans celles d'un pignon placé sur la roue *d*. Le mouvement des rouages est arrêté, lorsque le crochet *e* tombe sous la dent de la roue *d*. La roue *i*, engagée dans l'ancre de l'échappement *g*, est fixée sur l'axe de la roue *e*, tourne avec elle, et donne ainsi un mouvement oscillatoire à l'ancre, lequel est communiqué au marteau *h* du timbre D. Le marteau agit, par conséquent, sur le timbre aussi longtemps que l'aimant A empêche le cliquet *e* de tomber sous la dent de la roue *d*.

XXIII.

Comme la grandeur et le ton du timbre sont indépendants de la force du courant, les bureaux télégraphiques sont pourvus de sonneries différentes ayant des destinations spéciales.

Quelquefois un fil spécial est approprié à la cloche, et c'est un courant spécial qui agit sur elle.

Dans d'autres cas, le courant régulier destiné à faire marcher le télégraphe est détourné vers la sonnerie par le commutateur. Dans d'autres cas, on a recours au procédé exposé dans le chap. V, § XXVI, et que l'on connaît sous le nom de *court circuit*.

XXIV.

On va maintenant faire connaître comment on peut produire un courant électrique par l'intermédiaire exclusif d'aimants, c'est-à-dire sans l'intervention d'une batterie électrique.

L'électricité produite ainsi a reçu le nom de *magnéto-électricité*.

XXV.

Soit un fil recouvert de soie ou de coton enroulé en spirale sur un rouleau ou une bobine ayant à l'intérieur une cavité assez grande pour qu'on y puisse introduire une barre cylindrique. Le fil est constamment enroulé dans le même sens, commence en A B, et se termine en C D (fig. 61). Les extrémités *m n* de ce fil sont réunies à celles d'un autre fil *m* O *n* d'une longueur telle ou telle, et s'étendant à telle ou telle distance. Si maintenant on introduit brusquement le pôle nord N d'un aimant S N dans l'intérieur de la bobine, un courant électrique sera transmis alors sur le fil *m* O *n*, et la présence de ce courant se révélera au moyen d'un galvanomètre. Cependant, ce courant ne sera que momentané; il ne se manifestera qu'au moment où le pôle de l'aimant pénètre dans l'intérieur de la bobine. Il cessera immédiatement après son introduction.

Or, si l'on retire la barre aimantée aussi brusquement qu'elle a été introduite, un autre courant se produira sur le fil *m* O *n*; ce courant ne sera également que momentané, mais sa direction sur le fil sera contraire à celle du courant produit par l'introduction dans la bobine du pôle magnétique.

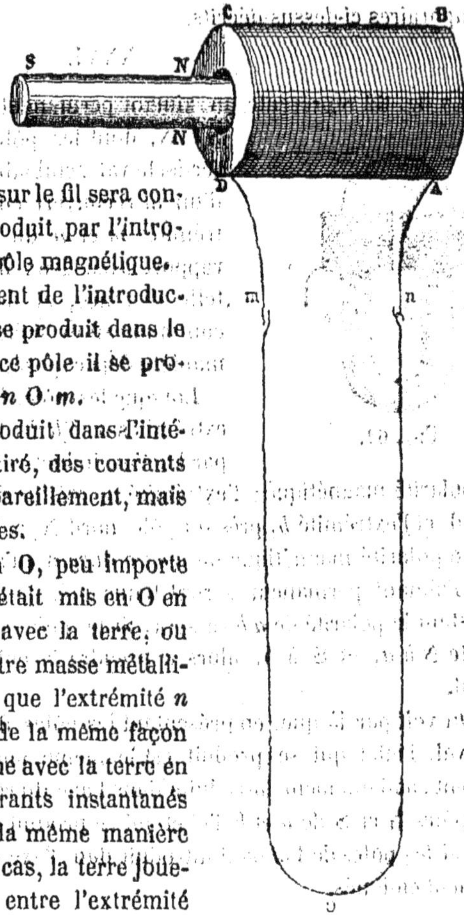

Fig. 61.

Si, par exemple, au moment de l'introduction du pôle N, un courant se produit dans le sens de *m* O *n*, en retirant ce pôle il se produira un courant venant de *n* O *m*.

Si le pôle sud S est introduit dans l'intérieur de la bobine, puis retiré, des courants momentanés se produiront pareillement, mais avec des directions contraires.

Si le fil *m* O terminé en O, peu importe la distance entre O et *m*, était mis en O en communication métallique avec la terre, ou avec une plaque ou une autre masse métallique plongée dans le sol, et que l'extrémité *n* du fil du rouleau fût mise de la même façon en communication métallique avec la terre en *n*, la transmission des courants instantanés aurait lieu exactement de la même manière que ci-dessus; car, dans ce cas, la terre jouerait le rôle d'un conducteur entre l'extrémité du fil *m* O en O et le bout du fil *n* du rouleau.

Mais si la continuité métallique, soit du fil *m* O *n*, dans le cas où il s'étendrait de *m* en *n*, soit de *m* O s'il était, comme on l'a vu, en rapport avec la terre en O, se trouvait rompue quelque part, aucun courant ne se produirait lors de l'introduction ni de l'éloignement de l'aimant. La production de ces phénomènes veut donc que les extrémités *m* et *n* du fil du rouleau soient en communication électrique l'une avec l'autre, c'est-à-dire réunies soit par une lame métallique continue, soit par l'intermédiaire de la terre, comme il a été dit.

La propriété que possède le fer doux d'acquérir la vertu magnétique, lorsque les pôles d'un aimant permanent sont mis à sa proximité, fournit un moyen très-facile pour montrer le jeu des phénomènes de courants temporaires ci-dessus décrits.

XXVI.

La fig. 62 représente un aimant permanent puissant, en fer-à-cheval, S O N, dont les pôles S N se présentent à un fer-à-cheval semblable *a b* de fer doux, enroulé d'un fil recouvert comme il a été dit. Les extrémités *m* et *n* du rouleau sont supposées en rapport avec deux fils qui s'étendent à telle ou telle distance, et dont les extrémités sont en communication métallique avec la terre, de la manière déjà exposée.

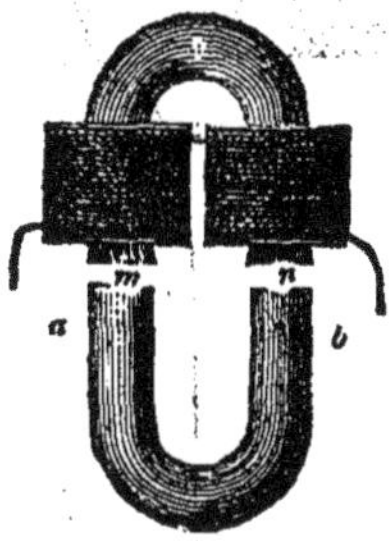

FIG. 62.

Lorsque les pôles S et N sont rapprochés des extrémités *a* et *b* du fer-à-cheval *a b*, ce dernier, par l'action inductive de l'aimant S O N, acquiert la polarité magnétique; l'extrémité *a*, voisine du pôle sud S, a la polarité nord, et l'extrémité *b*, près du pôle nord N, a la polarité sud. Cependant, cette polarité magnétique de *a b* ne durera qu'autant que les pôles S et N de l'aimant permanent seront tenus près de *a* et *b*. Si on les éloigne, à l'instant la polarité de *a b* cessera. Si les pôles sont renversés et qu'on présente N à *a*, et S à *b*, alors *a* prendra la polarité sud, et *b* la polarité nord.

On voit par là que, en présentant les pôles de l'aimant N O S au fer-à-cheval, l'effet qui se produit est le même que si les pôles d'un aimant étaient soudainement introduits dans l'axe du rouleau, et qu'en éloignant les pôles N et S de *a* et *b*, l'effet qui se produit sur le rouleau est le même que si les pôles de l'aimant introduit dans l'axe du rouleau étaient soudainement éloignés.

Imprimé par Henri et Ch. Noblet, 56, rue St-Dominique.

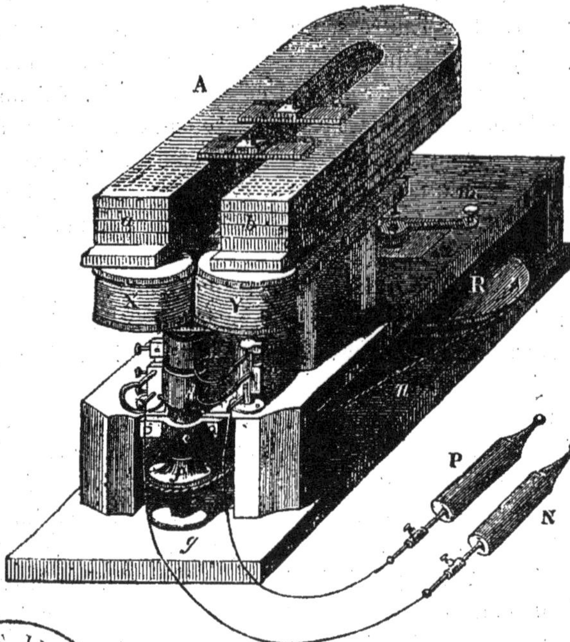

Fig. 64 Machine magnéto-électrique.

CHAPITRE VII.

1. Courants momentanés alternativement en sens contraires.— II. Procédé pour produire des courants momentanés tous dans la même direction. — III. Machine magnéto-électrique. — IV. Production de chocs et de courants. — V. Son application aux télégraphes. — VI. Propriété chimique du courant. — VII. Décomposition de l'eau.— VIII. Application de cette propriété à la production de caractères écrits à une certaine distance.—IX. Mouvement du papier sous le crayon. — X. Caractères télégraphiques marqués sur le papier. — XI. Emploi d'aimants supplémentaires. — XII. Leur forme et leur application. — XIII. Des lignes télégraphiques établies par des Compagnies en Angleterre et en Amérique, et par l'Etat sur le continent. — XIV. Divers instruments employés. — XV. Influence de l'opinion publique. — XVI. Inventions importantes quelquefois négligées. — XVII. Instruments à aiguilles généralement employés en Angleterre. — XVIII. Ins-

truments à une seule aiguille. — XIX. Instruments à deux aiguilles. — XX. L'ancien télégraphe aérien. — XXI. Télégraphe français.

I.

Il résulte donc de ce qui précède que les courants momentanés dans une direction ou dans l'autre se produisent sur le fil relié aux extrémités du rouleau, chaque fois que les pôles N et S sont présentés aux extrémités *a* et *b* du fer-à-cheval de fer doux et en sont éloignés. Si l'aimant N O S était monté de manière à tourner sur un axe passant par le centre de son coude, et par conséquent entre ses bras, on pourrait faire passer ses pôles par les extrémités du fer-à-cheval, ceux-ci étant stationnaires. Pendant chaque révolution de l'aimant N O S, la polarité communiquée au fer-à-cheval serait renversée.

Lorsque le pôle N approchera de *b*, et que, par conséquent, le pôle S approchera de *a*, la polarité sud sera donnée à *b*, et la polarité nord à *a*; et lorsque N passera à *a* et par suite S à *b*, la polarité sud sera donnée à *a*, et la polarité nord à *b*.

Les courants momentanés produits par ces changements d'aimantation dans *a* et *b* seront facilement compris d'après ce qui a été exposé. Lorsque N approchera de *b* et S de *a*, le commencement de la polarité sud dans *b*, et de la polarité nord dans *a*, donnera au fil un courant de même direction; car les replis de la spirale, tels qu'ils sont présentés à S, seront l'inverse de ceux présentés à N. Lorsque N s'éloignera de *b* et S de *a*, la cessation de la polarité sud dans *b* et de la polarité nord dans *a* communiquera au fil des courants de même direction, mais cette direction sera opposée à celle des premiers courants.

Lorsque N approchera de *a*, et par conséquent S de *b*, il passera dans le fil des courants dont la direction sera la même que celle des courants produits par l'éloignement du pôle N de *b* et celui du pôle S de *a*. Lorsque N s'éloignera de *a* et S de *b*, des courants seront produits dont la direction sera la même que quand N est rapproché de *b* et S de *a*.

Si l'on indique la direction des courants produits lorsque N est rapproché de *b* et S de *a* par une flèche dirigée à droite, et la direction des courants qui se produisent lorsque N est éloigné de *b* et S de *a* par une autre flèche dirigée à gauche, les changements de direction qui auront lieu à chaque révolution de l'aimant N O C seront comme on les voit dans la fig. 63 ; dans cette figure, *b* et *a* représentent les extrémités du fer-à-cheval *b a* ; N la position du pôle en s'approchant de *b*, et N' en s'en éloignant ; N'' sa position en approchant de *a* et N''' en s'en éloignant. Les flèches dirigées à la droite expriment la direction des deux courants qui sont produits sur le fil conducteur, tandis que N fait la demi-révolution N''' M' N ;

et les flèches dirigées à gauche expriment la direction des deux courants produits pendant que N fait le demi-tour N' M N".

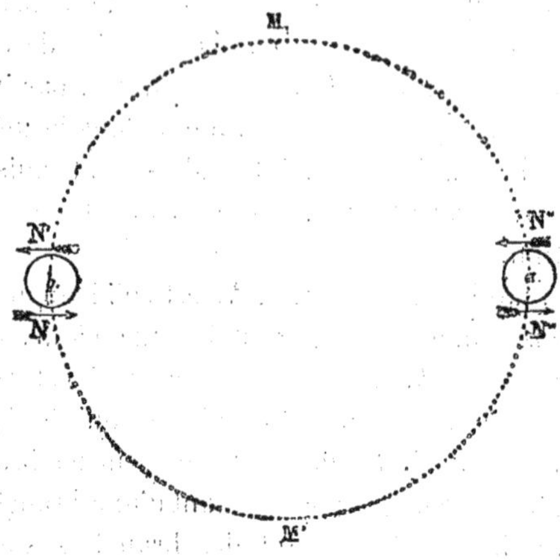

FIG. 63.

On voit donc que, à chaque révolution de l'aimant N O S, quatre courants momentanés se produisent dans le fil, deux suivant une direction pendant une demi-révolution, et deux dans le sens contraire pendant l'autre demi-révolution. Dans les intervalles de ces courants momentanés, il y a suspension de l'action voltaïque.

II.

On a déjà montré comment des courants électriques peuvent être instantanément suspendus, rétablis et renversés au moyen de commutateurs (chap. V, § III). Il est facile de comprendre que, avec ces instruments, en suspendant les courants dans l'une des deux directions contraires, tandis qu'on laisse passer l'autre, un courant intermittent circulant toujours dans la même direction peut être obtenu.

Ou bien, si le commutateur est disposé de façon que, pendant que les courants momentanés, suivant une direction, peuvent circuler sans interruption, ceux qui suivent l'autre direction soient renversés, on aura alors à chaque révolution quatre courants momentanés marchant dans une direction commune. Le courant ainsi produit sera intermittent, c'est-à-dire passera sur le fil par pulsations successives ou intervalles de transmission et de suspension; mais comme à chaque révolution de l'aimant il y a deux pulsations (c'est-à-dire deux intervalles de transmission et deux de suspension), et qu'on peut donner à la rotation de l'aimant telle ou telle vitesse, il s'ensuit que les pulsations se succéderont l'une à l'autre avec une telle rapidité, et que les intervalles de transmission seront d'une brièveté telle, que le courant pourra être considéré comme continu.

III.

Tels sont les principes sur lesquels se base la construction des machines magnéto-électriques, dont la fig. 64, en tête de ce chapitre, offre un spécimen. Cet appareil a pour but de produire, par induction magnétique, un courant intermittent constamment dans la même direction, et de faire succéder l'un à l'autre les intervalles d'intermission assez rapidement pour que le courant ait en pratique tous les effets d'un courant absolument continu.

Un aimant composé en fer-à-cheval, A, est solidement fixé par des chevilles et des écrous à une table horizontale, au-delà des bords de laquelle s'étendent ses pôles *a* et *b*. Au-dessous de ceux-ci est fixé un électro aimant X Y, dont les branches sont verticales et qui est monté de façon à tourner sur un axe vertical. Le fil est enroulé sur les branches X Y, et la direction des replis est renversée en passant d'une branche à l'autre.

Les deux extrémités du fil partant des branches X et Y sont pressées au moyen de ressorts contre les surfaces de deux cylindres *c* et *d*, fixés sur l'axe de l'électro-aimant. Ces cylindres sont eux-mêmes en communication métallique avec deux poignées P et N auxquelles se trouve ainsi amené le courant dégagé dans le fil de l'électro-aimant.

Si l'on donne un mouvement de rotation avec la poignée *m* à l'électro-aimant, les poignées P et N étant reliées par un conducteur continu, un système de courants intermittents et alternativement contraires se produira dans le fil et dans le conducteur qui relie les poignées P et N. Mais si les cylindres *c* et *d* sont disposés de façon que le contact des extrémités du fil avec eux se maintienne seulement pendant une demi-révolution dans laquelle les courants intermittents ont une direction commune, ou que la direction, pendant l'autre demi-révolution, soit renversée, alors le courant transmis par le conducteur qui relie les poignées P et N sera intermittent, mais non contraire : et si l'on augmente la vitesse de rotation de l'électro-aimant X Y, on peut faire succéder l'un à l'autre les intervalles d'intermission avec une vitesse indéfinie, et le courant aura ainsi tout le caractère d'un courant continu.

Les commutateurs par lesquels les cylindres *c* et *d* peuvent rompre le courant, le rétablir avec la régularité et l'exactitude nécessaires, ou le renverser pendant les demi-révolutions alternatives, sont de formes variées.

IV.

Tous les phénomènes ordinaires des courants voltaïques peuvent être produits avec cet appareil. Si l'on prend dans ses mains les poignées P et N, les bras et le corps deviennent le conducteur à travers lequel le courant passe de P en N. Si l'on fait tourner l'électro-aimant X Y, on ressent des chocs qui deviennent insupportables lorsque le courant a une certaine intensité.

Quand on veut donner à certaines parties du corps des chocs locaux, l'opérateur porte avec ses mains protégées par des gants non conducteurs les boutons qu'on remarque aux extrémités des poignées sur les points du corps entre lesquels il faut produire le choc voltaïque.

V.

Pour que cet appareil rende des services télégraphiques, il suffit de mettre le fil de la ligne en communication avec l'une des poignées P ou N, tandis que l'autre poignée est mise en communication avec la terre. Un courant sera transmis alors sur le fil de la ligne, courant intermittent, mais qu'on pourra rendre continu par une combinaison de machines magnéto-électriques.

VI.

Il reste à montrer comment les propriétés chimiques du courant électrique peuvent fournir les moyens de transmettre des signaux entre deux postes éloignés l'un de l'autre.

Lorsqu'on fait passer un courant d'une intensité convenable à travers certains composés chimiques, ceux-ci sont décomposés ; l'un de leurs constituants est emporté en avant dans la direction du courant, et l'autre dans la direction contraire.

VII.

Un des plus frappants exemples de l'application de ce principe, l'eau le fournit. C'est, comme on sait, un composé des gaz nommés oxygène et hydrogène.

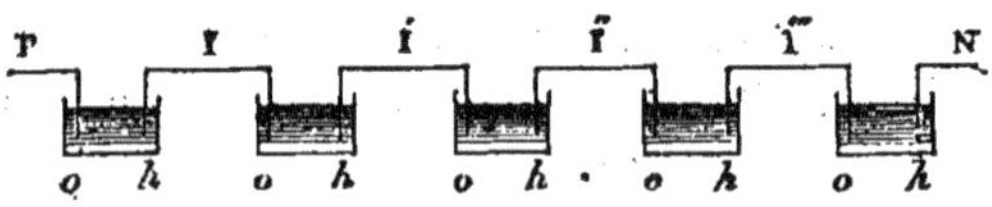

FIG. 65.

Supposons une suite de tasses *o h*, fig. 65, contenant de l'eau, placées de manière qu'un courant électrique les puisse traverser successivement. Le courant commence au fil P et passe en O dans la première tasse ; de là il traverse l'eau pour gagner *h* et de *h* il se rend le long du fil I en *o* dans la seconde coupe ; il se rend de la même manière en traversant l'eau, en *h*, puis suit le fil I', etc., jusqu'à ce qu'il arrive en N. On suppose le fil P en communication avec le pôle positif d'une batterie, et le fil N en communication avec le pôle négatif. Le courant circule donc de P en N, en traversant l'eau de chacune des coupes. Dans ces circonstances, l'eau se trouve peu à peu décomposée dans chacune des tasses. Les molécules d'oxygène se meuvent à l'encontre du courant, et celles d'hydrogène se meuvent avec lui. Les premières se dégagent aux points *o*, et les autres aux points *h*.

VIII.

Pour montrer comment on peut tirer parti de cette propriété du courant, supposons une feuille de papier imprégnée d'une dissolution acidulée de ferro-prussiate de potasse, étendue sur une plaque métallique. Supposons, en outre, que la pointe d'un style métallique est appliquée sur la feuille de manière à presser doucement la plaque de métal sans la percer. Si maintenant l'on met le style en communication métallique avec le fil qui mène au pôle positif d'une batterie voltaïque, et si l'on met la plaque métallique, sur laquelle est étendu le papier, en rapport avec le fil qui mène au pôle négatif, le courant passera alors du style, à travers le papier mouillé, dans la plaque métallique, et décomposera le prussiate, dont l'un des constituants, déposé sur le papier, le marquera d'une tache bleuâtre.

Si le papier est mis en mouvement sous le style, pendant que le courant circule, la décomposition se continue sous la pointe du style, et une ligne bleuâtre est tracée sur le papier.

Si, pendant que le papier se meut ainsi uniformément sous le style, on laisse le courant circuler seulement durant des intervalles longs ou courts, le papier sera marqué de lignes longues ou courtes, selon les intervalles pendant lesquels circule le courant ; et comme aucune décomposition n'a lieu pendant la suspension du courant, le papier passe alors sous le style sans recevoir aucune marque. Si on laisse circuler le courant un instant seulement, le papier sera marqué d'un point. Les lignes longues et courtes et les points ainsi tracés sur le papier, seront séparés l'un de l'autre par des espaces plus ou moins considérables, suivant les longueurs des intervalles de suspension du courant.

Il est évident que les mêmes phénomènes seront produits, soit que le style soit au repos et le papier mis en mouvement au-dessous de lui, comme on l'a supposé ici, soit que le papier soit au repos et le style mis en mouvement sur lui.

IX.

Le papier peut être mis en mouvement sous le style de diverses manières. Ainsi, on peut l'enrouler sur un cylindre ou rouleau tenu en révolution constante et uniforme à l'aide d'un mouvement d'horlogerie, ou par d'autres moyens. Le papier se trouve incessamment amené sous le style et se déroule de dessus le cylindre après avoir reçu les marques. Ou bien le cylindre recouvert de papier peut, pendant qu'il tourne, recevoir un mouvement lent dans la direction de son axe, de façon que la course du style sur le cylindre soit celle du fil d'une vis ou d'une hélice. On peut couper le papier et lui donner la forme d'un grand disque circulaire, puis l'étendre sur un disque métallique d'égale grandeur, auquel on peut, à l'aide d'un mouvement d'horlogerie, imprimer un mouvement de révolution autour de son centre dans son propre plan ; pendant ce temps, le style peut recevoir un mouvement lent dirigé du centre du disque vers son bord. Dans ce cas, le style tracerait une spirale sur le papier, en tournant incessamment autour, et en se retirant en même temps, constamment mais lentement, de son centre à son bord.

X.

Quel que fût le procédé adopté, le papier serait marqué d'une série de combinaisons de lignes ayant des longueurs différentes et de points, séparés par des espaces plus ou moins étendus. Ces marques dépendant entièrement de la succession des intervalles de suspension et de transmission du courant, intervalles qu'un opérateur, disposant des moyens de contrôle dont on a parlé, peut à volonté varier et combiner, on comprendra sans difficulté qu'un employé de la station S puisse tracer sur une feuille de papier placée à la station S'' toutes les lignes et tous les points qu'il lui plaira ; on comprendra de même qu'un employé de la station S'', possédant la clef de ces signes, puisse les interpréter et traduire ainsi la communication en langage ordinaire.

Il n'est pas non plus difficile de concevoir que l'agent en S puisse arrêter le mouvement d'horlogerie qui fait marcher le papier en S'', ou qu'il puisse l'établir à volonté, de même qu'il fait sonner une cloche ou décharge un canon.

XI.

On a déjà dit que l'intensité du courant transmis par une batterie voltaïque donnée sur un fil d'une épaisseur donnée, doit décroître dans la même proportion que le fil s'accroît en longueur. A cette perte d'intensité, due à la longueur du fil, vient s'ajouter dans la pratique la perte d'électricité résultant de l'imperfection de l'isolement et d'autres causes insurmontables. Il était donc d'une haute importance pratique de trouver des procédés qui permissent de rendre au courant son intensité, ou de faire marcher le télégraphe avec un courant très-faible.

Évidemment, l'intensité du courant pouvait se maintenir au degré de force nécessaire, soit par l'établissement, comme on l'a dit, de batteries de relais à des stations intermédiaires assez voisines l'une de l'autre pour empêcher le courant de trop s'affaiblir. Mais l'entretien de pareilles batteries, nécessairement nombreuses quand il faut franchir de grandes distance, est coûteux, et il était à souhaiter qu'on mît la main sur un procédé plus économique.

XII.

C'est dans les propriétés de l'électro-aimant qu'on l'a trouvé. — On peut faire que le levier *g h*, fig. 58, soit assez léger et assez libre pour qu'un courant d'une intensité extrêmement faible le mette en mouvement. Mais si l'on exigeait de lui qu'il fournît des signaux, par exemple qu'il sonnât une cloche ou fît marcher un style ou un pinceau, il faudrait donner à l'électro-aimant et à ses accessoires une force plus considérable. Si cependant on ne veut pas faire osciller le levier entre les arrêts *t* et *t'*, on peut le construire et le monter de manière qu'il soit mu par le plus faible degré d'aimantation, communiqué à *m m'* par un courant d'une intensité extrêmement faible.

Supposons que l'axe *o* du levier *g h* est en communication métallique avec une batterie voltaïque placée près de lui à la station S', et que l'arrêt *t'* est en communication avec le fil conducteur qui s'étend à une autre station plus éloignée, la station S''. Lorsque l'extrémité *g* du levier sera mise en contact avec l'arrêt *t'*, le courant produit par la batterie en S' circulera le long du fil conducteur jusqu'en S''; et quand le levier abandonnera l'arrêt *t'* et sera amené sur *t*, le contact n'existant plus, le courant sera suspendu.

Or, il est évident que le courant originel, partant de la batterie de la station S pour gagner la station S', est le moyen de mettre en action un autre courant, qui part de la batterie de relais de la station S' sur le fil conducteur gagnant la station S'', et que l'intensité de ce courant ne sera nullement affectée par celle du courant originel de S en S', mais dépendra uniquement de la force de la batterie de relais en S', comme aussi de la longueur du fil conducteur qui se rend de S' en S''.

Une autre batterie de relais peut être de même établie en S'' ; une autre plus loin, et ainsi de suite.

Dans cette succession de courants indépendants, ceux seulement qui ont des signaux à produire ont besoin d'une intensité plus grande que celle qui suffit pour faire mouvoir un léger levier, comme celui qu'on a décrit plus haut.

Il est évident aussi, d'après ce qu'on a dit, que les pulsations données au courant originel en S, et la succession d'intervalles de transmission et de suspension, seront reproduites avec la plus entière précision dans tous les courants subséquents, de sorte que tous les signaux résultant de ces intervalles de transmission et de suspension se feront à la station finale aussi promptement et aussi exactement que si le courant originel de S en

S' avait été prolongé sur la totalité de la ligne de communication avec toute l'intensité nécessaire.

XIII.

Les lignes électro-télégraphiques qu'on voit dans les différentes parties du globe ont été, comme les lignes de chemins de fer, établies ici par des compagnies privées, là par le gouvernement. Dans le Royaume-Uni, dans ses possessions et aux États-Unis, les lignes télégraphiques ont toujours été l'œuvre de sociétés autorisées par la législature et soumises à certaines conditions. Sur le continent européen, c'est en général l'État qui les a fait construire et qui les administre, mais il les livre au public à des conditions spécifiées et d'après un tarif fixé d'avance.

XIV.

Les espèces de télégraphes auxquelles on a donné la préférence varient suivant les pays. Dans le Royaume-Uni et aux États-Unis, les compagnies qui ont construit des lignes télégraphiques se sont généralement composées des amis et des partisans des inventeurs d'instruments télégraphiques particuliers. Les compagnies sont devenues propriétaires des brevets. Naturellement, elles donnent à ces instruments une préférence qu'ils ne méritent pas toujours, et chaque compagnie s'oppose plus ou moins, aussi bien par intérêt personnel que par préjugé, à l'adoption des inventions et des perfectionnements nouveaux. On s'est plaint plus d'une fois de ce que des compagnies eussent acquis la propriété de brevets dans l'unique but de les annihiler; et l'on comprend sans difficulté qu'un établissement important puisse trouver plus avantageux de maintenir ses appareils tels qu'ils sont, que de les mettre de côté pour en adopter d'autres d'une supériorité même incontestable. Ceci, après tout, n'a rien d'insolite. Toutes les grandes inventions, tous les grands perfectionnements ont rencontré de pareils écueils...

XV.

On doit dire, cependant, que le sentiment national a exercé sur le choix des télégraphes adoptés dans les différents pays une influence considérable. Ainsi, les télégraphes adoptés en Angleterre sont tous d'origine anglaise; ceux de France, d'origine française; ceux des États-Unis, d'origine américaine, généralement.

XVI.

Au milieu de ce conflit de motifs qui ont dirigé le choix des compagnies et des gouvernements, plusieurs inventions d'un haut mérite ont nécessairement été ou complètement négligées, ou supprimées, ou appliquées sur une échelle très-restreinte.

On ne peut consacrer à chacune de ces inventions un chapitre particulier; nous devons nous borner à l'examen des appareils qui fonctionnent sur les lignes télégraphiques établies dans les différents pays, et à celui de quelques autres qui paraissent mériter une attention plus spéciale.

Parlons en premier lieu des télégraphes et des appareils dont l'emploi est général en Angleterre; nous traiterons ensuite de ceux qui fonctionnent ailleurs.

XVII.

Les instruments télégraphiques à peu près exclusivement employés dans le Royaume-Uni, sont des galvanomètres (voy. chap. VI, § II); les signaux se font à l'aide des déviations d'aiguilles aimantées, déviations produites par le courant électrique.

Ces instruments sont de deux espèces : la première, et la plus simple, se compose d'une aiguille avec ses appendices et accessoires ; l'autre se compose de deux aiguilles indépendantes, chacune ayant ses accessoires propres.

TÉLÉGRAPHE A UNE SEULE AIGUILLE.

XVIII.

Cet instrument se compose d'un galvanomètre et d'un commutateur, montés dans un cage dont la forme et le volume ressemblent à ceux d'une horloge ordinaire.

La fig. 66, en tête du chap. IV, en présente une vue de face. A la partie supérieure est un cadran, au centre duquel on voit l'aiguille indicatrice, semblable à celle d'une pendule, fixée sur un axe. Son jeu à droite et à gauche est limité par deux tourillons d'ivoire insérés à la surface du cadran, à une faible distance de chaque côté de son bras supérieur.

La poignée qui fait marcher le commutateur, également fixée sur un axe, se voit à la partie inférieure de la cage, au-dessous du cadran.

Sur le cadran sont gravées les lettres de l'alphabet, les dix nombres, et un ou deux signes arbitraires, sous chacun desquels est gravée une marque indiquant les mouvements de l'aiguille par lesquels est exprimé la lettre ou le signe.

Le galvanomètre, construit comme on l'a expliqué (chap. VI, § IV), se trouve derrière le cadran; l'axe de son aiguille aimantée traverse le cadran et fait mouvoir l'aiguille indicatrice au-devant.

L'aiguille indicatrice est d'ordinaire également aimantée; ses pôles sont renversés dans leur direction par rapport à ceux de l'aiguille intérieure ; il en résulte que le courant transmis à travers le galvanomètre tend à dévier les deux aiguilles dans la même direction. L'aiguille indicatrice, cependant, n'a pas besoin d'être aimantée. Si elle est suffisamment légère, en étant non aimantée, elle sera entraînée par l'axe à droite ou à gauche sur les tourillons, en conséquence des déviations de l'aiguille galvanométrique, qui joue dans le galvanomètre, auquel elle est toujours parallèle.

En communication avec l'instrument il y a, comme à l'ordinaire, une sonnerie et une batterie galvaniques.

Au moyen du commutateur, le courant produit par la batterie peut se transmettre sur le fil de la ligne, se suspendre ou se renverser, selon la position donnée à la poignée. Si la poignée est verticale, comme dans la figure, le courant est suspendu, car la disposition du commutateur se trouve alors telle que toute communication entre la batterie et le fil de la ligne est interrompue. Si l'on tourne à droite le bras supérieur de la poignée, la batterie est mise en rapport avec le fil de la ligne, sur lequel, par suite, le courant se trouve transmis. Si l'on tourne à gauche le bras supérieur, la batterie est encore mise en rapport avec le fil de la ligne, mais ses pôles sont renversés, de sorte que la direction du courant sur le fil de la ligne est renversée.

Le mécanisme du commutateur, à l'aide duquel on opère ces changements, diffère de celui du chap. V, § III, mais le principe est le même, et les différences de détail sont sans importance.

Pour comprendre la marche de l'instrument, il faut remarquer que des

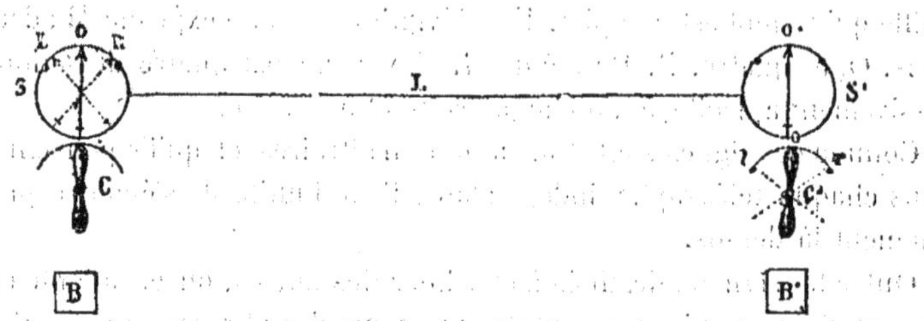

FIG. 67.

instruments semblables, avec les mêmes accessoires, se trouvent à chacune des stations entre lesquelles on a des messages à transmettre. Pour rendre l'explication plus claire, supposons que S et S', fig. 67, sont les deux stations, O et O' les cadrans, C et C' les manivelles ou poignées des commutateurs, B et B' les batteries galvaniques. Si l'on veut expédier un message de S' en S, le bras du commutateur C est laissé dans sa position verticale, de sorte qu'il ne peut passer aucun courant de la batterie B au fil de la ligne L.

Lorsque le bras de C' est vertical, il ne passe aucun courant de B' en L, et par conséquent l'aiguille de O reste verticale, sans déviation. Si l'on tourne à droite, *r*, le bras supérieur de C', le courant qui vient de B', passant le long de L, circulera dans le rouleau du galvanomètre en S, et déviera l'aiguille indicatrice à droite, de sorte qu'elle appuiera sur le tourillon de droite R. Si l'on ramène alors C' à la direction verticale, le courant est suspendu, et l'aiguille en S retourne au point O. Si l'on porte à gauche, *l*, le bras supérieur de C', le courant est encore une fois transmis sur le fil de la ligne L, mais dans une direction opposée à la première; il traverse ainsi le galvanomètre en S dans une direction opposée, et l'aiguille qui, auparavant, se trouvait déviée et poussée sur le tourillon de droite R, se trouve actuellement déviée et portée sur le tourillon de gauche L.

On voit donc que, selon que le bras supérieur de C' est porté à droite ou à gauche, ou mis dans la position verticale, l'aiguille du cadran à la station S se porte aussi à droite ou à gauche, ou prend la position verticale.

En un mot, quelle que soit la position donnée à la poignée du commutateur en S', l'aiguille indicatrice de la station S prend une position correspondante, et ces changements de position de l'aiguille indicatrice en S se font absolument en même temps que les changements de position de la poignée du commutateur en S'.

Pour exprimer les lettres et les signes, on dévie plusieurs fois l'aiguille à droite et à gauche, en faisant une petite pause après chaque lettre. Ainsi, deux déviations à gauche signifient A; trois, B; quatre, C; une seule signifie qu'un mot est complet. Une déviation à droite exprime M; deux, N; trois, O, et quatre, P. De même, L s'exprime par quatre déviations successivement à droite, à gauche, à droite et à gauche.

Comme ces signes sont tout à fait arbitraires et qu'ils peuvent varier dans chaque télégraphe indépendant, il est inutile de s'étendre plus longuement là-dessus.

Outre les signaux destinés à exprimer des lettres, on en adopte ordinairement d'autres qui expriment des mots ou des phrases qui se présentent très-fréquemment : *Je ne comprends pas*, *je comprends*, *allez*, *répétez*, etc.

Ordinairement, quoiqu'il n'y ait là aucune nécessité, l'employé qui expédie un message fait passer le courant par son propre instrument. De cette façon, l'aiguille indicatrice de ce dernier marque exactement les mêmes déviations que l'aiguille indicatrice de la station à laquelle s'adresse le message. Ainsi, quand la station S' communique avec la station S, son aiguille indicatrice O' parle aussi bien que l'indicateur O de la station S.

Tout ce qu'on a dit, chap. V, § III et suivants, de la transmission d'un même message par une suite de stations, de l'interruption qu'elle subit, de l'emploi de la sonnerie, etc., s'applique, sans modification importante, au télégraphe à une seule aiguille.

TÉLÉGRAPHE A DEUX AIGUILLES.

XIX.

Ce n'est autre chose que deux télégraphes à une aiguille, comme celui qui précède, montés dans la même cage, dont les aiguilles indicatrices jouent côte à côte sur le même cadran, et dont les commutateurs ont leurs poignées placées de façon que l'employé peut aisément les manœuvrer des deux mains en même temps. Chaque instrument est tout à fait indépendant de l'autre, leurs accessoires sont distincts, et chacun transmet son courant par un fil particulier.

Le but de cet instrument est uniquement de rendre plus prompte la transmission des messages; il permet à l'employé de produire plus vite les signaux. Dans le télégraphe à une aiguille, il n'y a que *deux* signes faits par une déviation des aiguilles, savoir : une déviation à droite, et une à gauche. Dans le télégraphe à deux aiguilles, il y en a *huit*, savoir : deux avec chaque aiguille, comme dans le télégraphe à une aiguille, et quatre obtenus en combinant les déviations des deux aiguilles. Ainsi, si O exprime la position de l'aiguille sans déviation, *r* une déviation à droite et *l* une déviation à gauche. R l'aiguille de droite et L l'aiguille de gauche, les huit signaux suivants peuvent se faire dans l'intervalle d'un simple mouvement des deux aiguilles.

L	R
r	0
l	0
0	*r*
0	*l*
r	*r*
l	*l*
r	*l*
l	*r*

Avec une seule aiguille, deux déviations ne peuvent donner que quatre signaux, savoir : ***r r***, ***l l***, ***r l***, ***l r***. Mais, avec deux aiguilles, on peut, à l'aide de combinaisons, obtenir assez de signaux pour exprimer des lettres et des nombres, dans le temps nécessaire pour deux déviations d'une seule aiguille.

La fig. 68, en tête du chap. V, représente un télégraphe à deux aiguilles.

La petite cage qu'on voit au sommet renferme la sonnerie, et la petite manivelle qu'on remarque sur le côté de la grande cage est le commutateur, au moyen duquel on envoie à la sonnerie ou on détourne le courant. Les deux grandes poignées qu'on voit au-devant sont celles des commutateurs qui produisent les changements de direction du courant, et, lorsqu'on les porte à droite ou à gauche, les aiguilles, influencées par le courant, prennent une position semblable.

TÉLÉGRAPHE FRANÇAIS.

XX.

Lorsqu'il fut question d'établir en France des lignes de télégraphes électriques, déjà, depuis plus d'un demi-siècle, fonctionnait dans ce pays le vieux télégraphe aérien. Il formait dans l'administration publique un département important, et employait un grand nombre d'agents.

La commission nommée par le Gouvernement demanda que les signaux du télégraphe aérien fussent adoptés dans le télégraphe électrique.

Le vieux télégraphe se composait d'une longue barre droite R R', fig. 69, nommée régulateur, aux extrémités de laquelle deux barres plus courtes r r, nommées indicateurs, étaient reliées par des tourillons ou pivots, de sorte que chaque indicateur pouvait tourner sur son pivot de manière à former tel ou tel angle avec le régulateur.

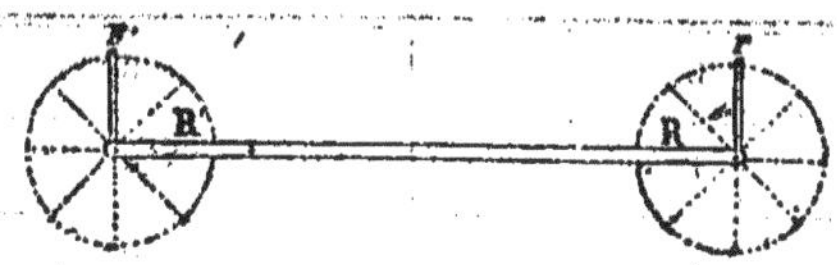

FIG. 69.

Si l'on suppose que le cercle décrit par chaque indicateur est divisé en huit arcs égaux de 45°, et que, par un mécanisme quelconque, l'employé chargé de faire les signaux peut donner à volonté à chaque indicateur telle ou telle de ces positions, chaque indicateur fournira huit signaux, et, en les combinant, les deux indicateurs mus ensemble donneront 64 signaux.

Évidemment, il est possible de multiplier encore ce grand nombre de signaux; il suffit de donner au régulateur lui-même un mouvement autour de son centre, de manière qu'il prenne la position horizontale ou verticale, ou une direction intermédiaire.

En transportant ce système de signaux au télégraphe électrique, le régulateur est supposé occuper toujours la position horizontale, et les deux régulateurs sont supposés capables de recevoir telle ou telle des huit positions ci-dessus.

XXI.

Le télégraphe construit par M. Bréguet pour produire ce système de signaux se compose, ainsi que le télégraphe à deux aiguilles, de deux instruments distincts et parfaitement semblables, un pour chacun des indicateurs. Ils sont montés côte à côte avec leurs accessoires dans la même cage, à une distance suffisante pour permettre aux indicateurs de marcher sans obstacle réciproque, et assez voisins l'un de l'autre pour que la même personne puisse les manœuvrer en même temps de la main droite et de la main gauche.

Chaque instrument se compose d'un appareil indicateur et d'un commutateur.

Si S et S' sont deux stations entre lesquelles se transmettent des messages, le commutateur en S meut l'indicateur en S', et le commutateur en S' meut l'indicateur en S.

La fig. 70 représente l'appareil indicateur. Les deux indicateurs sont

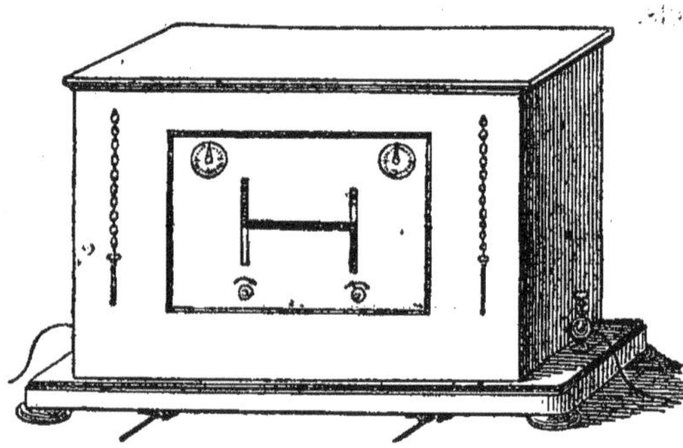

FIG. 70.

fixés sur des axes placés dans la même ligne horizontale sur le cadran. Ces axes, traversant le cadran, portent derrière lui deux roues d'échappement, gouvernées par deux ancres, comme dans la fig. du § xv, chap. VI. Ces ancres sont mues par les armatures de deux électro-aimants, dont elles reçoivent des vibrations semblables à celles d'un pendule. Les roues d'échappement sont mues par deux ressorts, sur lesquels agissent des mouvements d'horlogerie.

Ainsi, à chaque battement de l'ancre, l'indicateur fait un mouvement en avant, et comme les roues d'échappement ont chacune seulement quatre dents à égales distances, une révolution complète de ces roues doit faire faire aux indicateurs une révolution complète en huit mouvements distincts, produits par les quatre battements de l'ancre à droite et par les quatre à gauche.

Donc, pendant une révolution de chacune des roues d'échappement, chacun des indicateurs prend successivement les huit positions requises dans le système de signaux susdit ; et comme les mouvements des indicateurs sont régis par les ancres, ceux des ancres par les armatures des électro-aimants, et ceux des électro-aimants par les pulsations successives du courant électrique, il s'ensuit que, si les commutateurs de l'une des stations *gouvernent* les pulsations du courant à l'autre, ils gouverneront nécessairement le mouvement des indicateurs à cette autre station.

Aux angles supérieurs, à droite et à gauche de la face de la cage, se trouvent deux cadrans, au centre desquels sont des axes qui agissent lorsqu'on les tourne sur des ressorts. Ceux-ci tirent par derrière les armatures des deux électro-aimants, et près d'eux se voient des clefs suspendues à des chaînes et destinées à l'ajustement. On tend, on relâche les ressorts, en tournant les clefs dans un sens ou dans l'autre.

Au-dessous des bras indicateurs sont deux axes à bouts carrés, par lesquels on peut remonter les deux systèmes de rouages ; ce qui se fait avec les mêmes clefs.

IMPRIMÉ PAR HENRI ET CHARLES NOBLET,

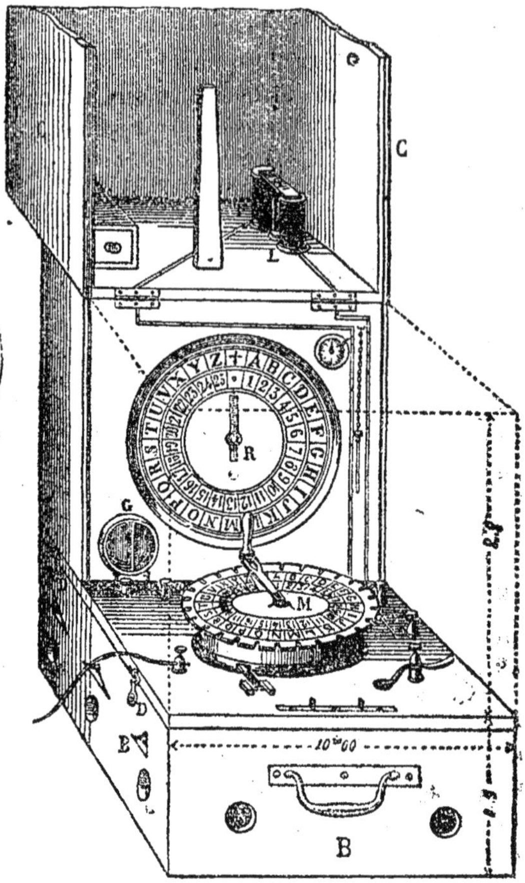

Fig. 74.

CHAPITRE VIII.

I. Commutateur du télégraphe français. — II. Comment il fonctionne. — III. Comment on envoie et comment on reçoit les messages. — IV. Batteries. — V. Télégraphe des chemins de fer français. — VI. Télégraphe portatif des chemins de fer français. — VII. Télégraphe des chemins de fer allemands. — VIII. Télégraphe de Siemens. — IX. Comment il fonctionne. — X. Correction des erreurs. — XI. Mécanisme. — XII. Comparaison avec le télégraphe français. — XIII. Indicateur; mécanisme. — XIV. Simplicité plus grande que dans le télégraphe français. — XV. Il exige un courant d'une plus grande

intensité. — XVI. Télégraphe des chemins de fer belges. — XVII. Défauts des télégraphes français et allemands.

I.

Il reste à faire voir comment les pulsations du courant sont gouvernées par le commutateur.

La fig. 71 représente l'un de ces instruments.

Le bras M est fixé sur un axe qui tourne au centre d'un disque fixe D, dont le bord est divisé en huit parties égales par de petites coches ou crans.

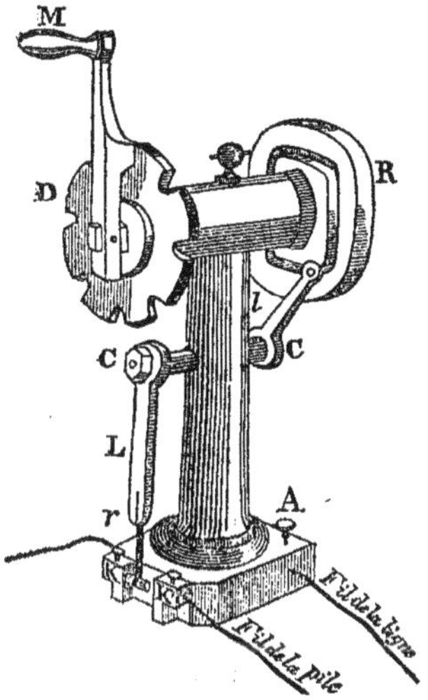

Fig. 71.

Une cheville courte se projette du bras ; elle tombe successivement dans ces crans. Sur le bout extrême de cet axe, un disque est fixé, qui tourne avec lui ; à sa face une entaille carrée est pratiquée, arrondie aux coins, et dans laquelle se meut une cheville partant d'un petit levier *l*. Ce levier *l* est fixé sur l'axe C C, à l'autre bout duquel est fixé le levier L, dont l'extrémité inférieure porte une petite pièce métallique *r* qui, lorsque le levier oscille à droite et à gauche, vient tour à tour sur les pièces de contact K et K'.

En supposant que le commutateur soit placé à la station S, le fil de la ligne qui vient de la station S' pénètre dans le pied, où il est maintenu à l'aide d'une vis A. Ce fil est en communication métallique, à travers le support, avec le levier L, et par conséquent son extrémité inférieure avec la pièce métallique qui oscille entre les pièces de contact K et K'. Cette pièce métallique *r*, on peut donc la considérer comme étant virtuellement l'extrémité du fil conducteur entre les stations S et S'.

Maintenus pareillement à l'aide de vis aux deux pièces de contact K et K', sont deux fils dont l'un communique avec la batterie, et l'autre avec un bout du fil du rouleau de l'électro-aimant, dans l'instrument indicateur de la station S. L'autre bout de ce fil du rouleau communique, ou avec le fil de la ligne qui se rend à la station suivante, ou avec la terre, à la volonté de l'employé, qui possède un commutateur pour opérer ce changement de direction.

II.

Voyons comment l'employé à la station S peut, avec ce commutateur, gouverner le mouvement d'un indicateur en S'.

La disposition de l'appareil est telle que, lorsque le bras M du commutateur se présente verticalement par en haut, comme dans la figure, la cheville se trouve dans le cran le plus élevé, et que le levier L presse la pièce de contact K.

Appelons 1 le cran le plus élevé, et les autres, en faisant le tour du disque dans la direction du mouvement de l'aiguille d'une montre, 2, 3, 4, 5, 6, 7 et 8.

On doit se rappeler qu'à l'autre station S', il y a un autre commutateur précisément semblable ; appelons-en les points correspondants M', D', R', etc.

On va voir maintenant comment l'employé de S peut, en faisant tourner le bras M autour du disque, d'un cran à l'autre, gouverner le mouvement de l'indicateur en S'.

Le commutateur et l'indicateur de la station S', quand ils ne transmettent pas de message, sont ainsi placés : la cheville du bras M' est dans le cran 1', et l'aiguille de l'indicateur est dirigée verticalement par en haut.

III.

Le bras M se trouvant, comme le montre la fig. 71, dans le cran 1, faisons-le passer dans le cran 2. Le levier L est mu à droite et la pièce *r* portée sur K'. Le courant, étant alors en communication avec le fil de la batterie, passe par *r* et L en A, et de là par le fil de la ligne au point correspondant A' du commutateur de la station S', puis enfin, à travers le support, au levier L' et à la pièce *r'*. Mais, comme on vient de le voir, M' est dans le cran 1', la pièce *r* doit reposer sur K. En conséquence, le courant, parvenu à ce point, passera de K par le fil au rouleau de l'électro-aimant en S', qu'il aimantera ; il attirera ainsi l'armature et fera mouvoir l'ancre de l'échappement, de manière que l'indicateur abandonnera de 450 la position verticale dans la direction de l'aiguille d'une montre.

Si maintenant l'on fait passer le bras E du cran 2 au cran 3, le levier L reviendra sur K, et le contact avec K' étant rompu, le courant sera suspendu, l'électro-aimant de S' perdra sa puissance, l'armature s'éloignera de lui par l'influence du ressort, et l'ancre de l'échappement faisant un nouveau mouvement, l'indicateur s'avancera d'un autre angle de 45°, et sera alors dans la position horizontale en regardant la droite.

De même, quand le bras M passe du cran 3 au cran 4, l'indicateur de la station S' quitte la position horizontale pour en prendre une qui forme un angle de 135° avec sa direction originelle, ou, ce qui revient au même, de 45° avec la position où il regarderait directement par en bas.

Sans pousser plus loin l'explication, on voit que les positions successivement prises par l'aiguille de l'indicateur de S' correspondent à celles données au bras M du commutateur de S.

On a exposé ici l'action d'un commutateur en S sur un indicateur en S'. L'action de l'autre commutateur en S sur l'autre indicateur en S' est précisément la même. On doit comprendre que les deux commutateurs en S sont en rapport avec des fils indépendants, particuliers, ont des batteries également indépendantes, distinctes, et agissent à la station S' sur des indicateurs indépendants et distincts. Le commutateur de droite, en S, est en rapport avec l'indicateur de droite en S', et le commutateur de gauche avec l'indicateur de gauche.

D'après ce qu'on a dit, il a été aisé de comprendre la réception aussi bien que la transmission d'un message. Pour recevoir un message, l'agent n'a qu'à placer le bras de son commutateur dans le cran 1 et à veiller à ce que son indicateur soit vertical. Après quoi, il ne lui reste qu'à observer les positions successivement prises par les deux indicateurs sur le cadran placé devant lui, et à écrire dessous les lettres qu'ils expriment.

Comme ce genre de télégraphe fournit 64 signes, tandis qu'il n'en est besoin que de 16 pour l'alphabet, et de 10 pour les chiffres, il y a 24 de ces signes destinés à abréger; ils représentent des syllabes, des mots et des phrases d'un emploi fréquent.

IV.

La batterie employée dans ces télégraphes est toujours celle de Daniell. C'était autrefois la batterie de Bunsen qu'on employait aux grandes stations, où il faut souvent une grande force; mais elle est actuellement abandonnée.

Entre le point K' et la batterie se trouve un commutateur. Par ce moyen, l'employé peut mettre en œuvre un nombre plus ou moins grand des paires composant la batterie, et proportionner la force à la distance à laquelle le courant doit être transmis, ou à la résistance qu'il peut avoir à vaincre.

On présente dans la fig. 72, en tête du chap. VI, une vue du télégraphe français. Les deux indicateurs et les deux commutateurs y sont représentés dans leurs positions respectives.

TÉLÉGRAPHE DES CHEMINS DE FER FRANÇAIS.

V.

Les télégraphes qui transportent des lettres ou des notes à l'aide de signes conventionnels, comme ceux décrits précédemment, exigent un corps d'employés sachant à la fois faire marcher les instruments et interpréter les signaux qu'ils donnent. Aussi le gouvernement français fit-il d'abord en sorte que les employés des anciens télégraphes pussent servir dans les nouveaux, en adoptant pour ceux-ci le même système de signaux qu'autrefois.

On doit dire toutefois que lorsque des télégraphes sont livrés non-seulement à l'Etat, mais au public, et que, par conséquent, un nombre permanent d'individus est employé à faire marcher les appareils, on ne rencontre aucun obstacle sérieux, même quand les employés sont obligés d'apprendre un nouveau vocabulaire télégraphique.

Pendant quelque temps, le service peut être plus lent, moins satisfaisant; mais cet inconvénient n'est que temporaire, et l'habitude ne tarde guère à rendre les employés suffisamment habiles.

Il en est autrement quand il s'agit des télégraphes employés, non par l'État et par le commerce, mais par les chemins de fer exclusivement. Les télégraphes, même des principales stations, et à plus forte raison ceux des stations secondaires, ne sont pas constamment en œuvre, et par conséquent n'occupent pas un nombre permanent et exclusif d'individus. La plupart des employés peuvent avoir à s'en servir, chefs de station, gardiens, etc. Or, il est évident qu'un télégraphe dont l'emploi exigerait beaucoup de pratique et une instruction spéciale ne répondrait pas à un tel but.

Ces considérations ont prévalu et amené les administrations des lignes de chemins de fer sur le continent à adopter des télégraphes qui remplissent les conditions ci-dessus beaucoup mieux que les appareils adoptés pour les communications de l'État et du public.

En général, les télégraphes des chemins de fer appartiennent à la classe des *télégraphes à lettres* ou *alphabétiques*. L'employé qui transmet un message dispose d'une aiguille qui se meut sur un cadran, autour duquel sont gravées les lettres de l'alphabet, comme le sont les heures autour du cadran d'une pendule. A la station où l'on expédie le message, se trouve un cadran semblable, possédant une aiguille pareille; et lorsque les deux aiguilles sont convenablement disposées, elles indiquent toujours la même lettre. Si, par exemple, l'employé qui expédie le message met l'aiguille sur la lettre M du cadran qu'il a devant lui, l'aiguille du cadran de la station à laquelle est envoyé le message indique aussi la lettre M; de cette façon, en amenant successivement l'aiguille sur les lettres d'un mot et en faisant une légère pause après chaque lettre de ce mot, le mot se trouve transmis à l'employé de la station éloignée.

Tous les télégraphes alphabétiques, quel que soit leur mode de construction, ne transportent pas autrement les messages.

Le télégraphe employé sur les chemins de fer français est, dans son principe, identique au télégraphe de l'État. L'indicateur fait une révolution complète en huit temps successifs, en décrivant, à chaque temps ou pas, un angle de 45°. Si l'alphabet se composait de huit lettres seulement, pour former un télégraphe alphabétique il suffirait de fixer l'indicateur au centre d'un cadran sur lequel les huit lettres seraient gravées à des distances égales. Mais l'alphabet français se compose de 25 lettres ; en outre, il est besoin d'un signe additionnel. Le cadran est donc divisé en 26 arcs égaux au lieu de huit, et l'indicateur fait une révolution complète en 26 temps ou mouvements égaux, au bout desquels il indique les lettres gravées sur le cadran.

Pour obtenir ce résultat, la roue d'échappement a 13 dents au lieu de 4, la rainure du disque mobile du commutateur a 13 ondulations sinueuses au lieu de 4 côtés à bords arrondis, et le disque fixe sur lequel se meut le bras du commutateur a 26 crans au lieu de 8.

Le disque à rainure, par le mouvement duquel les oscillations à droite et à gauche sont imparties au levier qui établit et rompt la communication avec la batterie, est fixé immédiatement derrière le disque crénelé, et la rainure sinueuse a la forme représentée dans la fig. 51, et agit sur le levier comme il a été dit dans le chap. V, § xxv.

Le commutateur est représenté, avec toutes ses dépendances, dans la fig. 73. Le disque fixe possède sur son bord 26 crans, dans lesquels vient tomber la cheville qui se projette du bras, comme dans le télégraphe du gouvernement. On voit gravés sur la face du disque, en dehors, les nombres depuis 0 jusqu'à 25, et en dedans les 25 lettres (on a omis le W comme n'étant pas d'un usage fréquent dans la langue française). Le signe + occupe une 26e place.

On a brisé une partie du cadran, pour qu'on pût voir le front du disque mobile, avec la rainure sinueuse derrière le disque fixe. Le levier G est visible, avec sa cheville dans la rainure, et l'oscillation de l'extrémité du bras inférieur H entre les pièces de contact P et P' est exactement la même que celle décrite dans le chap. V, § xxv, et le chap. VIII, § I.

Le bras du commutateur est adapté à un axe qui, traversant le centre du cadran fixe, s'adapte lui-même au centre du cadran crénelé mobile derrière lui ; de cette façon, quand le bras est mené autour du cadran fixe, le disque mobile derrière lui suit le même mouvement autour du cadran.

A la partie supérieure de la table qui porte le cadran sont placés deux commutateurs supplémentaires, L et L', dont les aiguilles jouent sur les pièces de contact S, S E, et S' S' E', comme aussi sur une plaque métallique oblongue où sont gravés les mots : *communication directe.*

C et Z communiquent avec les bouts cuivre et zinc de la batterie, ou, ce qui revient au même, avec ses pôles positif et négatif ; T communique avec la terre; les pièces de contact S S' sont en rapport avec des sonneries, R R avec les indicateurs, et les axes des bras L L' avec les fils de la ligne. Les lignes pointées indiquent les positions des bandes métalliques placées sur le derrière du châssis, et à l'aide desquelles les différentes pièces sont mises en rapport métallique l'une avec l'autre.

Après les explications générales dans lesquelles on est entré pour montrer la marche et la direction du courant, il est inutile de dire comment

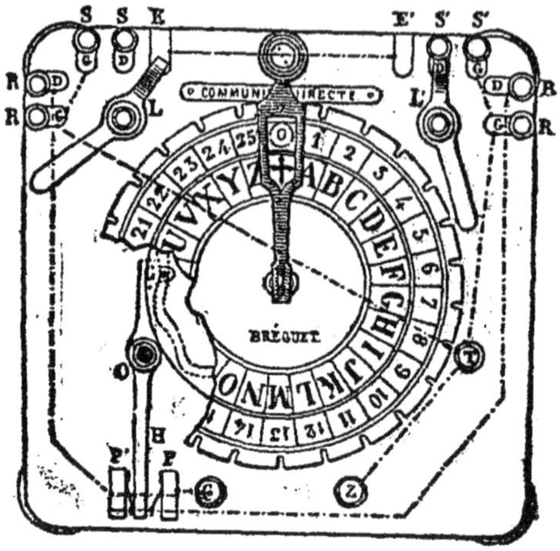

Fig. 73.

s'emploient ces commutateurs; on en trouvera l'explication dans le chap. V, § III.

La fig. 74, en tête du chap. VIII, représente le commutateur et l'indicateur montés dans la même cage. Le commutateur est fixé sur une sorte de pupitre horizontal, position la plus favorable à la manipulation. L'indicateur, dont la forme correspond à la sienne, est placé comme le cadran d'une horloge au-devant d'une cage verticale.

Si l'on suppose que le bras du commutateur, fig. 73, de la station S et celui de l'indicateur de la station S' sont sur le signe +, tout mouvement du premier exécuté dans le sens de l'aiguille d'une pendule produira un mouvement correspondant de l'aiguille du second, de telle sorte que, quelle que soit la lettre (ou le chiffre) indiquée par l'un, l'autre indiquera aussitôt cette même lettre ou ce chiffre.

Par ce moyen, l'employé en S peut écrire mot par mot à l'employé en S'.

Il y a différents signes conventionnels, qu'on produit en faisant faire au bras du commutateur deux tours complets ou davantage. Comme ces signes sont tout à fait arbitraires, on n'en parlera pas ici.

Les employés d'une habileté des plus ordinaires peuvent expédier avec cet instrument quarante lettres par minute, et les plus adroits soixante.

La fig. 75 donne une vue de profil du rouage et de l'électro-aimant E de l'appareil indicateur.

L'armature P est alternativement attirée et abandonnée par l'aimant, sur lequel agissent les pulsations du courant ; elle communique ce mouvement à l'échappement en F, par lequel l'aiguille A de l'indicateur est menée d'une lettre à l'autre sur le cadran, de sorte que le mouvement de l'ai-

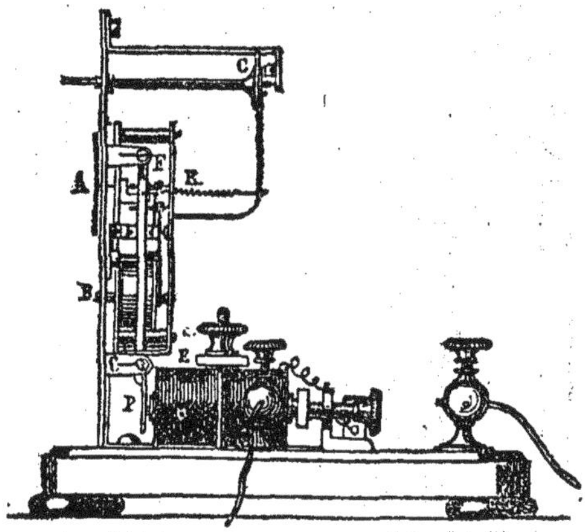

FIG. 75.

guille A à la station S' correspond exactement à celui de l'aiguille du commutateur de la station S.

VI.

Le télégraphe représenté dans la fig. 74, en tête de ce chapitre, est un télégraphe portatif construit pour les chemins de fer français par M. Breguet. Cet instrument peut, grâce à ses dimensions et à sa disposition, être emporté sur le convoi, de manière à pouvoir, en cas d'accident, être mis en communication avec le fil de la ligne et donner avis de l'événement aux deux stations entre lesquelles l'accident a eu lieu.

Il a été construit dans le même but, en Angleterre et ailleurs, des télégraphes portatifs.

L'appareil se compose d'une cage de chêne, renfermant, à la partie inférieure B B, une batterie de Daniell de 18 paires, un commutateur M, et un appareil indicateur R. Un petit galvanomètre, destiné à contrôler la force du courant, se trouve en G, et un petit électro-aimant L T.

La figure donne les dimensions de l'instrument. Lorsqu'on ne s'en sert pas, le couvercle C C, retenu par des charnières à la cage, peut être ramené sur le commutateur et l'indicateur, de manière à couvrir tout l'appareil.

Une longue barre métallique, se terminant par un crochet de cuivre, est destinée à mettre l'extrémité du rouleau L en communication avec le fil de la ligne ; l'extrémité du rouleau T est mise en communication avec la terre au moyen d'un fil qui se termine par un petit coin de fer.

Pour montrer comment on emploie cet appareil, supposons qu'un accident soit arrivé entre les stations S et S', et que, par conséquent, le convoi est arrêté. Le gardien prend son télégraphe portatif, en soulève le couvercle C C, et met le fil de L en rapport avec le fil de la ligne, et celui de T dans une articulation des rails. Il fait faire alors un ou deux tours complets au bras M de son commutateur, en observant si l'aiguille galvanométrique G est déviée. Si elle l'est, il voit par là qu'il a transmis un courant aux fils de la ligne. Ce courant se partage au crochet dont on a parlé, et une partie se rend à chacune des stations S et S' dont il fait marcher la sonnerie. Quelques instants après, un courant est envoyé de l'une des stations, ou des deux, et l'arrivée en est indiquée par la déviation de l'aiguille galvanométrique G. Le garde avertit alors les stations, l'une ou l'autre ou toutes deux, de l'accident, du lieu où il est arrivé, des secours dont il a besoin, etc.

En comparant ce télégraphe avec celui du gouvernement, on ne doit pas oublier que le premier n'exige qu'un fil conducteur, et le second deux. Au fond, le télégraphe du gouvernement français, comme le télégraphe anglais à deux aiguilles, constitue réellement deux télégraphes indépendants, dont les signaux sont combinés dans le but de fournir une vitesse de communication plus grande au moyen d'une plus grande variété de signaux.

TÉLÉGRAPHE DES CHEMINS DE FER ALLEMANDS.

VII.

L'appareil télégraphique employé par les chemins de la Prusse et par ceux de la plupart des Etats allemands a pour auteur M. Siemens, de Berlin.

VIII.

Cet appareil se compose d'un cadran indicateur environné par l'alphabet ; une aiguille se meut sur ce cadran, qui est semblable au cadran indicateur du télégraphe des chemins de fer français décrit précédemment, mais établi sur une table horizontale, et non verticale, comme dans le télégraphe français. Ce cadran est entouré d'un clavier circulaire (fig. 76), dont les touches, semblables à celles d'un piano-forte, sont égales en nombre aux caractères du cadran. La lettre gravée sur chaque touche est identique avec celle dont la position lui correspond sur le cadran.

IX.

Un levier $a\ b$, est placé sur la table, tournant sur le centre b et borné dans son jeu par deux arrêts, T et R. Quand il vient contre T, le fil de la ligne est mis en communication avec l'appareil indicateur, et quand il est

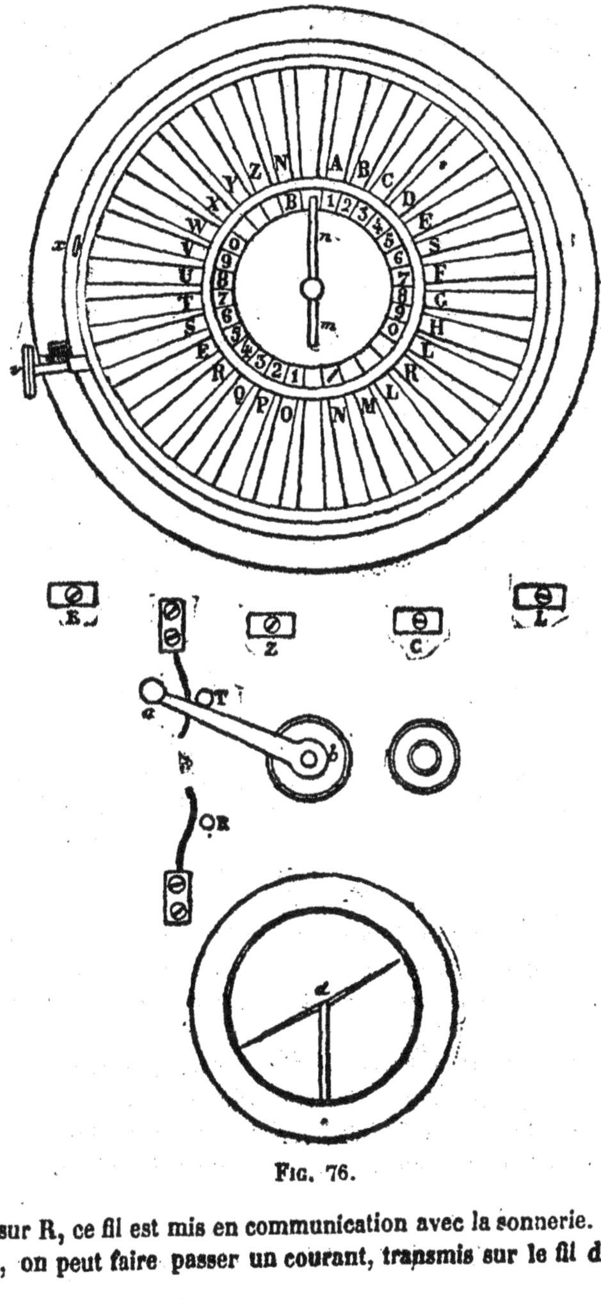

FIG. 76.

amené sur R, ce fil est mis en communication avec la sonnerie. En conséquence, on peut faire passer un courant, transmis sur le fil de la ligne, par l'appareil indicateur, ou par la sonnerie, à volonté ; il suffit de donner au levier *a b* l'une ou l'autre position.

Les moyens ordinaires à l'aide desquels on peut faire traverser au courant la station sans qu'il gagne la sonnerie ou l'appareil indicateur, ou par lesquels on peut l'arrêter à la station et lui faire gagner la terre, sont aussi ménagés. En un mot, on rencontre ici tous les moyens communs à tous les télégraphes et dont on a parlé dans les §§ IV et suivants du chap. V.

Lorsque le fil de la ligne n'est traversé par aucun courant, et que les instruments ne sont pas en œuvre, le levier *a b* de chaque station sur la ligne est placé sur R, de sorte que le fil de la ligne se trouve partout en communication avec la sonnerie.

Lorsqu'on on a à transmettre un message d'une station quelconque, S, l'employé de cette station met le fil de la ligne en communication avec les pôles de sa batterie, de sorte qu'un courant peut être transmis à toutes les stations de la ligne. Ce courant agit sur toutes les sonneries, car les bras *a b* se trouvent contre R dans toutes les stations. Les employés des stations ayant ainsi leur attention éveillée, écartent les bras *a b* de leurs instruments et les placent sur les arrêts T ; l'employé de la station S en fait de même.

Auparavant, quand les instruments étaient en repos, les aiguilles indicatrices *n*, dans chacun d'eux, se trouvaient sur la partie du cadran marquée +. Aussitôt que les bras *a b*, ou l'un d'eux, sont mis sur les arrêts T, le courant transmis sur le fil de la ligne traversant chaque instrument indicateur, les aiguilles indicatrices de tous les instruments commencent à se mouvoir simultanément autour de chaque cadran. Elles passent d'une lettre à l'autre avec un mouvement subit, interrompu, mais régulier, comme celui des aiguilles à secondes d'une horloge, mais beaucoup plus rapidement. La vitesse de leur mouvement dépend de la force du courant; mais, quelle que soit cette vitesse, elle est commune à toutes les aiguilles, car toutes accomplissent leurs révolutions autour des cadrans absolument dans le même temps et passent d'une lettre à l'autre avec la plus complète simultanéité ; et comme elles partent toutes du même point + et se rendent ensemble d'une lettre à l'autre, il s'ensuit que, soit que leur mouvement soit rapide ou lent, toutes indiqueront à chaque et au même moment la même lettre.

Il importe d'observer ici que cette rotation commune de toutes les aiguilles sur tous les cadrans est produite et maintenue par le courant seul, sans que la main d'aucun agent sur telle ou telle station intervienne; elle se poursuivrait ainsi indéfiniment, tant que la batterie fonctionnerait.

On a supposé que la batterie de la station S, d'où le message doit être transmis, est seule mise en communication avec le fil de la ligne. Mais, pour donner plus de force au courant, chaque employé de la ligne, lorsqu'il reçoit le signal, met également sa batterie en communication avec le fil de la ligne ; de cette façon, le courant acquiert toute l'intensité que peut produire l'action combinée de toutes les batteries de la ligne.

L'appareil est disposé de manière que, dans tous les cas, le galvanomètre *d* soit en rapport avec le fil de la ligne ; on connaît ainsi, à chaque station et à chaque instant, l'état du courant.

Il nous reste à voir comment un message peut être transmis d'une station à toutes les autres ou à quelqu'une des autres stations de la ligne.

Telle est la disposition, la construction de l'appareil, que, si l'employé d'une station appuie sur l'une des touches qui entourent le cadran, l'aiguille indicatrice, en arrivant à cette touche, est arrêtée ; au même moment, le courant est suspendu sur toute la ligne. Cette suspension du courant arrête aussi, au même instant, le mouvement de toutes les aiguilles indicatrices sur tous les cadrans de la ligne. Les employés de toutes les stations voient donc et notent la lettre sur laquelle l'employé *expéditeur* a placé son doigt. — L'employé expéditeur, après une pause suffisante, transporte son doigt sur la lettre suivante qu'il désire transmettre. Aussitôt qu'il écarte le doigt de la première touche, le courant est rétabli sur le fil de la ligne, et toutes les aiguilles indicatrices tournent comme auparavant, c'est-à-dire passent derechef et simultanément d'une lettre à l'autre, jusqu'à ce qu'elles arrivent à la seconde lettre sur laquelle l'agent expéditeur a mis son doigt ; alors elles s'arrêtent de nouveau, et ainsi de suite.

De cette manière, un employé de telle ou telle station peut arrêter les aiguilles indicatrices, soit à l'une, soit à toutes les autres stations successivement, aussitôt l'arrivée des lettres des mots qu'il veut communiquer.

X.

Si, par inattention ou autrement, une lettre ou plusieurs échappent à l'attention de l'employé de celle des stations à laquelle le message est envoyé, cet employé donne immédiatement connaissance du fait. Pour cela, il met le doigt sur l'une des touches de son propre instrument, et arrête ainsi l'aiguille du cadran de l'employé expéditeur sur une lettre qui dit à celui-ci de répéter la dernière lettre ou le dernier mot, selon les cas. Ce signal est compris à toutes les autres stations ; par conséquent, aucune confusion ne s'ensuit.

XI.

Voilà comment sont transmis et compris les messages par ceux à qui ils sont adressés. Voici le mécanisme par lequel ces résultats sont produits.

Au-dessous du cadran de chaque instrument se trouve un électro-aimant, comme celui *m m'* de la fig. 77, sur les fils enroulés duquel passe le courant transmis des batteries. Cet aimant attire son armature *g o*, qui vien donner contre l'arrêt *t'*. Or, l'appareil est ainsi arrangé que, lorsque *g* frappe *t'*, le circuit du courant est rompu, et par suite le courant arrêté. L'électro aimant *m m'* perd son aimantation ; *g* n'étant plus attiré, est ramené en arrière de l'arrêt *t'* par le ressort *s* et va donner sur l'arrêt *t*. Ici la communication avec le fil de la ligne est reproduite et le courant rétabli. L'électro-aimant ayant ainsi recouvré son aimantation, *g* est derechef attiré par lui et amené au contact de *t'*, ou le rapport est de nouveau rompu, et *g* est ramené sur *t* par le ressort *s* ; et ainsi de suite.

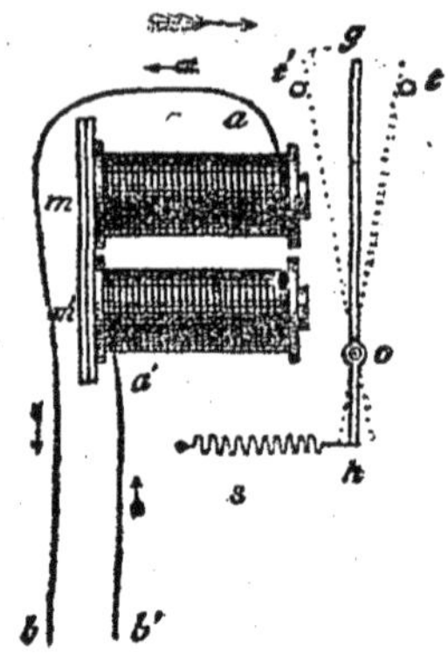

Fig. 77.

Comme les intervalles de transmission et de suspension du courant sont les mêmes sur toute la ligne ; comme les intervalles de transmission sont ceux où l'armature se meut vers l'électro-aimant, et les intervalles de suspension ceux où elle s'écarte de l'aimant, il s'ensuit que les oscillations de l'armature de tous les électro-aimants de toutes les stations sont absolument semblables et simultanées.

Dans chaque instrument, l'armature est en communication avec une roue dentée, à l'axe de laquelle s'adapte l'aiguille *m n* (fig. 76), de façon que chaque vibration de l'armature pousse en avant une dent de la roue et fasse avancer l'aiguille *n* d'une lettre à une autre.

XII.

En comparant cette disposition avec celle du télégraphe français, on remarque qu'ici le ressort et les rouages qui font marcher l'indicateur sont mis de côté, et que l'armature de l'électro-aimant, qui, dans le télégraphe français, *règle* seulement le mouvement de l'indicateur, fait marcher le ressort et les rouages et règle l'indicateur. En un mot, l'armature remplit ici le double rôle du grand ressort et du pendule d'une horloge.

On remarque aussi que l'intervention manuelle de l'employé expéditeur pour mouvoir les indicateurs des cadrans des stations éloignées, est inutile ; le courant lui-même, par l'intervention de l'armature de l'électro-aimant, donne à l'indicateur un mouvement constant de rotation sans manipulation quelconque.

La main n'intervient que pour arrêter un instant l'indicateur aux lettres du mot à transmettre ; ce qui se fait à l'aide des touches qui entourent le cadran.

XIII.

Au-dessous du cadran, un rayon ou bras est adapté à l'axe sur lequel est fixée l'aiguille indicatrice, de manière à se trouver toujours immédiatement au-dessous de cette aiguille et parallèle. Il tourne simultanément avec elle. Ce bras est un peu plus long que l'aiguille indicatrice et s'étend au-dessous des touches qui entourent le cadran. De la face inférieure de chaque touche part une cheville, dont la longueur est telle que, quand la couche n'est pas pressée, le rayon ou bras passe librement au-dessous ; mais quand la touche est pressée, la cheville vient dans le chemin du bras et l'arrête, lorsque l'aiguille indicatrice *n* arrive à la lettre gravée sur la touche. Par l'action de la même cheville, l'armature *o g* (fig. 77) de l'électro-aimant est arrêtée en revenant de *t'* en *t*, de manière à ne pouvoir arriver en *t*. Il s'ensuit que le courant ne peut être rétabli sur le fil de la ligne, comme il le serait si *g o* pouvait venir en contact avec *t*.

Ainsi l'on comprend comment, en appuyant sur une touche, les deux résultats désirés sont atteints : 1° l'arrêt des aiguilles indicatrices devant la lettre gravée sur la touche de l'indicateur, sur lequel cette touche est appuyée, et 2° la suspension simultanée du courant sur toute la ligne télégraphique, suspension qui a pour effet d'arrêter les aiguilles indicatrices de tous les autres instruments devant la même lettre.

XIV.

Cet appareil, mis en regard du télégraphe français, avec lequel il offre une analogie évidente, a l'avantage d'être plus simple. En mettant de côté le grand ressort et les rouages qu'il entraîne, en dispensant du commutateur plus compliqué mis en œuvre par l'aiguille de l'employé expéditeur, beaucoup de parties mobiles sont rendues inutiles, et il y a proportionnel lement moins de chances de dérangement et moins de causes de détérioration et de fracture. Mais, d'un autre côté, le pouvoir moteur qui agit sur l'indicateur étant transmis du ressort au courant, une intensité de courant proportionnellement plus grande est nécessaire. Cette intensité, toutefois, s'obtient sans augmenter la grandeur des batteries à l'une des stations, en mettant les piles des deux stations extrêmes, et, si besoin est, de quelques-unes des stations intermédiaires ou de toutes, dans le circuit.

XV.

Dans les batteries employées avec le télégraphe des chemins de fer français, on a trouvé, comme il a été dit, qu'il était inutile de faire usage d'acide. Dans le télégraphe allemand, cependant, l'eau pure ne donne pas un courant assez énergique, et on l'acidule avec environ un ou 1/2 pour cent d'acide sulfurique. La batterie de chaque station se compose d'ordinaire de 15 à 20 paires. La vitesse ordinaire communiquée à l'indicateur par le courant est d'environ 30 révolutions par seconde.

M. Siemens a inventé un mécanisme par lequel l'appareil indicateur est mis en rapport avec un autre qui imprime sur une bande de papier les lettres du message à mesure qu'elles arrivent. Mais comme cette invention n'est pas entrée dans la pratique, il est inutile de s'y arrêter.

Au moment de l'introduction du télégraphe électrique en Prusse, cet appareil de Siemens fut généralement adopté ; mais il a, depuis, été remplacé par celui de Morse, sa vitesse de transmission ayant été reconnue insuffisante pour le service public.

TÉLÉGRAPHE DES CHEMINS DE FER BELGES.

XVI.

Lorsque le télégraphe électrique fut établi sur les chemins de fer belges, les appareils français et allemand ci-dessus décrits furent mis successivement à l'essai. En 1851, cependant, ils furent l'un et l'autre remplacés par un nouveau télégraphe inventé et construit par M. Lippens, fabricant d'instruments mathématiques à Bruxelles.

XVII.

M. Lippens attribue aux télégraphes des chemins de fer allemands et français certains défauts, qu'il prétend avoir évités. Pour que ces télégraphes fonctionnent convenablement, il faut de toute évidence qu'un certain rapport soit toujours maintenu entre la force du ressort *s* (fig. 77) qui produit le recul de l'armature *g o*, et la force d'attraction de l'aimant, ou, ce qui revient au même, entre le ressort et l'intensité du courant, intensité avec laquelle doit varier l'attraction de l'aimant. Or, l'intensité du courant est sujette à des variations qui dépendent de l'état de la batterie, du nombre de paires employées, de la longueur du fil sur lequel est transmis le courant, de l'état plus ou moins complet des isolateurs, enfin de l'état du temps.

Si le courant devient tellement faible que l'attraction de l'aimant soit moins grande que la force du ressort *s*, l'armature *g o* reste sur l'arrêt *t* ; l'aimant est trop faible pour le lui faire abandonner. Si, au contraire, le ressort n'a pas assez de force pour vaincre le frottement et l'inertie de l'armature *g o*, comme aussi le peu d'aimantation que peut retenir l'électro-aimant lorsque le courant a été suspendu, l'armature alors reste sur l'arrêt *t'*, car le ressort est impuissant à le ramener en arrière.

Par conséquent, comme les forces contre lesquelles agit le ressort S et qu'il doit vaincre, et celles qui agissent contre lui et qui doivent aussi le vaincre, sont variables, il faut évidemment, pour que l'appareil fonctionne convenablement, que le ressort *s* soit ajusté de temps en temps de manière à pouvoir faire face aux forces contraires que nécessite la marche convenable du télégraphe et être en rapport avec ces forces.

Les télégraphes français, on l'a vu, présentent des moyens d'ajustement très-suffisants et fort simples. Les aiguilles qu'on remarque dans les côtés supérieurs de l'instrument, fig. 70, sont destinées à remplir ce but ; tournées au moyen d'une clef, les ressorts en rapport avec elles augmentent ou diminuent de force selon que la clef qu'on y applique est tournée dans un sens ou dans l'autre. Les télégraphes allemands offrent des dispositions semblables.

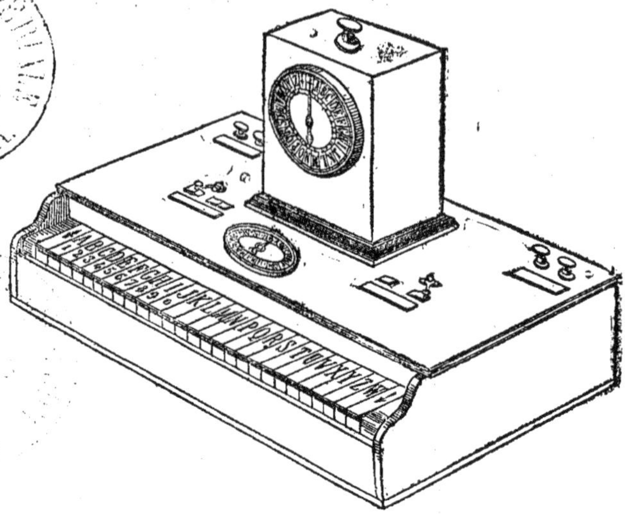

FIG. 81. — Télégraphe alphabétique de Froment.

CHAPITRE IX.

1. Défauts des télégraphes français et allemand évités dans le télégraphe de Lippens. — II. Description de ce télégraphe. — III. Son commutateur à roue. — IV. Transmission des messages par ce télégraphe. — V. Télégraphe alphabétique de Froment. — VI. Télégraphe de Morse. — VII. Télégraphe écrivant de Froment. — VIII. Télégraphe chimique de Bain. — IX. Procédé pour écrire. — X. Plume électro-chimique. — XI. Pupitre métallique.

I.

M. Lippens, et avec lui les directeurs des télégraphes et des chemins de fer belges, prétendent cependant que si les agents spécialement attachés à la manipulation de ces appareils peuvent facilement les faire fonctionner, il n'en est pas de même des agents de divers grades que leurs fonctions n'appellent que de temps à autre au télégraphe; ils n'ont pas assez de pratique, assez d'habileté, assez de connaissance spéciale du principe et du mécanisme de l'appareil.

L'appareil de M. Lippens, maintenant en usage sur les chemins de fer belges, n'a pas tous ces inconvénients.

Comme M. Siemens, M. Lippens met de côté le grand ressort et ses dépendances adoptés dans les télégraphes français ; leur rôle est rempli par le courant. Toutefois, il conserve le commutateur et communique les pulsations du courant par la main de l'employé qui agit sur un levier ou une manivelle. Ce levier se meut absolument comme le bras du commutateur des instruments français.

Il rejette le ressort *s* (fig. 77) qui produit le recul de l'armature et le remplace par un second aimant placé de l'autre côté de l'armature, en substituant en même temps une barre d'acier toujours aimantée à l'armature de fer doux employée dans les autres instruments.

II.

Pour expliquer le principe de l'appareil de Lippens, soient *a b* et *a' b'* (fig. 78) deux électro-aimants parfaitement semblables. Le rouleau de fils qui les entoure est un fil continu qui va de l'un à l'autre, et il est enroulé de manière que leur polarité a des positions contraires, quelle que soit la direction du courant transmis sur le fil. Si, par exemple, *a* est un pôle nord, *b'* qui lui est opposé sera un pôle sud, et alors *a'* sera un pôle nord et *b* un pôle sud. Si le courant sur le rouleau est renversé, ces quatre pôles changeront tous à la fois de nom : *a* deviendra un pôle sud et *b'* un pôle nord ; *a'* un pôle sud et *b* un pôle nord.

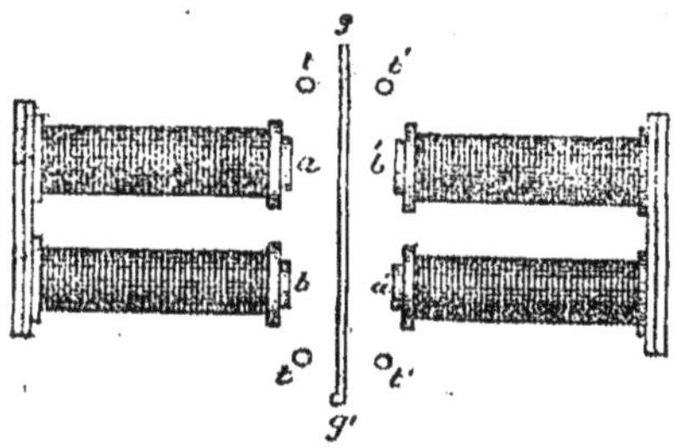

FIG. 78

Soit *g g'* une barre d'acier possédant une aimantation permanente, dont *g* est le pôle nord et *g'* le pôle sud, supportée entre les électro-aimants et jouant librement vers l'un ou vers l'autre jusqu'à ce qu'elle rencontre *t t* et *t' t'* qui l'arrêtent.

Maintenant, supposons qu'un courant soit transmis sur le fil, courant qui fera de *a* un pôle nord, et par conséquent de *b* et *b'* des pôles sud, et de *a'* un pôle nord, puisque *g* est un pôle nord et *g'* un pôle sud, ils seront attirés par *b'* et *a'* et repoussés par *a* et *b* ; par conséquent l'armature *g g'* sera poussée sur *b' a'* jusqu'à ce qu'elle rencontre l'arrêt *t' t'*. Si l'on renverse alors le courant, *a* et *a'* deviendront pôles sud, et *b* et *b'* pôles nord ; l'armature sera attirée par *a* et *b*, repoussée par *b'* et *a'* et se rendra par conséquent sur les arrêts *t t*.

Si l'on renverse rapidement la direction du courant dix fois par seconde, l'armature *g g'* oscillera dix fois par seconde entre les arrêts *t t* et *t't'*.

Évidemment, le procédé adopté par Siemens, au moyen duquel la transmission du courant est arrêtée par le contact de l'armature avec un arrêt, et rétablie par son contact avec l'autre, peut être facilement modifié de façon à renverser la direction du courant à chaque contact avec *t t* et *t' t'* ; dans ce cas, le télégraphe de Siemens n'aurait plus aucun des défauts qui lui sont imputés, comme aux télégraphes français, par M. Lippens. Mais M. Lippens, soit que le brevet de Siemens l'empêche d'adopter ce procédé, soit qu'il préfère le commutateur à main pour d'autres motifs, a inventé un ingénieux commutateur mu par la main, au moyen duquel il renverse le courant avec la plus grande facilité, précision et rapidité.

III.

C'est un commutateur à roue, basé sur le principe exposé dans le chapitre V, § XXI, mais il y a deux roues comme celle dont il est question;

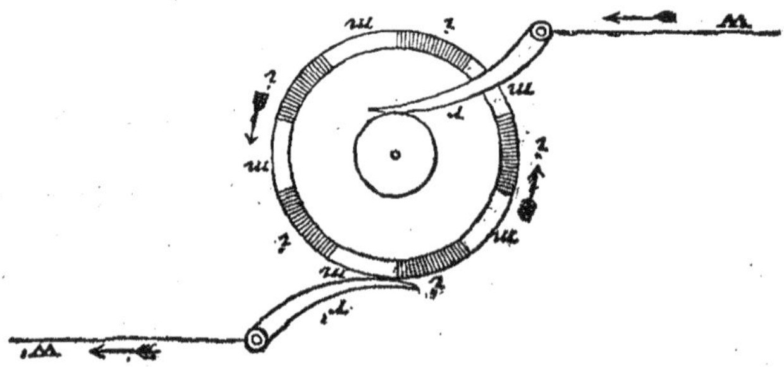

Fig. 79.

elles sont placées l'une sur l'autre sur un axe commun, avec un disque de gutta-percha entre elles, de sorte que l'une est isolée de l'autre. Les bords de ces deux roues sont partagés en une suite d'arcs conducteurs et non-conducteurs, mais la position de ces arcs, l'un par rapport à l'autre, est alternative : les arcs conducteurs d'un disque correspondent aux arcs non-conducteurs de l'autre.

Dans la fig. 79, les arcs ombrés peuvent représenter les arcs conducteurs du disque supérieur, et les arcs blancs, les arcs non-conducteurs du disque inférieur; toutefois, le contact de l'un avec l'autre est empêché par l'interposition du disque de gutta-percha dont on a parlé.

Quand on fait tourner la roue, le ressort *r'* vient tour à tour en contact avec les arcs conducteurs des deux disques. Un autre ressort semblable s'applique à une autre partie du bord de la roue, de manière à se trouver en contact avec les arcs conducteurs du disque supérieur, tandis que le ressort *r'* est en contact avec ceux du disque inférieur, et réciproquement.

L'un des deux disques communique avec l'extrémité cuivre, et l'autre avec l'extrémité zinc de la batterie, de sorte qu'on peut considérer l'un comme son pôle positif, et l'autre comme son pôle négatif. L'un des ressorts est en rapport avec un bout, et l'autre avec l'autre bout du fil conducteur qui forme les rouleaux, et qui s'étend le long de la ligne télégraphique. Par conséquent, en faisant tourner la roue, le fil conducteur se trouve successivement en rapport avec les pôles contraires de la batterie, et le courant qui le traverse est renversé.

Si le bord de la roue est divisé en dix parties égales par les arcs conducteurs, le renversement du courant aura lieu dix fois par tour, et si l'on fait faire à la roue un tour par seconde, le courant se trouvera renversé dix fois par seconde.

Dans l'appareil de Lippens, les oscillations ainsi communiquées à l'armature *g g'*, fig. 78, agissent par l'intervention de roues dentées sur l'aiguille indicative qui se meut sur le cadran autour duquel les lettres sont gravées, comme dans le télégraphe français, et cette aiguille se meut d'une lettre à l'autre de la même manière que dans le télégraphe des chemins de fer français et dans celui de Siemens.

Sur l'axe de la roue commutateur ci-dessus décrite est fixée une manivelle à l'aide de laquelle l'employé expéditeur d'un message la fait tourner.

La fig. 80 offre un plan de cet instrument. Le bras du commutateur B B' est adapté à l'axe de la roue déjà décrite, qui se trouve sous la table de l'instrument. Cette roue, et les ressorts qui agissent sur elle, sont indiqués dans la figure. Les bras Q Q sont ceux qui mènent le courant de la ligne supérieure ou inférieure par l'appareil indicateur ou par la sonnerie, comme on l'a expliqué en parlant du télégraphe allemand. Il y a aussi quelques autres batteries pour établir des communications avec les fils de la ligne, les pôles de la batterie, les sonneries et la terre ; elles ne diffèrent pas essentiellement des dispositions analogues qu'on remarque dans les autres instruments télégraphiques.

IV.

Lorsque l'employé d'une station S veut transmettre un message à une autre station S', il appelle d'abord l'attention des employés de S' à l'aide de la sonnerie, comme dans les autres télégraphes. Le courant étant alors dirigé sur les instruments au moyen des dispositions ménagées dans ce but, l'employé expéditeur de S tourne le bras B B' de son commutateur, ce qui produit les pulsations du courant, et met les aiguilles indicatrices des cadrans de S', aussi bien que celles de son propre cadran, en mouvement. Ces aiguilles, quand elles sont convenablement disposées, indiquent toujours les mêmes lettres. L'agent expéditeur arrête le bras B B' lorsqu'il voit l'aiguille F de son cadran indiquer successivement les lettres qui donnent le mot qu'il veut transmettre, et, en continuant d'opérer de la sorte, il transmet le message entier.

Tel est le télégraphe des chemins de fer belges, et, quoiqu'il faille admettre qu'il présente sur le télégraphe français un certain perfectionnement, on doit dire aussi que tous les inconvénients que M. Lippens croit

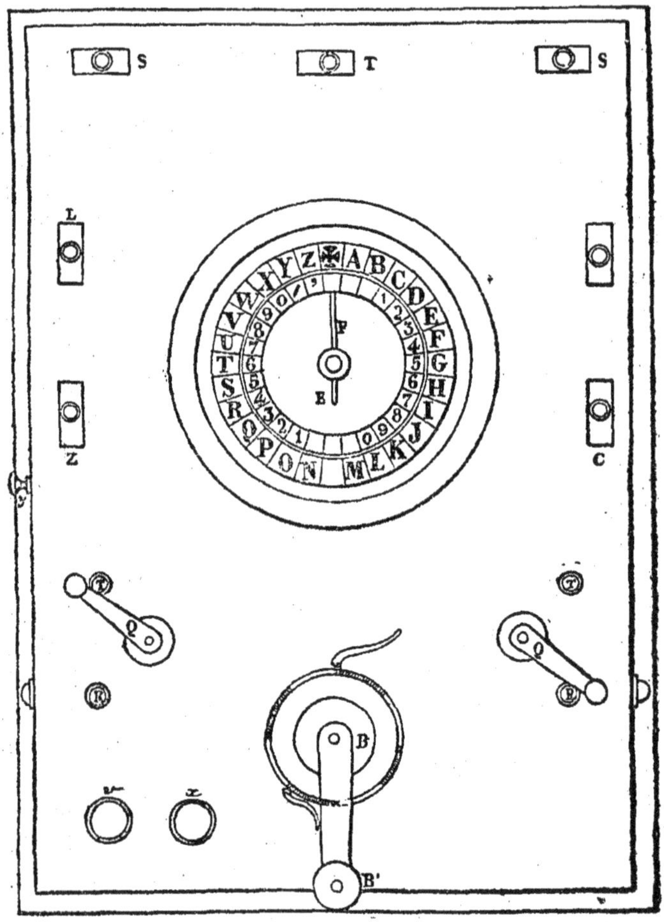

FIG. 80.

avoir évités n'ont pas été considérés comme un obstacle au bon fonctionnement des télégraphes français.

Il paraît que M. Lippens a dernièrement apporté dans les détails pratiques de son télégraphe de notables perfectionnements, qui en rendent l'emploi beaucoup plus facile. Il a aussi remplacé le courant voltaïque par le courant magnéto-électrique, et dispensé ainsi de la batterie voltaïque. Ce dernier perfectionnement n'a pas encore été introduit (juillet 1854) sur les lignes télégraphiques, mais il sera appliqué probablement avant que ces pages soient dans les mains du lecteur.

TÉLÉGRAPHE ALPHABÉTIQUE DE FROMENT.

V.

L'aspect extérieur de cet instrument, représenté dans la fig. 81, en tête du présent chapitre, est celui d'un petit piano-forte ; toutefois, on n'y voit pas de touches noires. Sur chaque touche est gravée une lettre de l'alphabet ; la première touche est marquée d'une croix, et la dernière d'une flèche. Sur les premières dix touches, les nombres se trouvent également gravés. Cette partie de l'appareil est le commutateur, à l'aide duquel l'employé de la station où il est peut transmettre des signaux à telle ou telle station.

Au-dessus, on voit l'appareil indicateur, sur lequel agit le commutateur de l'appareil d'une station éloignée, et par lequel on reçoit les messages. Cet indicateur ressemble, par sa forme et par la manière dont il donne les signaux, à celui du télégraphe des chemins de fer français déjà décrit. Le cadran de l'indicateur est marqué des lettres de l'alphabet ; la croix et la flèche correspondent aux caractères gravés sur les touches des commutateurs.

Derrière la cage qui contient l'appareil indicateur se trouve la sonnerie ; des commutateurs sont établis sur la cage, de manière que cette sonnerie peut être mise à volonté en communication avec le fil de la ligne. Comme d'ordinaire, la sonnerie est toujours en communication avec celui-ci, quand le télégraphe ne marche pas, afin qu'avis puisse être donné de l'arrivée prochaine d'un message. Lorsque la sonnerie se fait entendre, l'employé de la station détourne de la sonnerie le commutateur et le fait communiquer avec l'appareil indicateur.

Pour faire comprendre la transmission d'un message, supposons qu'un appareil comme celui de la figure est établi à deux stations, S et S', reliées entre elles comme à l'ordinaire par un fil conducteur ; l'instrument ne fonctionnant pas, le fil de la ligne dans les deux stations est en communication avec la sonnerie ; or, supposons que S veuille transmettre un message à S', dans ce cas, l'employé de la station S lâche d'abord le courant, et appuie le doigt sur l'une des touches de son commutateur ; il s'ensuit qu'un courant est transmis sur le fil de la ligne à la station S', dont la sonnerie se fait alors entendre ; l'employé de S' répond en transmettant de la même manière un courant de retour à S, courant qui fait retentir la sonnerie de cette dernière station. Tout est alors disposé pour la transmission du message; l'employé de S appuie successivement avec ses doigts sur les touches de son commutateur, sur lesquelles sont gravées les lettres dont se composent les mots du message, et au même instant l'indicateur du cadran de S' indique les mêmes lettres, qui sont notées par S'; à la fin de chaque mot, S appuie sur la touche marquée de la croix.

Lorsque ce sont des chiffres qu'on veut envoyer, S appuie sur la flèche immédiatement avant d'en commencer la transmission, et sur la croix quand il a terminé. Ainsi, est-ce le nombre 1854 qu'on veut transmettre, S met d'abord le doigt sur la flèche, puis sur les touches où sont gravées A, H, E et D successivement, après quoi il met le doigt sur la croix pour indiquer que le nombre est terminé. Il reste à dire comment ces résultats sont produits.

A l'intérieur de la cage, et un peu au-dessous de la table aux touches, s'étend une barre d'acier, parallèle à la ligne des touches, et dont la longueur correspond à celle de la rangée des mêmes touches. De cette barre, et formant des angles droits avec elle, part une série de petits bras d'acier, un sous chaque touche. Derrière chacune de celles-ci, et à angles droits avec elles, se trouve insérée une petite cheville qui se projette et correspond exactement par sa position au petit bras d'acier dont on vient de parler. La longueur de ce bras et celle de la cheville, prises ensemble, n'égalent pas tout à fait la distance d'entre le derrière de la touche et la barre d'acier, lorsque la touche n'est pas foulée par le doigt, d'où résulte que, dans cette position de la touche, la barre peut tourner, emportant autour d'elle et avec elle le petit bras sans obstacle aucun. Mais lorsque le doigt presse la touche, le derrière de celle-ci est amené à une distance de la barre inférieure à la somme des longueurs du bras et de la cheville, et par conséquent, si la barre tourne avec le bras qui se projette pendant que la touche est ainsi refoulée en bas, la cheville se présentant sur le chemin du bras, arrête ce dernier et empêche la barre d'acier de tourner plus longtemps.

Évidemment, si tous les bras se trouvaient insérés du même côté que la barre d'acier, ou, pour parler avec plus de précision, si leurs points d'insertion se trouvaient sur une ligne du même côté de la barre, parallèle à son axe, les chevilles de touches arrêteraient la révolution de la barre dans la même position exactement; et, comme la position dans laquelle est arrêtée la barre détermine le signal transmis, il s'ensuivrait que toutes les touches transmettraient le même signal, et que l'indicateur du cadran de la station où le message est envoyé indiquerait toujours la même lettre sur le cadran.

Pour éviter cet inconvénient capital, et pour donner au signal la variété nécessaire, les petits bras sont insérés dans la barre d'acier suivant une ligne spirale qui l'entoure comme le filet d'une vis; de cette façon, si, par exemple, la barre est placée de manière que le premier bras correspondant à la touche marquée d'une croix soit directement tourné par en haut; le quatorzième, qui correspond à la touche M, se tournera directement par en bas, et les bras intermédiaires formeront avec la direction supérieure des angles plus ou moins inclinés; chacun de ces bras s'écartera plus que celui qui le précède de la direction supérieure, de la quatorzième partie de la demi-circonférence.

De même, en partant du bras correspondant à la touche M qui se dirige par en bas, chaque bras successif s'écartera de plus en plus de la direction inférieure, chacun d'eux s'en écartera plus que celui qui le précède, du quatorzième de la demi-circonférence.

Ainsi, les vingt-huit bras qui partent de la barre d'acier partagent la circonférence de cette barre en vingt-huit parties égales, et par conséquent, à chaque révolution de la barre, les bras atteignent successivement la position supérieure, position où ils rencontreraient la cheville qui se projette de derrière la touche si cette cheville se trouvait sur leur route, lorsque la touche est pressée par le doigt.

Évidemment donc, si l'on fait par tel ou tel moyen tourner la barre d'acier, son mouvement peut être arrêté en vingt-huit points différents de sa révolution en pressant les vingt-huit touches. On va voir maintenant comment se communique à la barre le mouvement de révolution.

A l'une de ses extrémités, la droite, est fixée une roue à rochet, qui communique avec un mouvement d'horlogerie, et mue comme à l'ordinaire par un grand ressort. Ce mouvement d'horlogerie est renfermé dans la cage de l'appareil. Si on le remonte et que rien n'empêche son action, un mouvement de rotation continue sera imparti à la roue à rochet et par celle-ci à la barre d'acier; ce mouvement sera plus ou moins rapide suivant la force du ressort et la disposition d'une aile qui est en rapport avec lui. Tout est disposé de manière que la roue tourne deux ou trois fois par seconde. Mais dans les dents de la roue à rochet un cliquet s'insère, qui neutralise le ressort et empêche le mouvement, lequel n'a lieu que quand le cliquet est retiré. Au-dessous des touches, et parallèlement, une tringle est suspendue; elle repose sur le bras du cliquet engagé dans les dents de la roue à rochet, de sorte que, quand l'une des touches est pressée par le doigt, cette tringle s'affaisse, le cliquet est dégagé, la roue mise en liberté, et un mouvement de révolution donné.

A l'autre extrémité de la barre d'acier, la gauche, est fixée une roue commutatrice, semblable dans son principe à celle décrite dans le télégraphe des chemins de fer. Cette roue, fixée sur la barre, tourne avec elle, marchant quand elle marche, et s'arrêtant quand elle s'arrête. Comme la position dans laquelle s'arrête la roue est déterminée par la pression exercée sur la touche, la position où la roue ainsi fixée sur la barre s'arrête de son côté, est déterminée par cette même pression. Cette roue détermine les pulsations du courant, et ces pulsations déterminent la position de l'indicateur de la station où le message est expédié, absolument de la manière qu'on a décrite en parlant des télégraphes de chemins de fer.

TÉLÉGRAPHE DE MORSE.

VI.

Cet appareil, appliqué sur une grande échelle en Amérique et, sauf quelques légères modifications, dans les États allemands, repose sur le principe exposé dans le chap. VI, § XVII.

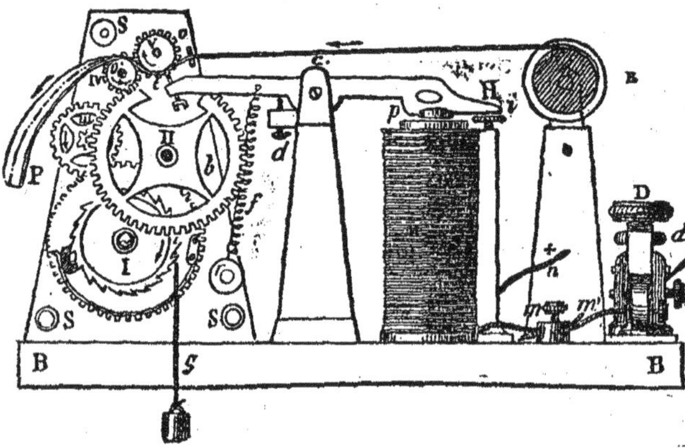

FIG. 82.

La fig. 82 représente l'instrument dans sa forme la plus ordinaire.

M est l'électro-aimant; H est une armature se mouvant sur le centre C; I est une vis qui limite le jeu de l'armature et empêche son contact avec l'électro-aimant au point P; D est une autre vis qui limite son jeu dans l'autre sens; T est un style métallique qui marque en la pressant une bande ou ruban de papier tiré du rouleau R et amené entre les tambours *o* et *o'*; P est la bande de papier sortie des tambours *o* et *o'*, après avoir subi l'empreinte des caractères télégraphiques sous le style *t*, I, *b*, etc., sous le mouvement d'horlogerie d'où les tambours *o o'* reçoivent le mouvement qui arrache la bande de papier au rouleau R; *f* est le ressort qui écarte de l'armature le bras H de l'électro-aimant; S S les pièces droites supportant le mouvement d'horlogerie; B B la base qui supporte l'instrument; D le commutateur à touches, au moyen duquel le courant transmis sur le fil de la ligne est tour-à-tour transmis et suspendu; *m n*, *m' n'*, des fils à l'aide desquels le rouleau de l'électro-aimant et les pôles de la batterie de la station sont mis en rapport avec les fils de la ligne.

Le principe général de cet appareil et de ceux qui lui ressemblent, a déjà été si longuement exposé dans le chap. VI, § XVII et suiv., qu'il n'est pas besoin de s'étendre plus longuement sur ce sujet. Lorsqu'on veut transmettre un message, la batterie de la station qui l'envoie est mise en communication avec le fil de la ligne, et, par l'action de la touche D, le courant est tour-à-tour transmis et suspendu pendant des intervalles plus ou moins longs, qui sont déterminés par les lettres télégraphiques conventionnelles. L'action du style *t* sur le ruban de papier qui passe sur lui à la station qui reçoit le message, correspond exactement à l'action de la touche D à la station d'où le message est transmis ; des combinaisons de marques plus longues et plus courtes ou de lignes et de points, sont produites sur le ruban de papier par la pression qu'il y exerce, comme on le voit dans la figure.

Les combinaisons particulières de lignes et de points employés pour exprimer les lettres, sont évidemment arbitraires. Les lettres qui se présentent le plus fréquemment sont exprimées par les signes les plus simples, et, par suite, le choix des signes exprimant les différentes lettres varie avec les termes de la dépêche.

Voici les caractères télégraphiques adoptés par M. Morse pour la langue anglaise :

			Nombres.	
A - —	J — - — -	S - - -		
B — - - -	K — - —	T —	1 - — — -	9 — - - —
C - - -	L ——	U - - —	2 - - — - -	0 ——
D — - -	M — —	V - - - —	3 - - - — -	
E -	N — -	W - — —	4 - - - - —	
F - — -	O - -	X - — - -	5 — — —	
G — — -	P - - - - -	Y - - — - -	6 - - - - - -	
H - - - -	Q - - — -	Z - - - -	7 — — - -	
I - -	R - - -	& - - - -	8 — - - - -	

Comme le télégraphe de Morse est le plus répandu (il fonctionne à peu près exclusivement aux États-Unis, dans les pays voisins et en Allemagne), on en signalera ici les parties les plus importantes.

On trouve une vue de cet instrument dans la fig. 83.

Z. La table de bois à laquelle il est fixé.

B. La plaque d'airain fixée à la table de bois *z*.

A. Les châssis qui supportent le mécanisme.

h, *h*. Des vis qui assurent les barres transversales reliant les châssis.

G. La touche pour remonter le tambour contenant le ressort ou supportant le poids, suivant le mécanisme, reçoit l'action de l'une ou de l'autre force.

3, 4. Mouvement d'horlogerie.

u. Une réglette pour régler la pression des rouleaux sur le papier.
c. Le poteau supportant l'électro-aimant.
p. La vis passant dans le poteau ou support *c*, traversant l'armature.
o. La tringle ressort.
d. La vis pour régler l'action du levier de la plume.
D. L'appareil pour arranger les rouleaux de papier.
f. La vis du levier de la plume.

La forme de l'aimant de relais se voit dans la fig. 84.

A B, sont les hélices ou les replis.
C, le support de l'aimant fixé à
W, tringle qui relie les aimants.
Y. Extrémités en bois ou en ivoire des aimants.
D, armature fixée à
E, levier droit;
F, son axe, entouré par un ressort spiral, pour parfaire la connexion en cas de manquement aux extrémités de l'axe.
M. Ressort pour produire le recul de D et E.
L. La vis.
H. Vis pour limiter le jeu de E vers l'aimant.
R. La pointe de platine.
S. Vis pour limiter le jeu de E en s'éloignant de l'aimant.
T. Pointe isolatrice, en ivoire.
O N. Vis pour relier aux fils de la batterie de la station.
P Q. Vis pour relier aux fils de la ligne.
X. Point où le fil du rouleau traverse
u, base de l'aimant.

La forme recommandée pour le commutateur à levier se voit de grandeur naturelle dans la fig. 85.

Lorsqu'on appuie sur la touche, le circuit est parfait et la communication bien établie. Tout, en un mot, est disposé et construit avec toute l'habileté, avec toutes les précautions possibles.

TÉLÉGRAPHE ÉCRIVANT DE FROMENT.

VII.

Cet appareil, qu'on voit en tête du chapitre suivant, repose sur le même principe que celui du chap. VI, § XVII.

Le papier sur lequel sont écrits les caractères télégraphiques est enroulé sur un tambour *c*. Le pinceau *b* est appuyé par un ressort sur le papier. Un mouvement d'horlogerie renfermé dans la cage *h* fait tourner le tambour. Si le papier est mis en mouvement sans que le pinceau le soit, ce-

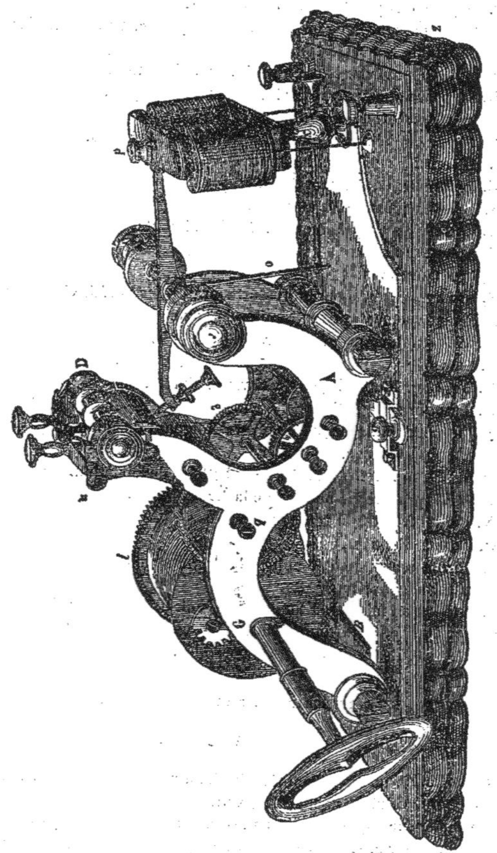

Fig. 83.

lui-ci trace une ligne droite ; mais si le pinceau reçoit un mouvement de va-et-vient de l'électro-aimant et du ressort de recul, une ligne en zig-zag est formée par les vibrations qu'imprime au pinceau l'électro-aimant, ou, ce qui revient au même, par les pulsations du courant.

Pour égaliser le frottement du pinceau, des roues adaptées dans ce but lui communiquent un mouvement de rotation lent.

Le commutateur par qui sont produites les pulsations déterminant les signaux, est une roue dont la circonférence porte cinq divisions métalliques avec des intervalles vides ; de cette façon, à chaque tour de roue, le courant est transmis cinq fois et suspendu cinq fois. Si l'on veut produire une seule pulsation, la roue accomplit un cinquième de révolution; si on produit trois pulsations, la roue fait 3/5 de révolution, et ainsi de suite. A chaque pulsation, le pinceau fait un zigzag à la station où s'expédie le message.

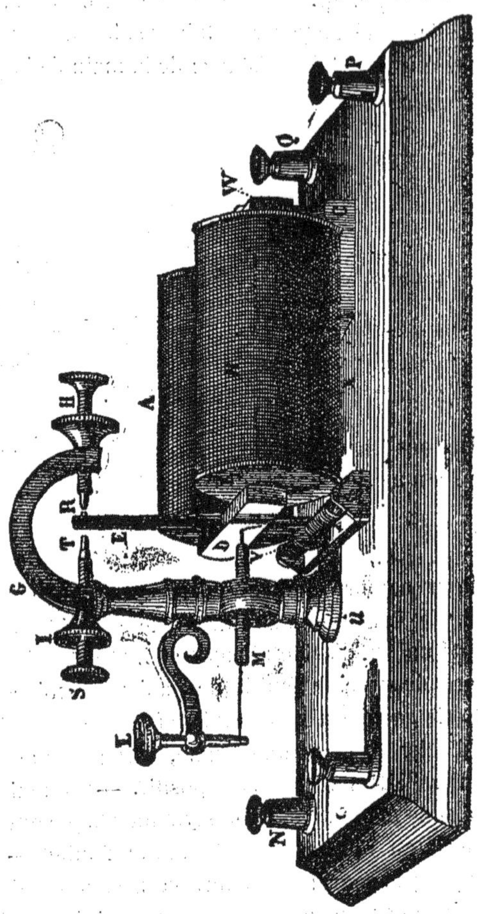

Fig 84.

Les signaux adoptés dans ce télégraphe pour exprimer les lettres, se composent d'un plus ou moins grand nombre et de différentes combinaisons de zigzag.

TÉLÉGRAPHE ÉLECTRO-CHIMIQUE DE BAIN.

VIII.

On a vu, chap. VII, § VIII, comment le courant, par la propriété qu'il possède de décomposer certaines substances, peut produire des caractères écrits à une certaine distance de la main de la personne qui écrit.

FIG. 85.

De tous les télégraphes qui reposent sur ce principe, celui de M. Alexandre Bain a reçu le plus d'applications.

IX.

Pour comprendre cet instrument, supposons une feuille de papier trempée dans une dissolution de prussiate de potasse, à laquelle on a ajouté un peu d'acide nitrique et hydrochlorique. Un disque métallique de la grandeur de la feuille de papier est mis en communication avec une batterie galvanique, de manière à former son pôle négatif. Un fil de cuivre ou d'acier formant une plume, communique avec la même batterie, de manière à former son pôle positif. — La feuille de papier est placée sur le disque métallique, et le style métallique qui forme le pôle positif de la batterie est mis en contact avec la feuille. — Le circuit galvanique est complet; le courant s'établit, la dissolution dont le papier est imprégné se décompose au point de contact, et l'on voit paraître une tache bleue ou brune. Si la plume est mise en mouvement sur le papier, la continuité des taches formera une ligne bleue ou brune; si le mouvement donné à la plume est tour à tour suspendu et repris, à des intervalles plus ou moins longs, le papier sera marqué de points et de lignes qui, par leur combinaison, représenteront des lettres et des mots, écrits en encre bleue ou brune.

Un courant extrêmement faible suffit pour produire ce résultat; mais quand l'intensité du courant est très-réduite, il faut faire marcher la plume lentement, afin que le courant affaibli ait le temps d'amener la décomposition. En un mot, il existe un rapport entre la vitesse de la plume et l'intensité du courant : plus le courant a d'intensité, plus on peut faire mouvoir rapidement la plume. Ainsi, l'on peut tout écrire sur le papier, et il n'y a d'autre limite à la vitesse suivant laquelle sont écrits les caractères, que l'habileté de l'agent qui fait marcher la plume, et l'insuffisance du courant à produire la décomposition de la dissolution dans le temps que met la plume à se mouvoir sur un espace donné du papier.

X.

La plume électro-chimique, le papier préparé, et le disque métallique bien compris, voyons maintenant comment s'écrit un message à la station où on l'expédie.

XI.

Le pupitre métallique est un disque circulaire, d'environ vingt pouces de diamètre. Il est fixé sur un axe central avec lequel il peut tourner dans son propre plan. Un mouvement uniforme de rotation lui est communiqué par un petit tambour qui presse doucement sa surface inférieure, et qui y adhère suffisamment pour faire mouvoir le disque en tournant. Ce tambour est lui-même en révolution uniforme à l'aide d'un mouvement d'horlogerie qui tire son mouvement, soit d'un poids, soit d'un grand ressort, et réglé par une flèche. On peut à volonté varier le nombre des révolutions du disque, en changeant la position du tambour par rapport au centre ; plus le tambour est voisin du centre, plus le mouvement de rotation est rapide. Le papier mouillé étant placé sur le disque, on a une feuille circulaire tenue en révolution uniforme.

La plume électro-chimique, déjà décrite, est placée sur le papier à une certaine distance de son centre. Cette plume est supportée par un porte-plume fixé à une vis qui s'étend du centre à la circonférence du disque dans le sens d'un de ses rayons.

Sur cette vis est fixé un petit tambour qui presse la surface du disque et y adhère suffisamment pour en recevoir un mouvement de révolution. Le tambour imprime à la vis un mouvement lent dans la direction du centre à la circonférence, et emporte avec elle la plume électro-chimique. On obtient ainsi deux mouvements, le mouvement circulaire emportant le papier mouillé qui passe sous la plume, et le mouvement rectiligne lent du pinceau lui-même dans la direction du sens à la circonférence. Par la combinaison de ces deux mouvements, il est d'évidence que la plume doit tracer sur le papier une ligne courbe spirale, commençant à une certaine distance du centre, et se rendant graduellement à la circonférence. Les intervalles entre les plis successifs de cette ligne spirale sont déterminés par les vitesses relatives du disque circulaire et de la plume électro-chimique. Le rapport entre ces vitesses peut aussi être réglé de manière que les plis de la spirale soient aussi pressés que possible, sans qu'il y ait confusion entre les traces laissées sur le papier.

La fig. 87, en tête du chap. XI, représente le disque circulaire, le pinceau chimique et le mouvement d'horlogerie. Elle fera parfaitement saisir l'explication qui vient d'être donnée.

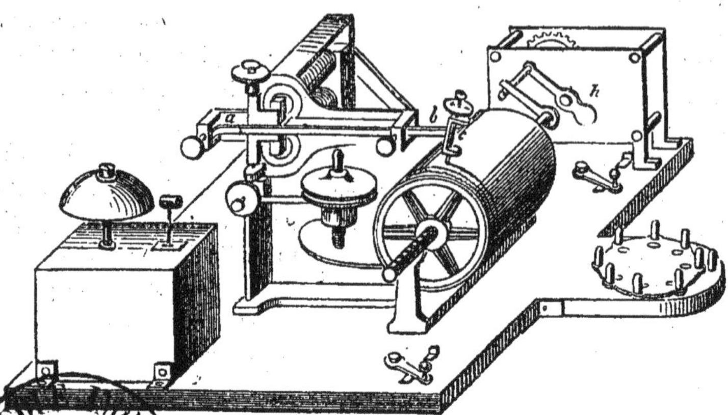

Fig. 86. — Télégraphe écrivant de Froment.

CHAPITRE X.

I. Comment fonctionne le télégraphe de Bain. — II. Son commutateur. — III. Sa vitesse de transmission extraordinaire. — IV. Ce qui s'oppose à sa mise en pratique. — V. Son avenir. — VI. Télégraphe autographique. — VII. Télégraphe imprimant, de House. — VIII. Comment il opère. — IX. Télégraphe magnétique, de Henley. — X. Télégraphe imprimant, de Brett. — XI. Vitesse de transmission. — XII. Circonstances qui influent sur elle. — XIII. Habileté comparée des employés du télégraphe. — XIV. Chaque employé reconnu à sa manière de transmettre. — XV. Il est plus facile de transmettre un message que de le recevoir. — XVI. Temps d'arrêt dans la transmission. — XVII. Vitesse de transmission avec des instruments à deux aiguilles mus par le courant voltaïque. — XVIII. Vitesse avec le courant magnéto-électrique.

I.

Supposons maintenant que le circuit galvanique est parfait, c'est-à-dire que le fil aboutissant à la pointe de la plume électro-chimique est mené de la station d'arrivée à la station de départ, où il communique avec la batterie galvanique, et que le courant de retour est formé comme à l'ordinaire par la terre elle-même; lorsque la communication entre le fil et la batterie galvanique de la station de départ est établie, le courant franchit le fil, se transmet de la pointe de la plume électro-chimique au papier mouillé, et, comme il a été dit déjà, trace une ligne bleue ou brune sur le papier. Si le courant est continu et non interrompu, cette ligne est une spirale non brisée, comme on l'a vu; mais si le courant est interrompu par intervalles, pendant chacun de ceux-ci la plume cesse de décomposer la dissolution, et aucune empreinte ne demeure sur le papier. Si les interruptions sont fréquentes, la spirale, au lieu d'être une ligne continue, sera une ligne brisée, se composant de lignes séparées par des espaces blancs. Si le courant n'agit qu'un instant, il y aura sur le papier un point bleu ou brun ; mais si on le laisse agir pendant un long intervalle, il y aura une ligne.

Si les intervalles de la transmission et de la suspension sont réglés à la station du départ, des lignes et des points correspondant exactement à ces intervalles sont produits par la plume électro-chimique sur le papier, et se continuent régulièrement suivant la spirale déjà décrite. Évidemment, et sans qu'il soit besoin d'explication plus ample, des caractères peuvent être ainsi produits sur le papier préparé, caractères correspondant à ceux du télégraphe alphabétique de Morse, et un message est ainsi écrit avec ces symboles de convention.

Il n'est d'autre limite à la vitesse suivant laquelle peut s'écrire de la sorte un message, que la force du courant et l'habileté des employés. Si le courant est assez fort pour amener la décomposition pendant que la plume passe sur le papier, si l'employé de la station de départ est assez habile pour produire rapidement les intervalles de transmission et de suspension du courant, la vitesse de transmission d'un message est considérable ; sinon, elle est moindre ou nulle.

La succession des intervalles de transmission et de suspension du courant d'où dépend la production des caractères écrits sur le papier préparé, peut évidemment se faire à l'aide du commutateur à clavier (chap. V, § xx) ; avec cet instrument à la station d'où le message est transmis, un employé peut expédier de la même manière et avec la même célérité que dans le cas du télégraphe de Morse, ou de Froment. Telle est, en fait, la manière dont les messages sont expédiés avec cet appareil.

II.

Mais ce commutateur, quoiqu'il fonctionne aussi bien que possible, ne met pas en œuvre cette vitesse extraordinaire qui est le trait saillant du télégraphe électrique et dont on a vu précédemment un exemple remarquable, lorsque nous avons parlé des expériences faites par MM. Le Verrier et Lardner, devant les comités de l'Institut et de l'Assemblée législative à Paris. Dans ces expériences, on se le rappelle, des messages furent envoyés sur un fil de 1,000 milles (400 lieues), et le nombre de mots transmis par heure atteignit presque à 20,000.

Disons ici comment ce tour de force fut accompli.

Une bande étroite de papier est enroulée sur un tambour et placée sur un axe sur lequel il lui est possible de tourner de manière à être régulièrement roulée. Cette bande passe entre des tambours sous un petit poinçon qui, frappant sur elle, fait à son centre un petit trou. Ce poinçon est mu par un simple mécanisme avec une rapidité extrême, et lorsqu'on le laisse agir sans interruption sur le papier, les trous qu'il fait sont si rapprochés l'un de l'autre que l'espace intermédiaire est percé et une ligne de perforation continue produite. Mais on peut, à l'aide du doigt, suspendre l'action du poinçon sur le papier, de manière qu'un intervalle plus considérable s'écoule entre les coups qu'il frappe successivement sur le papier. De cette façon, on voit sur la bande de papier une série de trous séparés par des espaces non percés. Le manipulateur, en laissant agir sans interruption le poinçon et en lui permettant de frapper deux coups ou davantage successivement, peut produire une perforation linéaire plus ou moins longue sur une bande, et en suspendant l'action du poinçon, ces perforations sont séparées par des espaces demeurés intacts.

Il est donc évident que, à l'aide d'un appareil de ce genre, tout employé adroit peut produire sur le papier, au fur et à mesure qu'il se déroule, une série de points et de lignes perforés, et que ces points et ces lignes, il peut les faire correspondre à ceux de l'alphabet télégraphique déjà décrits.

Supposons que l'employé, à la station du départ, se dispose à faire partir un message. Préalablement, il lui faut traduire ce message en caractères télégraphiques perforés sur la bande de papier dont on a parlé.

A cet effet, il place devant lui le message écrit en caractères vulgaires et le transporte sur la bande en caractères perforés au moyen de l'appareil à poinçon. Avec de la pratique, on fait ce travail en moins de temps qu'un compositeur le ferait avec des caractères d'imprimerie.

L'appareil à poinçon (*punching apparatus*, appareil à percer) à l'aide duquel on inscrit en caractères perforés les messages sur des bandes de papier est ainsi disposé, que plusieurs employés peuvent simultanément écrire de cette façon des messages différents. La vitesse avec laquelle sont inscrits les messages, peut donc égaler la rapidité de leur transmission ; il suffit de multiplier le nombre des agents inscrivants.

Admettons maintenant que le message soit entièrement inscrit sur la bande de papier. Cette bande est enroulée de nouveau sur un tambour et placée sur un axe fixé au mécanisme du télégraphe.

L'extrémité du ruban perforé à laquelle commence le message est alors entraînée sur un tambour métallique qui communique avec le pôle positif de la batterie galvanique. Elle est pressée sur ce tambour, comme on le voit fig. **88**, par un petit ressort métallique et terminant par des pointes semblables aux dents d'un peigne, et dont la longueur est moins grande que celle des perforations du papier. Ce ressort métallique communique avec le fil conducteur qui va de la station de départ aux stations d'arrivée. Quand le ressort métallique tombe dans les perforations de la bande de papier, à mesure que celle-ci passe sur le tambour, le circuit galvanique est parfait, car le ressort et le tambour se trouvent en contact; mais lorsque les parties du ruban qui ne sont pas trouées passent entre le ressort et le tambour, le circuit galvanique est rompu et le courant suspendu.

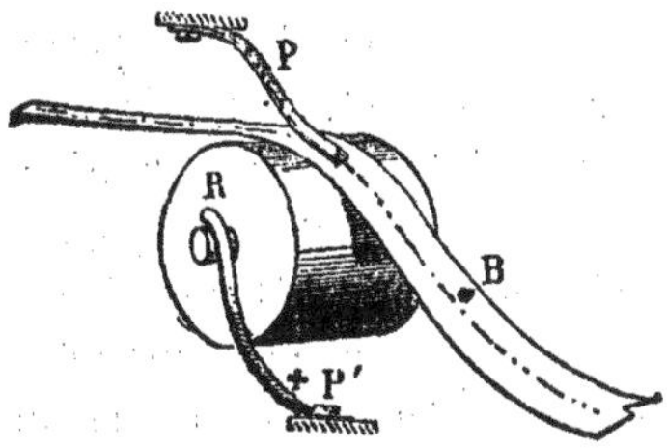

FIG. 88.

Un mouvement de rotation, dont la vitesse peut être réglée à volonté, est communiqué au tambour métallique par un mouvement d'horlogerie ou par un autre moyen; de cette façon, la bande de papier passe rapidement entre le tambour et le ressort métallique, et, au moment où elle passe, ce ressort tombe successivement dans les trous faits au papier. Grâce à ce procédé, le circuit galvanique est tour-à-tour établi et rompu, et le courant circule pendant des intervalles qui correspondent exactement aux trous du papier. Ainsi, les intervalles successifs de la transmission du courant correspondent aux caractères perforés qui expriment le message, et la même succession d'intervalles de transmission et de suspension se reproduit dans l'appareil écrivant aux stations d'arrivée de la manière déjà décrite.

III.

La vitesse avec laquelle on peut mettre ce procédé en œuvre n'a pas de limites, et aucune erreur n'est possible, si les caractères ont été marqués correctement sur le papier perforé; on s'assure de cette correction en examinant la bande de papier parforé, quand les perforations sont achevées, et en la comparant avec le contenu du message écrit. Ainsi, à la station de départ, fidélité absolue, vitesse illimitée. La limite de la vitesse suivant laquelle le message s'écrit à la station d'arrivée, n'est autre que le temps nécessaire pour que le courant électrique produise la décomposition de la dissolution chimique dont est saturé le papier.

IV.

Pourquoi ce télégraphe, qui donne une vitesse plus grande que les autres, n'a-t-il pas été universellement adopté? Telle est, probablement, la question que s'adresse le lecteur.

Si son emploi n'est pas général, cela tient à ce que la vitesse dont on a parlé ne s'obtient qu'après que le message à transmettre a été traduit en caractères télégraphiques perforés; or, cette traduction ne peut être plus rapide, quelle que soit l'habileté de l'opérateur, que le procédé par lequel le même opérateur transmet directement un message à l'aide du commutateur à clavier, soit avec ce télégraphe, soit avec ceux décrits chap. VIII, §§ VIII et IX. Si donc l'on comprend dans le temps que met un message à parvenir d'une station à une autre, le temps nécessaire pour l'écrire en caractères télégraphiques sur la bande de papier, on voit que ce genre de télégraphe est non-seulement plus lent et par suite moins bon que les télégraphes précédemment décrits, mais qu'il est plus lent que toute autre espèce de télégraphe.

Il suit de là que, tant qu'on ne se servira pas du télégraphe électrique plus qu'aujourd'hui, l'invention de M. Bain n'a rien qui la fasse préférer aux autres systèmes actuellement en vogue. Mais si le public vient à faire un usage plus fréquent du télégraphe (et c'est ce qui arriverait si les tarifs subissaient une diminution), alors le procédé ci-dessus, placé dans des conditions différentes, peut prendre la première place, car il satisferait pleinement à toutes les nécessités de la situation nouvelle.

V.

Si, par exemple, le nombre de clients auxquels les bureaux télégraphiques de ce temps-ci doivent satisfaire venait à grossir considérablement; si, au lieu des messages et des nouvelles tronqués qu'on leur envoie, les journaux venaient à exiger des rapports détaillés, des comptes rendus circonstanciés; si les débats des Chambres, les discours qu'on y prononce, etc., au lieu d'être transmis par l'intermédiaire de la poste, l'étaient par voie télégraphique, il est clair que l'appareil en usage aujourd'hui ne répondrait pas aux exigences, aux besoins nouveaux.

Mais en quoi le système de Bain serait-il meilleur? Un plus grand nombre de personnes confieraient les messages aux rubans perforés. Si un grand nombre de messages, longs ou courts, arrivaient à la fois au bureau télégraphique, on les répartirait entre un chiffre proportionné d'employés. Un message un peu long pourrait être divisé en plusieurs parties et confié à plusieurs employés, comme la copie d'un article de journal est confiée à plusieurs compositeurs. Lorsque les dépêches ainsi distribuées auraient été traduites sur les bandes, on réunirait ces bandes de manière à n'en former qu'une seule, et le télégraphe enverrait son contenu à destination, à raison de 20,000 mots à l'heure sur chaque fil.

Une maison de commerce, ou bien le correspondant d'un journal, pourraient, si bon leur semblait, avoir leur appareil à percer particulier et leur propre chiffre ou signes télégraphiques, et, au lieu d'envoyer au bureau du télégraphe un message manuscrit, ils enverraient une bande de papier contenant le message gravé sur elle ; cette bande, confiée directement au télégraphe, irait instantanément à destination. Un avantage qui résulterait de là serait que le contenu du message passerait sous les yeux des employés et expéditeurs sans qu'ils y comprissent rien. La personne à qui le message serait transmis et qui aurait la clef du langage de son correspondant, y comprendrait seule quelque chose.

Souvent il arrive, surtout quand il s'agit des affaires de l'État ou du journalisme, que le même message doit être expédié dans différents endroits et dans des directions différentes. Avec le système de Bain, rien de plus facile. Une fois la bande envoyée dans une direction, on la confie à un autre instrument qui agit sur une autre ligne, ou même en se servant du même instrument, on peut recommencer la transmission, en changeant la direction à l'aide d'un commutateur.

Au besoin, on pourrait percer deux bandes et davantage à la fois. Cela ne demanderait pas plus de temps que le percement d'une seule bande; alors on enverrait les différentes bandes en même temps aux différentes stations télégraphiques et leur contenu dans des directions différentes.

A ce point de vue, le système de Bain est au télégraphe ordinaire ce que la machine à vapeur est au cheval, la mécanique au métier à la main, etc.

VI.

On a apporté une modification au télégraphe électro-chimique. Un message transmis à telle ou telle station éloignée, s'y trouve écrit de l'écriture même de la personne qui l'envoie.

Par cette méthode, une personne à la station de Londres, par exemple, peut écrire une lettre, soit en caractères ordinaires, soit en caractères d'imprimerie, sur une feuille de papier placée à la station de Trieste, et cette lettre sera écrite avec autant de précision que si la personne écrivant la lettre tenait la plume en main.

On peut se figurer que la plume électro-chimique posée sur le papier à Trieste s'étend jusqu'à Londres, où elle est tenue et conduite par la main de l'expéditeur; c'est presque littéralement ce qui a lieu. Le fil conducteur, en communication avec cette partie de la plume électro-chimique qu'on tient en main, et qui s'étend de Trieste à Londres, peut être considéré comme formant seulement partie de cette plume; le bout de la plume à Londres, tenu et conduit par la main de l'expéditeur, communique à sa pointe (laquelle est à Trieste) un mouvement exactement correspondant aux caractères formés par la main de l'expéditeur.

Si, par exemple, l'expéditeur (à Londres) meut l'extrémité du fil conducteur de manière à écrire une phrase ou son nom, la pointe du fil (à Trieste) inscrira dans cette ville sur le papier préparé la même phrase avec la même signature. L'écriture de la phrase et de la signature sera identique avec celle de l'expéditeur.

On peut de même faire à distance un portrait ou tout autre dessin. Les procédés par lesquels on arrive à ce résultat dépendent aussi de la transmission et de la suspension alternatives du courant et de son pouvoir de décomposer certaines substances; mais comme ils sont actuellement plutôt un objet de curiosité que d'utilité pratique, on ne fait que les mentionner ici.

TÉLÉGRAPHE DE HOUSE.

VII.

Cet appareil, fort employé aux Etats-Unis, appartient à la catégorie des télégraphes imprimants, c'est-à-dire de ces télégraphes qui impriment en caractères ordinaires le message à la station où il est envoyé, au moyen d'une force qui agit à la station d'où il est envoyé. Dans un sens, les trois télégraphes décrits dans le chap. IX, §§ II, III et IV, font la même chose; mais dans ce dernier cas le message est imprimé ou écrit au moyen d'un chiffre qui n'est compris que par ceux qui en ont la clef. Il faut déchiffrer le message et l'écrire en caractè es ordinaires; ce qui prend plus ou moins de temps. Ce temps, il le faut mettre en ligne de compte pour évaluer la vitesse de transmission, car, tant que le message n'est pas traduit, il est sans valeur pour les personnes à qui il est envoyé.

Un télégraphe qui, au lieu d'imprimer sur papier des caractères en chiffres, imprimerait des caractères ordinaires, ceux-ci exigeassent-ils plus de temps pour l'impression, serait peut-être en réalité plus avantageux.

Evidemment, ces observations générales s'appliquent non-seulement au télégraphe de House, mais à tous ceux de la même classe.

VIII.

Le télégraphe imprimant de House, comme tous les autres télégraphes, se compose de deux parties distinctes, un commutateur pour gouverner la transmission du courant et un appareil imprimant sur lequel opère le courant qui arrive d'une station éloignée.

La transmission du courant a lieu au moyen de touches, comme dans le télégraphe de Froment. La roue, toutefois, qui produit par sa révolution les pulsations du courant, est mue, non comme dans le télégraphe de Froment par un mouvement d'horlogerie, mais par le pied de l'opérateur agissant sur une pédale comme celle d'un tour, qu'on voit sous la cage du commutateur dans la fig. 89, en tête du chap. XII.

On arrête la rotation de cette roue au point correspondant à la lettre qu'on veut, en pressant du doigt la touche sur laquelle est gravée cette lettre. Tout se passe ici comme dans le télégraphe de Froment.

Les touches du clavier de cet instrument gouvernent, par les pulsations du courant, le mouvement et la position d'un cadran ou d'une roue à une station éloignée; ce cadran porte des caractères gravés comme il a été dit en traitant des télégraphes des chemins de fer français, et du télégraphe décrit chap. IX, § 1.

Supposons donc qu'en pressant une touche, celle, par exemple, qui porte la lettre A à la station S, un cadran ou une roue, en S', portant des caractères correspondant à ceux du clavier de S, est mue de façon que la lettre A se présente dans une certaine position. Les lettres de cette roue sont en relief comme des caractères d'imprimerie, et lorsque, sous l'influence des courants, elles sont amenées successivement dans la position nécessaire, après avoir préalablement subi le contact d'un appareil qui les charge d'encre, une bande de papier vient s'étendre et se presser dessus à la station S', et la lettre est imprimée sur le papier. Le courant agit de nouveau, la lettre qu'on transmet ensuite de la précédente prend la même position, le papier a marché en avant pendant ce temps, la lettre nouvelle s'imprime à son tour près de l'autre, et ainsi de suite.

L'appareil qui fait marcher la bande de papier, qui encre le caractère et qui applique dessus le papier, n'agit pas sous l'influence du courant. L'opération se fait par un mécanisme que met en œuvre l'employé de la station où ce message est reçu.

Dans la figure, la bande de papier est représentée en F, sur un rouleau d'où elle est graduellement retirée, à mesure que chaque lettre du message vient s'y imprimer. La bande noire qu'on voit sur un autre tambour est une lanière sans fin qui imprègne d'encre les caractères.

Il y a dans le mécanisme beaucoup de détails témoignant d'une grande habileté chez l'inventeur, mais comme on ne pourrait les exposer clairement qu'à l'aide de plans et de sections nombreux, nous devons passer autre.

L'appareil imprimant, à la station où le message est reçu, est mû à l'aide d'une pédale, comme dans l'appareil de transmission de l'autre station.

L'appareil galvanique, qui fournit le courant nécessaire pour faire marcher cet appareil, est la batterie de Grove, décrite chap. I. Pour une distance de 100 milles, il faut trente couples.

La première ligne où fut établi l'appareil en question, est celle d'entre New-York et Philadelphie. Ce fut en 1849.

TÉLÉGRAPHE A AIGUILLE AIMANTÉE.

IX.

La Magnetic Telegraph Company, a conservé les indicateurs à aiguilles, généralement employés en Angleterre ; elle a rejeté la batterie galvanique et substitué le courant magnéto-électrique au courant voltaïque. Les instruments qu'elle a adoptés sont ceux de MM. Henley et Forster, avec quelques modifications.

Ce télégraphe se voit, accompagné de sa cage, dans la fig. 91, en tête du chap. XIII, et sans sa cage dans la fig. 90.

FIG. 90.

Le courant est produit par des électro-aimants dont les pôles sont très-voisins de ceux de puissants aimants permanents. Ceux-ci se voient en A (fig. 90). A leurs pôles, se trouve une pièce de fer doux, par l'influence inductive de laquelle l'aimantation des différentes barres qui formait l'aimant composé est réunie et combinée. Les électro-aimants sont formés comme à l'ordinaire et montés sur des centres sur lesquels ils se meuvent par des leviers qui se projettent de chaque côté de la cage. De cette façon, l'employé peut en faire marcher un de chaque main. Lorsqu'ils ont été pressés par la main, ils reprennent leur position première sous l'action de ressorts fixés sur leur axe.

Lorsqu'on appuie sur les leviers, les pôles des électro-aimants sont renversés par rapport à ceux des aimants permanents et des courants momentanés passant dans les fils conducteurs ; lorsque les leviers reviennent à leur première position, des courants momentanés sont transmis de nouveau, mais dans une direction contraire.

Les courants ainsi transmis sur les fils sont reçus à la station à laquelle est envoyé le message sur les glènes ou plis des électro-aimants, qui sont placés sous le pupitre sur lequel se trouve les aiguilles indicatrices ; ils communiquent à celle-ci une aimantation temporaire. Les électro-aimants agissent sur un petit aimant permanent suspendu sous le pupitre, sur l'axe de l'aiguille indicatrice et parallèle à celle-ci. Ils dévient l'aiguille d'un côté ou de l'autre, au moment où ils sont aimantés par le courant, et leur déviation se continue par l'effet de l'aimantation induite que produit l'aimant permanent sur l'électro-aimant.

Lorsqu'on élève la manivelle, le courant momentané se reproduisant, mais dans le sens opposé, la polarité de l'électro-aimant de la station éloignée est renversée et l'aiguille déviée de la même manière dans l'autre sens.

TÉLÉGRAPHE IMPRIMANT DE BRETT.

X.

M. Brett, qui a conquis une célébrité méritée pour ses câbles sous-marins entre le Royaume-Uni et le continent européen, et plus récemment entre les continents européen et africain, a pris, conjointement avec M. House, un brevet pour un télégraphe imprimant, dont on voit un dessin dans la fig. 92, en tête du chap. XIV.

L'appareil, comme celui du télégraphe américain de House, déjà décrit, se compose d'un clavier, qui est l'appareil de transmission ou commutateur, et ne diffère pas essentiellement de celui qu'on a décrit. L'appareil de réception est aussi fort semblable et repose sur le clavier. Au devant, se voit un cadran indicateur, sur lequel l'aiguille indique successivement les lettres imprimées sur le papier par l'appareil qui se trouve derrière le cadran. L'appareil imprimant est, sauf quelques modifications, semblable à celui de House.

Ce télégraphe est, ou a été dernièrement, essayé au Panopticon of Science, dans Leicester-Square.

Il paraît que M. Brett est en train de construire un instrument qui atteindra le même but, mais d'une façon plus complète.

VITESSE DE TRANSMISSION.

XI.

Quoiqu'il soit vrai que les signaux faits d'une station télégraphique se manifestent instantanément à une autre, quelle que soit la distance qui sépare ces deux stations, on n'en doit pas conclure que la transmission des messages à l'aide du télégraphe soit également instantanée. La vitesse avec laquelle un message passe d'une station à une autre, de manière à y être intelligible, diffère beaucoup suivant que tel ou tel télégraphe sert d'intermédiaire.

La valeur d'un télégraphe se mesure évidemment sur le nombre de mots qu'il peut transmettre, de manière à ce que ces mots soient compris, dans un temps donné. Ce temps, que nous appellerons la vitesse de transmission, et qui est complètement distinct de la vitesse avec laquelle les signaux électriques passent d'une station à une autre, est donc un élément très-important dans l'estimation de la valeur d'un appareil télégraphique.

XII.

Cette vitesse de transmission dépend d'un grand nombre de circonstances; quelques-unes sont indépendantes de l'appareil télégraphique. Les principales sont :

1° L'habileté de l'employé expéditeur du message.

2° L'attention, l'activité de l'employé qui le reçoit.

3° L'instrument employé pour la transmission.

4° L'instrument employé pour la réception.

5° La distance à laquelle est transmise le message.

6° L'isolement plus ou moins complet des fils de la ligne.

7° L'état du temps.

Les diverses circonstances causent des variations, et souvent des variations fort considérables, dans la vitesse de transmission.

XIII.

Les employés des télégraphes transmettent les messages plus ou moins rapidement. Leur capacité sous ce rapport dépend de la pratique, de leur aptitude et de leur dextérité manuelle. Non-seulement il faut que les signaux se succèdent rapidement, il faut encore qu'ils soient transmis assez distinctement pour qu'on puisse les interpréter immédiatement, et assez correctement pour que les répétitions soient inutiles. A cet égard, des employés de télégraphes ayant le même temps de pratique diffèrent entre eux autant que les clercs ; quelques-uns écrivent rapidement et lisiblement, d'autres rapidement, mais illisiblement, ceux-ci lisiblement, mais lentement, ceux-là n'écrivent ni rapidement ni lisiblement. Le travail des employés est en partie intellectuel et en partie mécanique ; il dépend autant de la vivacité de l'intelligence, de l'attention et de l'observation, que de l'habileté manuelle.

Dans tous les télégraphes il existe des signaux conventionnels pour les mots : *attendez*, *répétez*, *je n'ai pas compris*, *j'ai compris*, *allez*, et autres du même genre. D'où l'on peut conclure avec raison que la transmission ne se fait pas toujours parfaitement. Lorsque l'expéditeur va trop vite pour que le destinataire puisse prendre note des mots ou les comprendre, celui-ci fait le signal : *attendez*, et si ce signal est plusieurs fois répété, la transmission évidemment se fait avec plus de lenteur. Si le destinataire ne saisit pas une phrase, un mot, une lettre, il fait le signal : *répétez*. A la fin de chaque phrase, il fait le signal dont la signification est : *compris*, et ainsi de suite. On conçoit sans peine que cette nécessité d'échanger fréquemment des signaux, entre l'expéditeur et le destinataire , doit affecter profondément la vitesse de transmission, et que cette fréquence doit dépendre, non-seulement de la capacité des employés, mais du caractère des signaux pouvant prêter plus ou moins à l'équivoque.

XIV.

C'est un fait remarquable, curieux, que, indépendamment de la promptitude, de la clarté, de la correction, de la transmission avec certains télégraphes, chaque employé ait une façon de transmettre si particulière, tellement personnelle, que les employés qui reçoivent un message reconnaissent l'expéditeur avec autant de certitude et de facilité qu'ils reconnaîtraient l'écriture du correspondant, ou la voix d'un ami qui parlerait dans une pièce voisine. Les employés ordinaires d'une station ne tardent pas à faire connaissance avec ceux de toutes les autres stations de la même ligne; aussi, dès les premières lettres d'un message, reconnaissent-ils immédiatement qui le transmet.

L'aptitude de l'expéditeur, a-t-on dit, est en partie manuelle ou mécanique. Celle du destinataire ne l'est pas du tout. Dans quelques télégraphes, on a vu que la présence d'un employé pour recevoir le message était inutile, puisque le message était écrit ou imprimé par l'appareil lui-même. Dans tous les télégraphes, cependant, dont les signaux sont purement arbitraires, la vitesse doit dépendre de l'habileté, de l'aptitude, et du coup-d'œil de l'employé destinataire, à saisir et à confier au papier les lettres ou les mots envoyés, aussi promptement que les signaux qui les expriment se produisent devant lui.

XV.

En général, la difficulté est moins grande quand il s'agit de transmettre promptement que lorsqu'il sagit de recevoir promptement. L'expéditeur sait d'avance quels signaux il a à produire; mais le destinataire est pris par eux à l'improviste, et si, pendant qu'ils se succèdent l'un à l'autre, il lui en échappe un ou plusieurs, il est obligé soit de deviner la lettre ou les lettres qui lui ont échappé, ce qui lui est parfois très-facile, soit d'arrêter l'expéditeur, ce qu'il fait au moyen du signe : *répétez*; de là un retard.

Dans les télégraphes où les signaux sont visibles, où ce sont des déviations de l'aiguille, comme dans les télégraphes anglais, les positions prises par les bras, comme dans les télégraphes du gouvernement français, ou bien des aiguilles marquant les lettres ou les figures sur un cadran, comme dans les télégraphes des chemins de fer, on doit déterminer la vitesse de transmission d'après la force du moins capable des deux employés, l'expéditeur et le destinataire. Si l'employé expéditeur est de force à envoyer les lettres plus rapidement que le destinataire ne peut les lire et en tenir note, il lui faut se ralentir et n'aller pas plus vite que son correspondant.

Si le destinataire est capable de lire et d'enregistrer les lettres plus promptement que l'expéditeur ne peut les envoyer, c'est alors la force du premier qui demeure sans utilité. Il ne peut qu'écrire le message aussi vite qu'il le reçoit. Pour que les messages arrivent à destination sans perte de vitesse, il faut que les employés qui correspondent soient autant que possible d'égale force, car le plus faible neutralise le plus fort et le message n'arrive pas avec plus de rapidité.

Autant une main exercée est essentielle à l'expéditeur, autant un œil exercé est nécessaire à l'employé destinataire.

XVI.

Dans tous les télégraphes qui expriment des lettres au moyen de signaux, tels que le télégraphe à aiguille, le télégraphe du gouvernement français, il faut une certaine pause entre une lettre et une autre, pour éviter la confusion des signaux. Dans le télégraphe à une aiguille, les lettres s'exprimant par une à quatre déviations de l'aiguille, et dans le télégraphe à deux aiguilles, par une à deux déviations, le temps moyen de chaque lettre est celui de deux déviations et demie pour l'un, et d'une et demie pour l'autre ; les intervalles entre deux lettres sont les mêmes. En égard à la lenteur de transmission du télégraphe à une aiguille, il n'est employé que dans les stations secondaires, où il y a peu de travail ; on doit se rappeler, toutefois, en comparant la vitesse relative des différents télégraphes, que celui à deux aiguilles, aussi bien que le télégraphe du gouvernement français, se compose en réalité de deux télégraphes indépendants, ayant non-seulement des appareils transmetteur et indicateur séparés et indépendants, avec leurs accesssoires, batteries, etc., mais des fils conducteurs indépendants et distincts. En résumé, c'est comme si deux machines à vapeur également puissantes et indépendantes étaient mises au même ouvrage, pour obtenir double force.

XVII.

En 1850, M. Walker se livra à quelques calculs dans le but de déterminer la vitesse moyenne de transmission avec le télégraphe à deux aiguilles. Il expérimenta sur onze messages, tous plus longs qu'à l'ordinaire ; le plus court avait 73 mots et le plus long 364. Le nombre total des mots s'élevait à 2,638, et, par conséquent, leur longueur moyenne était de 240 mots. La durée totale de transmission fut 162 minutes, et, par conséquent, le nombre moyen des mots transmis fut, par minute, de 16 1/4. La plus grande vitesse de transmission fut 20 1/2 et la plus petite 8 mots 1/4 par minute.

Comme il paraissait probable que, depuis l'époque où cette expérience fut faite, les employés avaient fait quelques progrès, j'ai prié le secrétaire de l'Electric Telegraph Company, M. Fondrinier, de faire calculer le temps exigé par un certain nombre de messages pour leur transmission avec le télégraphe à deux aiguilles; en juin 1854, j'ai eu les résultats suivants :

11 Messages. — Nombre de mots dans les adresses.	84
» » » dans les messages.	160
Nombre total des mots transmis.	244
Total exigé pour la transmission.	689 secondes.
Chiffre moyen des mots transmis par minute.	21 1/4

On voit donc que la moyenne vitesse de transmission avec ce télégraphe a progressé dans le rapport d'à peu près 16 à 21.

La plus grande vitesse de transmission fut, dans l'espèce, de 24 1/2 et la plus faible de 16 3/4 mots par minute.

XVIII.

La manière dont le courant magnéto-électrique agit sur l'aiguille dans le télégraphe adopté par la Magnetic Telegraph Company, différant un peu de celle qu'on remarque dans les télégraphes à aiguilles ordinaires, adoptés par l'Electric Telegraph Company, quoique les systèmes de signaux télégraphiques ne diffèrent pas essentiellement, il m'a semblé possible que cette différence entre les instruments affectât plus ou moins la vitesse de transmission. J'ai donc prié M. Bright, secrétaire de la Magnetic Company, de calculer une suite de messages transmis. Le 28 juin 1854, les résultats suivants m'ont été communiqués :

74 Messages. — Nombre total des mots.	2,792
Temps de transmission.	102 min. 8 s.
Nombre moyen des mots par minute. .	27 1/3

La plus grande vitesse de transmission fut de 37 1/6 mots par minute.

Tous ces messages étaient expédiés de Londres à Liverpool, sur deux télégraphes à deux aiguilles, à des moments différents de la journée. Dans le nombre, il y en avait dont la transmission fut exceptionnellement lente : ils se composaient de longs mots, de chiffres particuliers, renfermaient des noms de villes étrangères, etc. Il semble donc que cet ensemble de messages offre des conditions favorables pour qu'on en puisse tirer une moyenne exacte.

Il semble aussi que les télégraphes à aiguille, mis en marche par le courant magnéto-électrique sont, toutes choses égales, susceptibles d'une plus grande vitesse de transmission que les télégraphes où les aiguilles sont mues par le courant voltaïque ordinaire, et cela dans le rapport de 27 à 21, ou de 9 à 7, environ.

La cause de cette supériorité, on l'a attribuée à ce que les aiguilles des télégraphes magnétiques ont un *battement mort* (dead beat), tandis que celles des télégraphes voltaïques, ont un recul, et vibrent deux ou trois fois, avant d'être au repos. Si telle est la véritable cause du fait en question, l'expérience le dira ; mais il est difficile de croire qu'il soit dû à une cause indépendante des instruments, en voyant le grand nombre de messages d'après lequel on a calculé la moyenne.

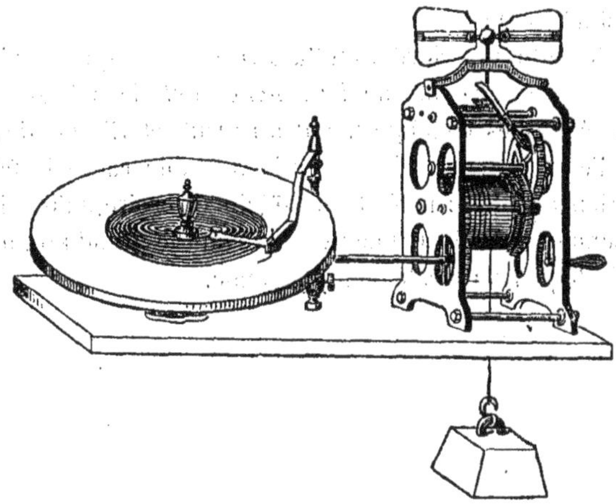

Fig. 87. — Télégraphe électro-chimique de Bain.

CHAPITRE XI.

I. Supériorité des télégraphes à aiguille. — II. Vitesse de transmission avec les télégraphes du gouvernement français. — III. Avec les télégraphes des chemins de fer français. — IV. Avec le télégraphe de Morse. — V. Contradictions des relevés. — VI. Causes de la vitesse. — VII. Vitesse avec le télégraphe de Bain. — VIII. Transmission de sons musicaux. — IX. Vitesse de transmission avec le télégraphe de House. — X. La distance influe quelquefois sur la vitesse. — XI Exemples de transmissions éloignées aux États-Unis. — XII. Avantages d'une organisation uniforme. — XIII. Usages du télégraphe électrique. — XIV. Sujet des messages. — XV. Conséquence du tarif. — XVI. Usages du télégraphe dans les chemins de fer. — XVII. Télégraphe portatif. — XVIII. Usages pratiques sur les chemins de fer. — XIX. Ses avantages économiques.

I.

Pour donner une idée de l'excellence des télégraphes à aiguille, M. Walker écrivait en 1850 :

« La rapidité avec laquelle sont transmises les nouvelles pour journaux de Douvres à Londres, montre assez le degré de perfection atteint par le télégraphe à aiguille et l'habileté des employés. La malle, qui quitte Paris vers midi, emporte en Angleterre les dernières nouvelles qui doivent paraître dans les journaux du matin. Il faut, pour cela, qu'il en soit remis une copie à l'éditeur de Londres vers trois heures du matin. Ces dépêches nous sont livrées à Douvres aussitôt l'arrivée du bateau, ce qui dépend du vent et du temps. Le fonctionnaire de service à Douvres, après avoir parcouru rapidement le manuscrit pour voir s'il n'y a rien d'obscur pour lui et que tout est lisible, appelle *Londres* et commence la transmission. La nature de ces messages se voit journellement dans le *Times*. Les nouvelles variées, les noms de personnes et de lieux, si bizarres souvent, qui s'y trouvent, témoignent de l'excellence du télégraphe électrique comme il est établi aujourd'hui. L'employé, qui est seul, place devant lui la feuille en pleine lumière, s'assied devant l'instrument et envoie le message, lettre par lettre, mot par mot, à son correspondant de Londres. Quoique l'œil soit obligé de passer rapidement de la copie manuscrite à l'instrument télégraphique, et que cet instrument occupe les deux mains de l'employé, il arrive très-rarement que celui-ci soit forcé de s'arrêter et commette une erreur. Eu égard au peu de temps dans lequel toute l'opération doit se faire, il ne peut pas, comme l'imprimeur, *corriger sa copie.*

« A Londres, il y a deux employés de service ; l'un lit les signaux à mesure qu'ils arrivent, l'autre écrit. Ils ont préalablement disposé leurs cahiers et leurs papiers ; et, aussitôt que le signal d'éveil est donné, l'employé chargé d'écrire se met à son papier et l'employé chargé de lire lui donne distinctement chaque mot au fur et à mesure de son arrivée. Pendant ce temps, on envoie chercher un cabriolet qui attend la fin de l'opération pour transporter à domicile le contenu du message. Lorsque le message est terminé, l'employé qui l'a reçu lit le manuscrit de son collègue, afin de voir s'il n'a pas omis ou mal compris quelque mot. On tient note de l'heure où la transcription a commencé et de celle où elle a fini ; la copie est signée et envoyée à destination sous le sceau officiel ; le *fac-simile* est gardé au bureau. Cette copie et l'original vont au bureau principal de Tonbridge, et ils y sont comparés. Le travail terminé et les messages rendus à destination, les employés calculent le nombre des mots et le nombre des minutes et voient ainsi quelle a été la vitesse de transmission par minute. »

II.

Les signaux adoptés pour exprimer les lettres dans le télégraphe du gouvernement français, étant tous produits à l'aide d'un simple mouvement des bras, se font nécessairement avec plus de rapidité que dans les télégraphes à aiguilles. Comme le télégraphe à deux aiguilles, le télégraphe français se compose en réalité de deux télégraphes complétement indépendants, avec deux fils conducteurs distincts, et sa vitesse de transmission est due à la combinaison de leurs forces.

Il est établi par les directeurs de l'administration que la moyenne puissance de transmission de ces télégraphes est d'à peu près 200 lettres ou signaux par minute.

III.

Les télégraphes alphabétiques, dont le télégraphe des chemins de fer français peut servir de spécimen, ont une vitesse de transmission beaucoup plus lente. M. Breguet, qui a construit ceux fonctionnant en France, dit que leur vitesse moyenne, lorsqu'on les fait marcher convenablement, est d'environ 40 lettres par minute.

IV.

Les télégraphes imprimant et écrivant n'ont pas besoin d'employé chargé de recevoir. L'appareil récepteur est dans tous automatique. Tous ces instruments ont sur les télégraphes anglais et français un avantage ; ils n'exigent qu'un seul fil conducteur, et ceux qui impriment le message en caractères ordinaires ont cet autre avantage de n'exiger des employés aucune habileté pour les interpréter ou les déchiffrer.

La vitesse de transmission qu'on obtient avec le télégraphe de Morse, qui est le plus généralement employé jusqu'ici, est très-considérable, mais elle varie peut-être plus encore que celle des instruments à aiguilles, suivant l'habileté des employés.

On doit se rappeler que, dans cet instrument, l'employé expéditeur agit sur un commutateur à clavier. Les lettres s'expriment en touchant successivement les touches, après des intervalles plus ou moins longs. A la station qui reçoit le message, l'armature de l'électro-aimant se meut simultanément avec la touche qui le transmet, et à chacun de ses mouvements vers l'aimant elle produit un bruit bien sensible. L'employé destinataire acquiert par la pratique une telle finesse d'ouïe que, en entendant ce petit bruit, il peut interpréter le message et l'écrire ou le dicter à un employé sans recourir à l'appareil pour l'imprimer sur la bande de papier.

Les fonctionnaires des télégraphes acquièrent cette faculté d'interprétation orale des dépêches à un degré plus ou moins grand ; mais tous l'acquièrent plus ou moins. C'est au point que, presque toujours sur les lignes américaines, c'est par le bruit de l'aimant qu'on interprète et note les messages, sauf à corriger ensuite, si besoin est, en comparant avec la bande de papier.

L'employé est placé près d'une table, sur laquelle se trouve l'instrument ; il a devant lui le papier sur lequel doit être écrit le message et à gauche une provision de crayons à la mine de plomb coupés et taillés tout prêts, ordinairement une demi-douzaine. Lorsque commence la transmission du message, l'électro-aimant le dicte à l'employé, lettre par lettre, en même temps qu'il l'imprime sur la bande de papier. L'employé l'écrit et, en général, il lui est délivré par l'aimant aussi vite qu'il peut l'écrire en recourant à toutes les abréviations que peuvent comprendre ceux qui ont à le lire. A mesure que les pointes des crayons s'usent, il les dépose sur la table à sa droite. Une personne spéciale visite la table de temps à autre, retaille les crayons déposés à gauche et les remet à droite. Cette personne fait sa tournée dans tout le bureau, allant d'une table à l'autre, et veille à ce que les employés ne manquent jamais de crayons convenablement taillés.

Les employés les plus experts sont capables de comprendre ainsi tout un message par l'oreille, sans recourir à la bande de papier; et telle est leur infaillibilité en cela, qu'il est inutile de vérifier. Lorsque le message est terminé, la feuille sur laquelle il est écrit est remise à un autre employé qui possède des enveloppes dans l'une desquelles il la met; il écrit l'adresse, donne à un commissionnaire, et le tout est porté à destination. Pendant ce temps, la bande de papier sur laquelle a été imprimé le message en caractères télégraphiques, est enlevée, pliée et conservée pour qu'on y puisse recourir au besoin.

Tous les employés, cependant, n'opèrent pas ainsi : il n'y a que les plus habiles; les autres sont toujours obligés de vérifier et de corriger leurs notes, en en comparant le contenu avec celui de la bande, lorsque le message est transcrit; d'autres, moins habiles encore, ne peuvent rien saisir *avec l'oreille,* et sont forcés de se tenir devant la bande, à mesure qu'elle abandonne le rouleau, et d'écrire le message en s'aidant *de leurs yeux.*

Les salaires attribués à ces employés varient avec leur capacité Celui qui comprend et note un message *avec l'oreille*, peut recevo le double de celui qui ne comprend qu'*avec l'œil;* celui-ci est toujours en effet, beaucoup plus lent que celui-là.

Quelquefois cette faculté d'interpréter convenablement avec l'oreille est fort importante, car le mécanisme de l'instrument pour mouvoir et imprimer le papier peut se déranger, le papier peut manquer, etc.

Par la méthode de réception orale on n'a pas besoin de l'appareil récepteur complet, sauf l'électro-aimant et son armature.

Si une erreur est commise par l'employé expéditeur, en conséquence de laquelle un mot ou une phrase n'ait plus de sens, l'employé destinataire arrête le courant et demande qu'on répète le mot, en même temps il enlève de la bande l'endroit où se trouve l'erreur. C'est là, toutefois, un fait très-rare.

Lorsqu'un message très-long est transmis et qu'il arrive avec trop de rapidité pour qu'un employé le puisse transcrire, on partage la bande, et deux employés travaillent à le transcrire. Les comptes rendus des congrès et des meetings transmis aux journaux offrent des exemples de ce fait.

Une seule opération suffit pour que ces comptes rendus soient transmis à toutes les villes situées sur la même ligne télégraphique.

Quelquefois de longs messages, comme ceux adressés aux journaux, sont expédiés par deux télégraphes ou davantage sur des fils différents. Le message est alors partagé en deux parties ou un plus grand nombre, marquées 1, 2, 3, 4 ou A, B, C, D, etc., et ces parties sont envoyées simultanément à destination : on les rassemble après leur arrivée. Ce procédé, toutefois, ne saurait être mis en pratique que sur les lignes qui ont deux fils ou davantage; chose rare aux États-Unis.

V.

Si l'on compare la vitesse de transmission du télégraphe de Morse avec celle des télégraphes anglais et français, on ne doit pas oublier que ceux-ci exigent deux fils conducteurs, tandis que le premier n'en exige qu'un. Pour la transmission et la réception des messages, toutefois, ces télégraphes emploient tous le même nombre d'agents.

Il y a de grandes contradictions dans les évaluations faites de la vitesse de transmission des télégraphes de Morse; cela tient probablement à ce qu'on n'a pas tenu compte de la différence d'habileté qu'on remarque chez les employés.

D'après M. Turnbull, la vitesse moyenne de ce télégraphe est de 135 à 150 lettres par minute.

Dans un compte rendu de M. O'Reilly, directeur d'une des plus grandes Compagnies de New-York, on lit que la moyenne vitesse de transmission est de 20 à 23 mots par minute. Comme la longueur moyenne des mots télégraphiques est évaluée à 5 lettres 1/2, on aurait ainsi de 110 à 127 lettres par minute.

M. O'Reilly ajoute, cependant, qu'on pourrait obtenir une vitesse de transmission plus considérable; que si on ne l'obtient pas, c'est parce que la plupart des opérateurs copient les signaux de leurs télégraphes et traduisent les messages en écriture ordinaire au fur et à mesure qu'ils arrivent; que, du reste, cette vitesse de 20 à 23 mots par minute est considérée comme suffisamment grande, puisqu'un opérateur adroit peut aller plus vite que la plupart des individus qui écrivent avec une plume ou un crayon.

Nous prendrons 150 lettres, comme étant le chiffre de transmission; il s'ensuit que le télégraphe de Morse est plus rapide que le télégraphe à deux aiguilles dans le rapport d'environ 3 à 2, et comme le dernier exige deux fils avec leurs accessoires, tandis que le premier n'en emploie qu'un, il en résulte que la puissance de transmission de chaque fil avec le télégraphe de Morse, est trois fois grande comme celle du télégraphe à deux aiguilles.

VI.

Les causes de cette supériorité de vitesse sont au nombre de deux : c'est d'abord la rapidité plus grande avec laquelle les signes sont imprimés sur la bande de papier, comparée à celle avec laquelle les signaux se montrent et se succèdent dans les télégraphes anglais et français; c'est, en second lieu, l'absence de ces retards qu'entraîne l'inattention chez l'employé chargé de recevoir le message, ce qui oblige à répéter les mots échappés ou mal compris.

Dans les bureaux des lignes de Morse, « il existe, d'après les comptes rendus, un certain nombre d'employés ayant chacun son département; on distingue des copistes, des teneurs de livres, des gardes de batterie, des messagers, des inspecteurs de ligne et des répareurs. Dix mots expédiés à 100 milles de distance, sans l'adresse, coûtent 25 *cents* (*cent*=près de 6 cent.); le prix des messages varie de 10 *cents* (ou 55 centimes) à 100 *dollars* (le dollar=5 fr. 42). La somme d'affaires qu'un bureau télégraphique bien administré peut faire, excite à bon droit la surprise. Un seul bureau ayant deux fils à sa disposition, l'un de 500, l'autre de 200 milles, a expédié dans le même jour et en trois heures 450 messages particuliers d'une moyenne de 25 mots chacun, non compris l'adresse et la signature; soixante de ces messages ont été envoyés sans qu'on ait été obligé de recommencer un mot. »

VII.

Tout ce qu'on a dit ci-dessus à propos du télégraphe de Morse, est applicable, en changeant ce qui doit être changé, aux autres télégraphes qui écrivent en chiffres les messages par un mécanisme automoteur, comme ceux décrits chapitre VIII, § 8, 9 et 10.

Lorsque des messages sont transmis à l'aide d'un commutateur à clavier avec le télégraphe de Osain, l'opération étant précisément semblable à celle du télégraphe de Morse, si elle s'exécute par des employés d'égale force, la vitesse de transmission doit être la même. Néanmoins, il résulte des chiffres que m'a procurés M. Foudrinier, qu'il y a une différence. Voici ces chiffres :

63 messages. — Nombre total des mots dans les adresses . .	456
— — — dans les messages. .	991
. Nombre total des mots transmis. .	1,447
Total du temps de transmission.	4,454 secondes.
Nombre moyen des mots transmis par minute.	19 1/2

On voit que, de la manière dont ce télégraphe fonctionne en Angleterre, sa vitesse de transmission est moins grande que celle du télégraphe à deux aiguilles.

L'avantage qui résulte de son emploi, c'est qu'il écrit le message en chiffres que l'on conserve au bureau télégraphique, de sorte qu'on peut s'y reporter au besoin.

De la comparaison de ce résultat avec ceux des comptes rendus fournis pour le télégraphe américain, il suivrait que les opérateurs attachés au télégraphe de Bain ne sont pas aussi habiles que ceux du télégraphe de Morse en Amérique. Mais lorsqu'on emploie, dans ce télégraphe, la bande de papier décrite chap. VIII, § II, l'appareil devient absolument automatique, aucune force n'est plus nécessaire, soit pour la transmission, soit pour la réception, sauf celle exigée pour la perforation du ruban transmetteur, l'interprétation et la transcription du message en chiffre télégraphique.

Quels que soient les obstacles pratiques que rencontre aujourd'hui cette méthode de transmission télégraphique, on peut dire qu'elle a devant elle un grand avenir, et que, quand elle aura eu le temps, comme la machine à vapeur perfectionnée de Watt, d'acquérir un plus haut degré de perfection et de vaincre les préjugés ou les intérêts contraires de ses adversaires, elle remplira peut-être le rôle que remplissent aujourd'hui les bureaux de postes et les supplantera.

VIII.

La musique — et c'est là un fait curieux — peut se transmettre par voie télégraphique. En voici un exemple. La chose a eu lieu à New-York.

« Nous nous trouvions, dit un témoin, au bureau de Hanover Street. Il y eut un temps d'arrêt dans le travail. M. W. Porter, du bureau de Boston, nous demanda quel air nous désirions. Nous demandâmes l'air du *Yankee Doodle ;* à notre grande surprise, l'air nous fut immédiatement transmis. Le télégraphe se mit à faire entendre les notes de l'air aussi bien, aussi distinctement que l'eût pu faire un trompette habile à la tête d'un régiment. Nous demandâmes l'air de *Hail, Columbia !* et les notes de cet air national nous furent distinctement apportées. L'air de *Auld lang syne*, celui de *Old Dan Tucker* ayant ensuite été réclamés, M. Porter nous les fit parvenir également et, s'il est possible, avec plus de précision que les autres. Les airs étaient transmis si parfaitement, si distinctement, que de bons instrumentistes n'eussent éprouvé aucune difficulté à aller en mesure avec leurs instruments à cette extrémité des fils où nous étions. » (Chambers's *Papers for the People*, vol. IX, n° 71.) »

Non-seulement un pianiste peut de Londres exécuter une fantaisie à Paris, à Bruxelles, à Berlin, à Vienne, au même instant et avec autant d'expression, d'âme et de précision que si les instruments étaient là sous ses doigts, mais ce phénomène n'offre aucune difficulté sérieuse. De ce qu'on vient de dire, il est clair que la transmission de la musique s'est faite déjà par voie télégraphique et que la production des sons n'est pas plus difficile que l'impression des lettres d'un message.

IX.

On attribue au télégraphe imprimant de House une grande vitesse de transmission, si grande qu'il y a lieu de s'étonner qu'il n'ait pas été substitué au télégraphe de Morse ; car, aux États-Unis, la liberté d'action est entière. D'après M. Turnbull, qu'on doit considérer comme un juge impartial, du moins entre des inventeurs qui sont américains l'un et l'autre, la vitesse de transmission du télégraphe de House est de 30 à 35 mots, imprimés en entier, par minute, c'est-à-dire de 165 à 200 lettres. Il ajoute que les messages pour affaires s'expédient à raison de 200 à 250 lettres par minute, et qu'une fois 365 lettres, transmises de New-York, ont été imprimées à Utica (distance : 240 milles), en une minute.

Dans un relevé procuré à M. Jones par les directeurs des lignes de House, il est établi que, les accidents mis de côté, le chiffre moyen des mots transmis sur un seul fil par minute et imprimés en entier par le télégraphe au lieu de destination, est de 30 à 35 ; mais lorsqu'on peut recourir aux abréviations, il est de 50. Ainsi, les procès-verbaux de l'assemblée démocratique de l'automne de 1850, renfermant 7,000 mots, furent transmis de Syracuse à Buffalo en deux heures dix minutes, c'est-à-dire à raison de 54 mots par minute. Il est évident que, dans ce télégraphe, comme dans les autres, l'habileté des employés est à compter ; car il est constant qu'un employé de la ligne a transmis 365 lettres dans une minute, ce qui fait 6 lettres par seconde.

Lorsqu'on réfléchit que ce télégraphe délivre ses messages imprimés en caractères ordinaires, tandis que tous les autres ne les donnent qu'à l'état de signaux ou de chiffres, qu'il faut interpréter et traduire en écriture ordinaire avant qu'ils puissent servir, la supériorité de ce système de House est d'une évidence qui frappe ; il faut admettre toutefois que les relevés et les chiffres ci-dessus sont exacts.

X.

Quoiqu'on ne puisse dire que la distance qu'un message a à franchir influe directement sur la vitesse de transmission, il y a des circonstances néanmoins qui, dans la pratique, rendent la transmission à de grandes distances plus lente que la transmission à des distances moins considérables. En Europe, par exemple, on trouve généralement dans différents pays des stations séparées par de grandes distances, et la ligne télégraphique qui les relie traverse souvent plusieurs États où différents systèmes télégraphiques sont en usage et où il n'est pas possible de mettre les fils qui viennent d'une direction en communication immédiate avec ceux qui se rendent dans une autre. Il faut alors prendre note des messages qui arrivent et les retransmettre dans la direction qu'ils doivent suivre; par ce motif seul, la durée de la transmission est accrue, au moins dans la proportion du nombre des répétitions qui ont été nécessaires. Mais outre ce motif, il arrive rarement qu'un message puisse être envoyé immédiatement après son arrivée; il faut qu'il attende son tour, si les fils sont occupés.

Et même, quoiqu'il fût praticable d'établir une communication directe entre deux stations éloignées en mettant les fils en rapport immédiat, un retard aurait nécessairement lieu. L'employé qui transmet le message a d'abord à avertir toutes les stations intermédiaires de la ligne, afin qu'on mette les fils de cette ligne en communication. A ces stations intermédiaires, les fils peuvent être occupés et il faut que le message attende qu'ils soient libres.

Ainsi, quoiqu'il soit vrai que le fluide électrique et l'appareil qui le transmet puissent envoyer un message d'un pôle à l'autre dans un temps inappréciable, cependant le mécanisme du télégraphe, tel qu'il est aujourd'hui, présente des causes de retard qui empêchent dans beaucoup de cas qu'on mette cette grande vitesse à profit.

Jusqu'à ces derniers temps un message envoyé de Milan à Paris, passait par Trieste, Vienne, Berlin et Bruxelles, de sorte qu'il mettait au delà de 24 heures pour arriver à destination.

Ces causes de retard ne sont pas les seules. On a vu que l'intensité du courant diminue, toutes choses pareilles d'ailleurs, en raison de l'augmentation de la distance. En conséquence, lorsqu'on a à transmettre un message à de grandes distances, il faut recourir à divers moyens, tels que batteries ou aimants de relais, ou à tous deux, aux stations intermédiaires ; il faut avertir les stations de cette nécessité.

Les chances d'interruption procédant de l'isolement imparfait ou d'accidents survenant aux fils, augmentent aussi en proportion de la distance.

XI.

Comme on doit s'y attendre, ce sont les États-Unis qui offrent les plus fréquents exemples de communications télégraphiques directes à de grandes distances.

Sur les lignes de la Compagnie O'Reilly de New-York, on transmet journellement des messages sans qu'il soit besoin de répétitions intermédiaires, à une distance de 1100 milles, c'est-à-dire de New-York à Louisville dans le Kentucky.

« Pour cela, deux batteries sont placées dans le circuit à une distance de 400 milles l'une de l'autre, afin de renouveler le courant électrique, dont une partie disparaît par isolement imparfait et sous l'influence de causes atmosphériques. Encore quelque temps, et il n'est pas douteux que New-Orléans et New-York ne se trouvent en rapport instantané l'une avec l'autre. Pour qu'il en soit ainsi, il faut d'abord une ligne bien construite et parfaitement isolée. On doit remarquer qu'il y a à peine deux ans, un télégraphe fonctionnant sur une distance de 300 milles continus, était regardé comme une merveille ; aujourd'hui, grâce aux progrès de l'art télégraphique, on peut expédier un message à une distance de 1,100 milles plus facilement qu'à 300 milles à cette époque. Dans notre bureau de Cincinnati, il y a deux ans, et tout dernièrement encore, on employait une batterie séparée pour chaque ligne. Après un certain nombre d'expériences, on a reconnu qu'une batterie unique, d'une force égale à celles qu'on employait, pouvait les remplacer ; aujourd'hui une seule batterie dessert huit lignes distinctes et séparées, sans déperdition apparente de force, et avec une grande économie pour le bureau. » (Rapport de M. O'Reilly-Jones's *El. Tel.*, p. 101.)

Un compte rendu des directeurs des lignes de Bain, de New-York, constate qu'on transmet sur ces lignes des messages directement de New-York à Buffalo. La distance est de 500 milles. On n'a recours ni à des batteries, ni à des aimants de relais.

Les directeurs des lignes de Morse à New-York prétendent avoir, dans certains cas, envoyé des messages à une distance de 1,500 milles sans répétition intermédiaire.

XII.

La promptitude avec laquelle les messages sont expédiés, la vitesse avec laquelle ils sont transmis, seront toujours grandement augmentées lorsqu'un même système et une même organisation seront établis sur les lignes. Il n'est pas de cause de retard plus importante que celle qui procède de la diversité des instruments et du langage télégraphique. Le manque d'uniformité dans les différentes parties de l'appareil et dans les systèmes d'abréviations usités, entraîne aussi de grands inconvénients, de grandes dépenses et des retards, même lorsqu'on emploie des télégraphes et un langage semblable. Lorsque les instruments et les parties de l'appareil ont été construits sur des modèles différents, on ne peut les rétablir promptement en cas d'accident. En adoptant un modèle uniforme, on pourrait avoir dans chaque station un dépôt de chaque pièce de l'appareil; quand une pièce manquerait à l'appareil, on en aurait une autre sous la main. Il n'y aurait pas de retard de ce côté; en outre, il y aurait là une économie.

Un grand nombre de Compagnies américaines, frappées de ces faits, se rassemblent annuellement à Washington et y ont établi un comité permanent.

Cette réunion a publié des comptes rendus où l'on trouve des faits statistiques très-importants et d'un grand intérêt; elle a adopté des mesures destinées à l'établissement d'un dépôt central; tous les articles nécessaires à l'entretien des lignes et des stations s'y vendent à bon marché et sont de bonne qualité. Le secrétaire de la Société, M. J.-P. Shaffner, a commencé la publication d'une revue mensuelle traitant les sujets qui ont directement ou indirectement rapport avec la télégraphie électrique, et comme sur les 9/10 des lignes américaines, aussi bien que sur celles des États limitrophes, c'est le télégraphe de Morse qui fonctionne, on propose de le réduire le plus tôt possible à un modèle uniforme. De cette façon, toutes les pièces de ce télégraphe, comme celles des batteries, seraient toujours prêtes en cas d'accident, et chacune pourrait s'appliquer indistinctement à tous les appareils et à tous les instruments. On ne perdrait pas de temps en raccommodages.

Les batteries invariablement employées dans les télégraphes américains sont celles de Grove. Chaque élément se compose d'une tasse de faïence non vernie, placée dans un grand verre de hauteur égale et de plus grand diamètre. Un cylindre de zinc est déposé entre le verre et la tasse de faïence, un cylindre de platine dans la tasse de faïence. L'espace entre les tasses est ensuite rempli d'eau acidulée, et la tasse de faïence d'acide nitrique pur.

M. Shaffner énumère les objets de consommation exigés par les télégraphes, comme il suit :

Acides nitrique et sulfurique, zinc, mercure (pour amalgamer le zinc, etc.), formes pour messages, encre, enveloppes, crayons et plumes.

D'après les données statistiques recueillies par le secrétaire de la Société, il résulte que, en 1853, la consommation annuelle et le prix de ces objets se sont élevés aux chiffres suivants :

	QUANTITÉS.	VALEUR.
	liv. angl.	liv. st.
Acide nitrique.	189,680	1,105
Acide sulfurique.	50,000	500
Cylindres de zinc.	16,500	400
Mercure.	3,000	600

	QUANTITÉS. liv. angl.	VALEUR. liv. st.
Formes pour messages.	10,000,000	5,000
Enveloppes.	6,000,000	2,680
Plumes.	576,000	720
Crayons.	50,000	500

Ces relevés, qui ne donnent que les résultats concernant les lignes de Morse, c'est-à-dire les 9/10 des lignes américaines, doivent être grossis d'un dixième si l'on veut avoir le chiffre réel de la consommation.

Les lignes des États-Unis ont expédié, en 1853, plus de 11 millions de messages.

USAGES DU TÉLÉGRAPHE ÉLECTRIQUE.

XIII.

Pour dresser l'inventaire des usages auxquels sert le télégraphe électrique, il faudrait avoir un relevé des sujets qui font l'objet des messages avec leur classification. Quoique nous n'ayons pu nous procurer toutes ces données, nous en avons eu cependant quelques-unes à notre disposition.

Il résulte de ces documents que les sujets prédominants des messages varient avec les stations. Ainsi, comme on peut s'y attendre, dans les grands marchés commerciaux, tels que Liverpool et Glascow, les messages traitent principalement de choses de commerce. Les sujets dont il y est question varient aussi avec la saison de l'année. Ainsi, en été, ce sont des demandes incessantes d'objets de consommation, tels que poisson, fruits, etc., dont le besoin se fait sentir régulièrement et qui requièrent célérité.

Nous avons obtenu d'un employé de l'English and Irish magnetic telegraph Company, la classification suivante d'environ 5,000 messages qui ont passé par Liverpool dans la dernière partie de la présente année 1854 :

Négociants	1,954
Négociations d'actions et de marchandises.	1,441
Assurances maritimes, etc.	339
Affaires de banque.	315
Ventes de céréales.	272
Paris	233
Affaires personnelles et domestiques.	201
Négociations générales	117
A reporter.	4,872

Report.	4,872
Commerçants	50
Cotons, etc.	34
Affaires législatives.	31
Politiques	6
	4,993

XIV.

M. Walker donne la liste suivante des sujets de dépêches envoyées par le bureau de l'Electric telegraph Company, comme un échantillon des usages auxquels le public fait servir le télégraphe électique.

Accidents.	Assemblées.	Santé.	Ordres.
Avis.	Douane.	Hôtels.	Voyageurs.
Rendez-vous.	Morts.	Jugements.	Payements.
Arrivées.	Départs.	Bagages perdus.	Police.
Arrêts.	Dépêches.	Marchés.	Politique.
Banquiers.	Élections.	Secours médicaux.	Chevaux de poste.
Bills.	Enlèvements.	Météorologie.	Rapports.
Naissances.	Exprès.	Meurtres.	Vols.
Troubles.	Capitaux et actions	Nouvelles.	Nouvelles maritim.
Conseils.	Gouvernement.	Nourrices.	Turf, etc., etc.
Courriers.			

Il est évident que les usages, individuels ou commerciaux, du télégraphe sont restreints par le tarif ou par la nécessité de dévoiler le contenu des messages aux employés du télégraphe. En Angleterre, ce dernier obstacle peut être quelquefois évité; il suffit d'avoir un chiffre particulier. Ce chiffre, toutefois, doit toujours consister en une transposition des lettres, car les signes télégraphiques expriment seulement des lettres; en outre, celui avec qui l'on correspond doit toujours avoir la clef, ce qui empêche d'écrire ainsi à tout le monde.

XV.

L'obstacle, créé par le tarif, et qui s'opposait à l'extension des usages du télégraphe, a subi dans ces derniers temps un échec considérable. Les prix de transmission ont été fort réduits et l'on peut espérer que sous peu les Compagnies et le public trouveront, les unes, qu'il importe d'abaisser encore le tarif; l'autre, que le mode de communication par le télégraphe est souvent préférable à la plupart des autres.

Il est probable et à souhaiter qu'un tarif uniforme soit adopté par les télégraphes, à l'exemple de la poste. Déjà un premier pas a été fait, car, moyennant une somme fixe, on transmet des messages d'une longueur prescrite à toutes les distances qui excèdent une certaine limite.

En l'absence de relevés statistiques exacts, il n'est pas sans intérêt de présenter quelques exemples des usages de ce mode de communication.

XVI.

Dans tous les pays, mais plus sécialement sur les lignes anglaises qui sont toujours encombrées de voyageurs et de marchandises, le télégraphe est devenu un accessoire indispensable des chemins de fer; sans lui, ce mode de locomotion serait privé d'une partie de ses avantages et offrirait beaucoup moins de sûreté. Aussi, la plupart des chemins de fer possèdent-ils des lignes télégraphiques à leur usage exclusif, et sans compter ceux destinés au service public. Sur le continent, ces télégraphes sont ordinairement alphabétiques, c'est-à-dire qu'ils transmettent les messages au moyen d'aiguilles qui indiquent successivement les lettres des mots, de manière que tout employé sachant lire peut interpréter le message qui arrive, ou en transmettre un à telle ou telle station

Pour montrer l'immense avantage que retirent les chemins de fer du télégraphe, M. Walker dit que sur les lignes de la South-Eastern company, dans l'espace de trois mois, il a parfois été transmis quatre mille messages et au delà, c'est-à-dire près de cinquante par jour en moyenne. L'auteur classe ainsi ces messages :

1.	Messages	concernant	les trains ordinaires.	1,468
2.	—	—	les trains spéciaux.	429
3.	—	—	les voitures, trucks, marchandises, etc.	795
4.	—	—	les employés de la Compagnie. . . .	607
5.	—	—	les machines	150
6.	—	—	différents objets.	162
7.	—	—	les messages expédiés à d'autres stations.	499
			Total.	4,110

XVII.

On a vu que, dans quelques parties du continent et particulièrement en France, les conducteurs de train ont à leur disposition des télégraphes portatifs. Par leur intermédiaire, le conducteur d'un train peut, partout où le train se trouve arrêté, soit pour accident, soit pour d'autres motifs, avertir immédiatement du fait les deux stations entre lesquelles il est; de cette façon, les collisions sont à peu près impossibles, et l'on peut obtenir des secours quand il en est besoin.

XVIII.

En dehors des accidents, le télégraphe sert encore à donner avis du passage, du départ et de l'arrivée des convois. Aussi, dans tout ce qui concerne le mouvement sur la ligne, les chefs de gare sont-ils doués d'une sorte d'omniprésence; ils ont tellement conscience de cette faculté (due au télégraphe) que leur langage est celui de gens qui auraient le don de plonger dans l'espace. Ainsi, comme l'observe M. Walker, ils ne disent pas : « L'aiguille du télégraphe dévie; le convoi franchit telle station; » ils disent : « Je vois le train franchir telle ou telle station. »

« Les trains sont-ils en retard, on en connaît la cause; sont-ils en détresse, il leur arrive des secours; s'ils sont chargés et qu'ils marchent trop lentement, on leur envoie du renfort, c'est-à-dire une locomotive, ou on leur en prépare une pour leur arrivée. Quelque chose d'insolite se passe-t-il sur la ligne, on en est prévenu, et l'on prend des mesures en conséquence; on n'envoie plus, comme jadis, quand un convoi a du retard, une locomotive au-devant de lui pour voir ce qu'il peut faire, quelques déviations de l'aiguille mettent au courant de la chose, parfaitement au courant. » (Walker, p. 84.)

L'utilité des trains spéciaux est bien connue. Des nouvelles de la plus haute importance, un courrier du gouvernement porteur de dépêches d'une gravité extrême, se présentent. Le courrier demande, à son arrivée dans l'un de nos ports, un train qui l'emporte *immédiatement* à Londres. Or, il arrive souvent qu'on n'ait pas à la station où la demande se fait une machine disponible; mais le télégraphe est là; il réclame une locomotive à la station la plus voisine, et la locomotive est expédiée. Mais la locomotive obtenue, il faut que toute la ligne soit avertie du départ du train spécial, sinon il n'y aurait aucune sécurité sur cette ligne. C'est le télégraphe encore qui s'en charge.

Le moment du départ et la vitesse du train étant connus, on connaît le moment précis où le train franchira chaque station de la ligne; on a soin de tenir celle-ci libre, et tout danger de collision est écarté. En se reportant à l'analyse des messages qui précèdent et d'où il résulte qu'en trois mois, sur les lignes du South-Eastern, il n'y eut pas moins de 429 messages relatifs à des trains spéciaux (en moyenne près de 5 par jour), on reconnaîtra l'importance du rôle que remplit le télégraphe dans cette circonstance. On peut dire que, sans lui, non-seulement ces trains spéciaux seraient forcés d'aller beaucoup moins vite, mais seraient infiniment moins sûrs.

XIX.

Sur une ligne de chemin de fer très-importante, l'économie que le télégraphe a permis de réaliser est énorme. Avant cette invention, il fallait un matériel roulant beaucoup plus considérable. On a vu que, grâce au télégraphe, tout chef de station a l'œil sur chaque point de la ligne. Il sait où se trouvent des voitures, des wagons, des trucks, des machines, etc., combien il y en a, et il en demande par le télégraphe autant qu'il lui en faut, au moment où il en a besoin, à la station la plus voisine ou à celle qui peut lui en fournir.

Avant le télégraphe, on arrivait imparfaitement à ce résultat au moyen des machines-pilote, machines sans voitures, qui circulaient sur la ligne et portaient les messages d'une station à l'autre. Pour montrer l'économie immense résultant de l'adoption du télégraphe sur les chemins de fer, M. Walker dit que le coût d'entretien et de travail d'une seule de ces machines (toutes ont été remplacées par le télégraphe) s'élevait à une somme plus considérable que celle qu'on paye aujourd'hui au corps entier des employés du bureau télégraphique et aux employés qu'on occupe à la réparation des instruments et à l'entretien des fils de la ligne.

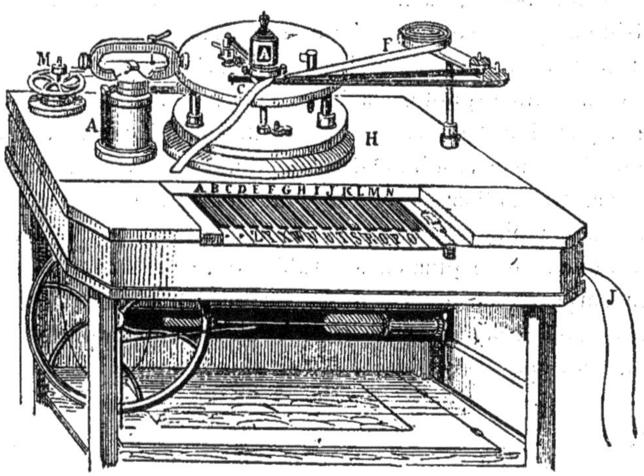

Fig. 89. — Télégraphe de House.

CHAPITRE XII.

I. Les accidents prévenus. — II. Le télégraphe employé pour découvrir les criminels. — III. Messages domestiques et privés. — IV. Nouvelles. — V. On se sert du télégraphe aux États-Unis plus qu'ailleurs. — VI. Il est fort employé par le commerce. — VII. Sommes dépensées en messages télégraphiques par des maisons de commerce. — VIII. Le télégraphe et les journaux américains. — IX. Utilité du télégraphe dans les choses politiques. — X. Son utilité pour les particuliers. — XI. Le secret des messages en général gardé. — XII. Chiffres des maisons de commerce. — XIII. Chiffres des journaux. — XIV Association des journaux de New-York. — XV. Initiative du *New-York Herald*. — XVI. Les longitudes déterminées par le télégraphe électrique. — XVII. Uniformité de l'heure.

I.

Au nombre des accidents de chemins de fer où le télégraphe eut joué ou a joué un rôle capital, nous citerons les suivants :

Pendant un ouragan, le vent s'empara d'une voiture de première classe qui se trouvait dans un atelier ouvert, la mit en mouvement sur une ligne très-unie et la transporta avec une vitesse accélérée jusqu'à la station extrême. A cette époque, on n'avait pas de télégraphe pour avertir du danger les stations intermédiaires ou terminales. La voiture parcourut un espace de vingt-un milles, mais son excursion ayant heureusement lieu à une heure de la nuit où il y avait peu d'activité sur la ligne, elle finit par s'arrêter avant qu'aucun accident eût eu lieu.

On lit dans l'ouvrage de M. Walker :

« Le premier jour de l'année 1850, une catastrophe épouvantable et dont l'idée seule fait frissonner, fut empêchée par le télégraphe. Un train vide éprouva un choc à Gravesend. Le conducteur s'étant précipité de sa machine, celle-ci s'élança à toute vitesse dans la direction de Londres. Immédiatement on fit jouer le télégraphe pour donner l'éveil à Londres et aux autres stations. Un employé supérieur monta sur-le-champ sur une locomotive et prit la ligne que ne suivait pas la fugitive; quand celle-ci l'eut dépassé, il renversa sa machine et changea de voie. Alors il fit la chasse à la fuyarde, finit par l'atteindre et le conducteur en prit possession. Tout danger avait ainsi disparu. Douze stations furent franchies sans accident par la locomotive abandonnée ; en passant par Wolwich, elle avait une vitesse de 15 milles à l'heure ; ce ne fut que 2 milles avant Londres qu'elle fut arrêtée. Si son approche eût été ignorée, les dégâts qu'elle aurait produits se fussent peut-être élevés au prix de revient de toute la ligne télégraphique. Cette ligne fut ainsi et largement payée.

« Comme pendant et comme contraste au fait précédent, en voici un autre. Quelques mois auparavant, une locomotive avait quitté New-Cross et s'était élancée vers Londres. La Brighton Company n'avait pas de télégraphe et l'on ignorait le danger qui s'avançait. Heureusement, la gare d'arrivée était libre ; la locomotive s'y précipita et vint renverser le mur du bureau des bagages. »

II.

Grâce au télégraphe électrique, on a pu mettre la main sur un certain nombre de criminels. Chacun sait que le fameux Tawel, après la perpétration de son crime, prit le chemin de fer du *Great-Western* et partit de Slough pour Londres. Pendant ce temps, on faisait jouer le télégraphe, et l'on savait à Paddington la nouvelle de l'assassinat et le signalement de l'assassin bien avant que celui-ci y fût arrivé. A son arrivée, il fut reconnu, suivi, enfin appréhendé au corps, jugé, convaincu, puis exécuté.

Un soir, vers dix heures, le principal caissier de la Banque reçoit de Liverpool une dépêche télégraphique qui lui dit d'arrêter au passage certains billets. Le lendemain le signalement de ces billets est remis à l'employé payeur, avec recommandation de ne les pas changer. Dix minutes après, un individu les présente, un soi-disant étranger qui prétend ne pas savoir un mot d'anglais. Un employé qui parlait l'allemand l'interroge et l'étranger déclare qu'il a reçu les billets six semaines auparavant à la Bourse d'Anvers. Cependant, en examinant les livres, il fut reconnu que les billets n'étaient sortis de la Banque que depuis quatorze jours ; l'allégation était donc fausse. On envoya chercher le terrible Forrester, qui mit immédiatement sous clef le prévenu, et l'on retint les billets. On écrivit de suite à Liverpool, et le véritable propriétaire était à Londres le lundi matin. Voici ce qui s'était passé : le propriétaire des billets se disposait à partir pour l'Amérique et dans l'hôtel où il était descendu il avait fait voir sa fortune. Un des garçons de l'hôtel lui avait dit qu'il était imprudent de garder tant de valeurs sur lui, que Liverpool était une ville dangereuse et qu'il ferait mieux de les mettre dans son porte-manteau. L'avis était trop raisonnable pour n'être pas suivi. A peine, cependant, notre capitaliste avait-il quitté l'hôtel que le donneur d'avis ouvre le porte-manteau et fait main basse sur son contenu..... Le voleur fut condamné à un exil de dix ans.

Le livre du télégraphe, tenu à la station de Paddington, a fourni à la *Quarterly Review*, le document qui suit :

« Paddington, 10 h. 20 m. du matin. — Le train vient de partir. Il emporte trois voleurs, nommés Sparrow, Burrell et Spurgeon, dans le premier compartiment de la quatrième voiture de première classe.

« Slough, 10 h. 48 m. — Le convoi vient d'arriver. Les agents de police tiennent les trois voleurs.

« Paddington, 10 h. 20 m. du matin. — Train spécial parti. Deux voleurs s'y trouvent : l'un nommé Olivier Martin, vêtu de noir, avec crêpe au chapeau ; l'autre nommé Fiddler Dick, pantalon noir et blouse claire. Tous deux dans le troisième compartiment de la première voiture de seconde classe.

« Slough, 11 h. 16 m. — Train spécial arrivé. On a pris les deux voleurs. Pendant le trajet, ils avaient volé la bourse d'une dame qui renfermait deux souverains et quelque autre argent. La dame a reconnu comme lui appartenant l'un des souverains. Fiddler Dick l'avait dans son gousset de montre. »

« Il paraît — c'est la *Quarterly Review* qui parle — qu'à l'arrivée du convoi un policeman ouvrit la porte du *troisième compartiment de la première voiture de seconde classe,* et demanda aux voyageurs s'il ne leur manquait rien. Chacun de regarder dans ses poches, dans ses sacs. Une dame, enfin, dit qu'elle a perdu sa bourse. « Fiddler Dick, on vous demande, » dit aussitôt l'officier de police en attirant à lui le coupable qui se laissa sortir du wagon comme un homme frappé de la foudre, et se livra lui-même ainsi que son butin. — La suite de l'événement est ainsi narrée sur le livre du télégraphe :

Slough, 11 h. 51 min. du matin. — Plusieurs des individus suspects qui sont venus par les divers trains-d'aller, se cachent autour de

Slough, proférant sans doute d'amers reproches contre le télégraphe. Aucun de ceux qui ont été avertis, n'a osé s'aventurer jusqu'au Moutem.

« Depuis ceci, la gent aux doigts légers a évité le chemin de fer et le trop intelligent compagnon qui l'escorte; elle s'est retirée de nouveau sur la grande route; c'est un pas en arrière, il est vrai; mais là nécessité l'a commandé. » (*Quaterley Review*, n° 189, p. 129.)

III.

Une des conséquences de l'élévation du tarif, c'est que, pour les affaires personnelles, domestiques, on n'a recours au télégraphe qu'en cas d'urgence extrême. Cependant on l'emploie quelquefois aussi pour satisfaire un caprice ou son impatience. Les sujets que contiennent certains messages composent un tout souvent curieux: « On a, dit M. Walker, demandé un turbot et une bière, un dîner et un médecin, une bonne au mois et une veste de chasse, une locomotive spéciale et un câble-chaîne, un uniforme d'officier et de la glace du lac Wenham, un ecclésiastique et une perruque de conseiller, un étendard royal et un panier de vin, etc. Tous les jours, il arrive à quelques voyageurs d'oublier quelque chose dans les wagons; on y a laissé des paires de lunettes, des bourses, des flacons d'essence, des enfants, des boîtes, des poupées sans nombre. Le télégraphe a dû marcher en conséquence. »

IV.

En outre de l'usage direct que le public fait du télégraphe pour la transmission de messages privés, des Compagnies ont établi, dans différentes places principales, des salles d'où l'on expédie d'heure en heure les nouvelles qui arrivent de toutes les parties du monde.

L'*Electric Telegraph Company*, peu après sa création, ouvrit par souscription de ces sortes de salles dans les principales villes d'Angleterre, surtout dans celles du nord; à leur arrivée de Londres, toutes les nouvelles d'un intérêt général étaient envoyées à ces villes. Cependant, comme le public négligeait d'apporter son appui pécuniaire aux établissements nouveaux, ceux-ci, à l'exception d'un ou deux, furent fermés. Il existe toutefois au bureau de Lothbury, outre le département des messages privés, un bureau de nouvelles générales. Ce bureau fait connaître sommairement et expédie les nouvelles publiées dans les journaux du matin, aux banques de Liverpool, de Bristol, Manchester, Glascow et autres grands centres commerciaux.

Tous les vendredis soir, les nouvelles de Londres sont réunies, résumées et envoyées à plus de cent vingt journaux provinciaux du samedi, qui reçoivent ainsi dans la nuit qui précède leur publication toutes les plus récentes nouvelles venues par le télégraphe de tous les points de l'Europe, sans compter les nouvelles de Londres qu'on envoie jusqu'au dernier moment. Un exemple de l'utilité extraordinaire de ce département, ce sont les journaux paraissant à Glascow le samedi qui le fournissent. On leur transmet souvent jusqu'à trois colonnes des débats des Chambres, pendant que celles-ci sont encore en séance. Un directeur et quatre commis sont exclusivement attachés à ce département, et dans les derniers jours de la semaine, leur office a toutes les apparences du bureau d'un journal en vogue. « A sept heures du matin, on voit les commis plongés dans la lecture du *Times* et autres journaux quotidiens, qui sortent des presses; ils en font des extraits et résument en peu de mots les nouvelles les plus importantes, qu'on envoie aussitôt aux journaux du pays pour faire des secondes éditions. Et le travail ne se borne pas à cela. Aussitôt qu'une seconde édition a paru à Londres, les nouvelles qui s'y trouvent, si elles offrent un intérêt plus qu'ordinaire, sont transmises également à la province. » Arrivées aux endroits principaux en communication directe avec Londres « plus promptement qu'une fusée dévorant l'espace, comme une fusée elles éclatent et se répandent par des fils d'embranchement dans une douzaine de villes avoisinantes » d'une importance secondaire. (*Quarterly Review*, nº 189, p. 138.)

A côté de ce bureau pour la transmission des messages d'un quartier à un autre de la grande métropole, il en est un autre dont le but est de satisfaire aux besoins de certaines classes. Ainsi, un fil est exclusivement consacré aux communications entre l'Octagon Hall des chambres du Parlement et la station télégraphique de Saint-James-street, centre des clubs de West-end. On pourrait donner à ce fil particulier le nom de « piqueur » de la Chambre, car c'est le fil d'appel de ses membres. La Compagnie envoie des sténographes aux séances du Parlement pour avoir une analyse des affaires qui s'y débattent, et à chaque instant, pour ainsi parler, cette analyse est envoyée au bureau de Saint-James-street où *on l'imprime;* des additions sont faites à la feuille à mesure qu'il vient de la copie. Cette feuille volante est expédiée toutes les demi-heures aux clubs et aux établissements suivants : celui d'Arthur, Carlton, Oxford et Cambridge, de Brookes, Conservateur, du Service-Uni, Athenæum, de la Réforme, du Voyageur, de l'Université-Unie, de l'Union, de Whicte. Toutes les heures, au Boodle's club et au Prince's club, et toutes les demi-heures à l'Opéra royal italien. Naturellement ces analyses sont le plus court possible. En voici un échantillon : il y est question du débat dans l'adresse de Sa Majesté à propos de la déclaration de guerre :

COMPAGNIE DU TÉLÉGRAPHE ÉLECTRIQUE.

(CONSTITUÉE EN 1846.)

Vendredi 31 mars 1854.

CHAMBRE DES COMMUNES.

H.	M.	
4	0	La Chambre en séance.
4	30	Affaires d'intérêt privé et pétitions.
4	40	M. Napier lit le rapport du Comité d'élection pour Dungarvan ; l'élection de Maguire approuvée ; la loi relative au retrait des pétitions signalée.
5	0	Observations.
5	30	Lord John Russell répond au message de Sa Majesté.
6	0	Négociations diverses qui ont eu lieu avec les Russes.
6	30	M. Layard approuve les opinions exprimées.
7	0	Il parle encore.
7	30	Il compare le langage et les opinions de plusieurs membres du cabinet, et appelle l'attention sur divers articles du *Times*, qu'il prétend écrits d'après une communication du contenu de la correspondance secrète et confidentielle.
8	0	M. Bright répliquait à M. Layard, contraire à la politique du gouvernement.
8	30	Il parlait encore.
9	0	Parlant encore.
9	30	M. J. Ball était disposé à soutenir la guerre, quoiqu'il n'admît pas les raisons mises en avant pour la justifier.
10	0	Le marquis de Granby regrette le langage de certains membres du gouvernement à l'égard de l'empereur de Russie, dont il justifie la conduite vis-à-vis de la Turquie.
		Lord Dudley Stuart.
10	30	Parlant encore.
11	0	Lord Palmerston justifiant la politique du gouvernement.
11	30	M. Disraeli soutient l'adresse, mais critique sévèrement la conduite de différents membres du cabinet.
12	0	Analysant la correspondance secrète et officielle pour prouver qu'un plan pour le partage de la Turquie fut approuvé par le gouvernement anglais en 1844, lorsque le comte d'Aberdeen était secrétaire des affaires étrangères.
12	30	Lord John Russell répond à M. Layard et aux observations d'autres orateurs.
12	40	Le colonel Sibthorp : observations.
		L'adresse à Sa Majesté votée ; sur la motion de lord John Russell, secondé par M. Disraeli, elle sera présentée par toute la Chambre.
1	0	*La Chambre ajournée.*

CHAMBRE DES LORDS.

Lord Aberdeen demandait qu'on désignât un jour pour appeler les bénédictions célestes sur les armées de Sa Majesté.

Le comte de Clarendon parle de l'adresse en réponse au message de la reine.

Comte de Derby : observations.

(7 h. 30 m.) Le comte d'Aberdeen répond à lord Derby.

(7 h. 45 m.) Le comte de Malmesbury regrette le ton pris par le premier ministre.

(8 h. 20 m.) Comte Granville : observations.

Lord Brougham, id.

Comte Gray, id.

(8 h. 50 m.) Le comte de Hardwicke demande une flotte de réserve plus considérable.

(8 h. 55 m.) Le marquis de Lansdowne dit qu'il était nécessaire de contenir la Russie.

(9 h. 5 m.) Vote de l'adresse ; elle sera présentée lundi.

(9 h. 25 m.) *La séance levée.*

« Le fil de l'Opéra offre un exemple plus curieux encore des services sociaux que la nouvelle puissance est destinée à rendre. Une analyse des débats du Parlement, semblable à la précédente, mais en *écriture*, est affichée pendant la séance dans le foyer, et la Jeune Angleterre n'a qu'à y flâner durant les entr'actes pour savoir si Disraeli ou lord John Russell est debout, si l'on peut entendre jusqu'au bout la pièce, ou s'il faut courir à Westminster. L'Opéra communique même avec le Strand-Office, de sorte que les messages peuvent être envoyés de là à toutes les parties du royaume. Les fils du gouvernement vont de Somerset-house à l'Amirauté, et de là à Plymouth et Portsmouth par les chemins de fer du South-Western et du Great-Western; et ces deux villes seront sous peu mises en communication, par des lignes souterraines, avec les établissements maritimes de Deptford, Warwich, Chatam, Sheerness et avec les Cinq-Ports de Deal et Douvres. Ces lignes fonctionneront en dehors de la Compagnie, et les messages seront envoyés en chiffres, dont la signification sera inconnue même aux fonctionnaires employés à la transmission. Indépendamment des fils dont on a parlé, des fils d'embranchement partent de Buckingham Palace et de Scotland Yard (bureau de police principal) pour se rendre à la station de Charing-Cross et de là à Founder's Court, tandis que le Post-Office, le Lloyd's, Capel-Court et le Corn Exchange communiquent directement avec l'office central. » (*Quarterly Review*, n° 189, p. 139-141.)

La *Magnetic Telegraph Company* a consenti des arrangements qui promettent aux correspondants des journaux d'envoyer des messages sur une base entièrement différente ; la transmission ne lui coûte que le dixième de ce qu'elle coûte au public ; on a égard à ce qu'elle est plus importante et aussi à ce qu'elle n'a lieu que quand les fils sont inoccupés.

La Compagnie approvisionne également de nouvelles différentes parties du Royaume-Uni et spécialement l'Irlande ; elle prend à peu près cinq centimes par ligne de dix mots. Toutes les nouvelles possibles, nouvelles commerciales, maritimes, politiques, etc., elle les fournit.

V.

Tout le monde sait qu'aux États-Unis on fait un usage beaucoup plus large du télégraphe que dans n'importe quelle contrée de l'Europe. Avant l'abaissement qu'on a fait subir aux tarifs, il y a un ou deux ans, on pouvait croire que cela tenait à ce que l'emploi du télégraphe coûtait moins cher en Amérique. Mais depuis ces réductions, existe-t-il entre les tarifs européen et américain une différence assez notable pour expliquer cette passion du public transatlantique pour le télégraphe?

Examinons cette question des tarifs ; mais disons d'abord que, quelle que soit la cause du fait qui précède, nos descendants d'au delà de l'Océan entretiennent avec le télégraphe électrique des rapports beaucoup plus fréquents que les nôtres.

Les tarifs varient avec les lignes; on a calculé toutefois que le coût d'un message de dix mots, adresse et signature non-comprises, envoyé à dix milles, est d'environ 5 d., et que, si le message va à des distances plus grandes, le coût s'élève d'environ 0,035 d. par mot et par mille.

L'ordre dans lequel s'expédient les messages est le suivant : 1° Les messages du gouvernement et ceux destinés à aider la justice à découvrir les criminels, etc.; 2° les messages annonçant des morts ou des maladies; 3° les nouvelles importantes destinées aux journaux; si elles n'ont pas un intérêt majeur, on les expédie concurremment avec les messages commerciaux.

VI.

Les maisons de commerce ont fort souvent recours au télégraphe. Exemple : Un individu de New-York veut acheter telles ou telles marchandises, on le met en relation avec le marchand qui se trouve à 7 ou 800 milles de là. Au moyen du télégraphe, le marchand sait à quoi s'en tenir sur la position de l'acheteur, avant que le marché soit conclu. Il y a des maisons de banque, des courtiers, etc., qui reçoivent et envoient, en moyenne, de six à dix messages par jour pendant l'année.

VII.

Le gérant de la ligne de House, de New-York, établit que quelques maisons de commerce payent à la Compagnie au moins 200 livres sterl. par an, et que les recettes annuelles que procurent en moyenne vingt maisons s'élèvent à 100 liv. par chacune.

Les directeurs des lignes de Bain, de New-York, prétendent que le télégraphe est employé par le commerce autant que la malle. Ce fait devient évident, si l'on se reporte au nombre de messages envoyés et reçus entre des villes dont les relations commerciales sont intimes, depuis dix heures du matin jusqu'à cinq heures de l'après-midi. Exemple : Entre les villes de New-York et de Boston, il se transmet chaque jour de cinq à six cents messages, dont les deux tiers, sinon les trois quarts, sont transmis aux heures ci-dessus. Quelques maisons payent chaque mois au télégraphe de 12 à 16 liv. La somme payée par une maison dépend du mouvement qui se fait sur la place à l'occasion de l'article dont elle trafique. S'il y a des fluctuations sur la place, l'argent va au télégraphe en plus grande quantité.

Les directeurs des lignes de Morée, à New-York, constatent que les dépenses annuelles faites en messages télégraphiques, par certaines maisons, atteint 600 liv.

Il arrive souvent qu'une personne désire entrer en conversation avec une autre qui se trouve à 400 ou 500 milles de là. On se donne rendez-vous au bureau des deux endroits pour telle heure, et la conversation s'engage. Des ventes de bateaux à vapeur se sont faites par l'intermédiaire du fil télégraphique : l'une des parties était à Pittsburg, l'autre à Cincinnati. Chaque intéressé écrivait ce qu'il avait à dire; on liardait un peu, puis le marché se concluait. La correspondance est, dans ce cas comme dans les autres, conservée, afin qu'on puisse s'y reporter si besoin est. — Des individus absents de chez eux correspondent fréquemment avec leur famille à l'aide du télégraphe. Parfois, il est un messager de malheur et tantôt un messager de joie. En 1852, la maison Astor, de New-York, et la maison Burnet, de Cincinnati, se donnèrent une suite de divertissements télégraphiques. La *Gazette de Cincinnati* a publié le compte rendu de l'une de ces réunions, dont les membres étaient à près de 750 milles les uns des autres.

VIII.

M. Jones, qui fut attaché au télégraphe en qualité d'agent télégraphique pour les journaux, signale le fait suivant comme un exemple de l'activité du journalisme : — « Peu après l'arrivée de l'*Asia* à la Quarantaine, près de New-York, vers huit heures du matin, on se rendit vers ce vaisseau qui fut retenu une heure par l'officier de santé. Il nous remit un petit sac contenant les dernières nouvelles. Une demi-heure avant l'*Asia*, nous étions à New-York. Le sac fut ouvert, on prit une copie des nouvelles qu'il renfermait et qu'on expédia au Merchant's Exchange, à la Nouvelle-Orléans. Le canon de l'*Asia* se faisait entendre pendant ce temps, il approchait, mais il n'était pas encore entré dans la ville qu'on avait à Louisville, c'est-à-dire à 1,100 milles dans l'intérieur, la substance des nouvelles politiques et commerciales qu'il avait apportées. »

Les directeurs de la ligne de Morse à New-York mettent en fait que pendant les élections ou lorsqu'il arrive des vaisseaux, il se transmet souvent de 2,000 à 8,000 mots ! Quand il y a de l'activité sur la place, les messages privés sont presque doublés.

On reçoit en moyenne environ 4,500 mots par jour, durant les débats du congrès, et l'on en transmet 1,600 par heure.

En 1847, lors de l'assemblée de la législature de l'État de New-York à Albany, le message du gouverneur, composé de 25,000 lettres, fut transmis à New-York, c'est-à-dire à 150 milles, et imprimé par le télégraphe lui-même en deux heures et demie.

IX.

Dans ses rapports au congrès, M. Morse a présenté différents exemples de l'emploi fait du télégraphe par toutes les classes de la société. En 1844, lors des mouvements populaires de Philadelphie, le maire de cette ville envoya un exprès par chemin de fer au président des États-Unis à Washington. Lorsque ce train arriva à Baltimore, le contenu de la dépêche transpirait, et le télégraphe, qui venait alors d'être établi entre Baltimore et Washington (il n'y en avait pas encore dans les autres États), en envoya un résumé. Le président tint un conseil de cabinet, tandis que la dépêche faisait route, et sa réponse était prête, quand l'exprès arriva. Celui-ci put immédiatement repartir.

X.

Rien n'est plus fréquent aux États-Unis que les consultations médicales demandées et reçues par voie télégraphique. Un malade souhaite consulter un médecin renommé de telle grande ville, de New-York ou de Philadelphie, par exemple, à 400 à 500 milles. Avec l'aide du pharmacien de l'endroit, ou sans son secours, il fait un aperçu de son mal, le confie aux fils électriques, et une heure ou deux après il reçoit une ordonnance. On cite des cas où des mariages ont été contractés par l'intermédiaire du télégraphe entre des personnes éloignées de plusieurs degrés de latitude. On lit dans l'ouvrage de Chambers, *Papers for the People,* vol. 9, n° 71 : « Aux États-Unis on fait usage du télégraphe autant que de la poste, excepté la classe pauvre. Une personne quitte sa famille pour une semaine ou pour un mois; de temps en temps, elle lui fait savoir sa santé et le lieu où elle est. En revenant, elle annonce de Philadelphie ou d'Albany l'heure à laquelle elle arrivera. Dans les villes voisines de New-York, les messages les plus ordinaires prennent la voie télégraphique : une invitation à une soirée, des nouvelles de la santé, etc. Dans les affaires, le télégraphe est d'un usage incessant. L'autre jour, deux personnes de Montréal, sans crédit, sans connaissances, se présentent chez moi. On leur dit : « Voyons vos marchandises, etc. » Pendant ce temps, nous demandons à nos amis de Montréal : « Pump et Proser sont-ils bons pour cent dollars chacun ? » La réponse nous parvint de suite, et l'on agit en conséquence, probablement à la grande surprise de nos clients. Il en coûta un dollar. Si mon frère va à Philadelphie, il me fait dire par le télégraphe : « La famille est-elle en bonne santé? — Que faites-vous? — Je réponds : Tout le monde va bien. La vente aussi, et ainsi de suite. »

On a prétendu, avec raison, qu'un des plus sérieux obstacles à l'extension générale de l'emploi du télégraphe est l'impossibilité de conserver le secret que le cachet donne à toute correspondance écrite. L'impérieuse nécessité de tenir ce secret inviolé ressort des pénalités grandes attachées à la rupture du cachet, rupture qui ne peut se faire impunément qu'avec l'autorisation spéciale d'un secrétaire d'État. Pour que le télégraphe électrique rende tous les services publics dont il est susceptible, il faut qu'on adopte, et c'est ce qui aura lieu, sans doute, des moyens qui atteignent à ce résultat, dont l'importance énorme est implicitement reconnue par les peines graves (la plus légère est la destitution), qui frappent dans tous les pays les employés révélant le contenu de correspondances télégraphiques privées.

Ces peines, cependant, doivent être inefficaces, car il est évident qu'un secret, qui doit être confié à une demi-douzaine de personnes au moins, et dont on garde copie dans un bureau public, n'est plus un secret. Mais, en admettant que le secret soit gardé par les employés vis-à-vis d'individus qui leur seront étrangers, le garderont-ils pour leurs femmes, leurs sœurs, leurs enfants?

Pour que le secret fût gardé, il faudrait que chaque personne eût, ainsi que son correspondant, un chiffre particulier et la clef de ce chiffre. Mais, ceci ne peut être réalisé que par des individus qui ont entre eux des rapports fréquents, tels que négociants, etc. Quant au public ordinaire, c'est chose impossible.

Si les communications télégraphiques viennent jamais à être aussi secrètes que les communications par la poste; si les fils se multiplient et que les télégraphes se perfectionnent au point que les Compagnies puissent réduire encore leurs tarifs et les baser sur quelque principe uniforme analogue à l'admirable système postal à un penny de M. Rowland Hill, il est difficile de prévoir toute l'importance de la révolution que le télégraphe, ce don merveilleux fait par la science au genre humain, est appelé à opérer. Les avantages que l'établissement des postes a apportés au monde ne seront rien mis en regard des avantages résultant du télégraphe perfectionné. On ne doit pas oublier, quand on examine le rôle réservé à ce magnifique agent de la civilisation, qu'il est encore dans l'enfance et qu'il n'a dit encore que son premier mot.

XI.

Aux États-Unis on évite quelquefois de confier aux employés du télégraphe le contenu des messages privés en adoptant un chiffre, ou en changeant la signification des lettres de l'alphabet. Quelquefois, avec le télégraphe de House, dont la manipulation est simple et facile, c'est l'intéressé lui-même qui le fait marcher. Cependant, ce n'est qu'exceptionnellement que cela arrive. Ce secret est si bien gardé par les employés en général, qu'on n'hésite pas à le leur confier, c'est-à-dire à envoyer les messages de la manière accoutumée. Un directeur, qui pendant quatre ans fut à la tête de lignes fort importantes, dit que pendant ce temps il n'a jamais ouï dire que le contenu d'un message eût été divulgué.

Un autre fait n'a pas peu contribué à rassurer le public. Les employés qui toute la journée sont occupés à transmettre des messages ne peuvent donner à chacun assez d'attention pour en retenir le sens. Leur attention se porte exclusivement sur la manipulation de l'appareil ; il leur faut transmettre chaque message lettre par lettre et ils n'ont ni le temps ni la curiosité de s'arrêter à l'ensemble du message. En un mot, ils agissent à peu près comme les compositeurs d'une imprimerie qui, comme on sait, font leur travail presque machinalement, sans songer au sujet qu'ils ont à composer.

XII.

Les maisons de commerce, toutefois, font souvent usage d'un chiffre ou d'abréviations convenues. Mais c'est plutôt par économie que pour s'assurer du secret, quoique du même coup ce dernier résultat soit atteint. Un mot peut ainsi exprimer une phrase entière. En voici un exemple :

« Le marché des chemins de fer souffre toujours de la mollesse des fonds publics. Les affaires sont très-limitées, même sur les lignes principales. Orléans, 1402, 50 ; Nord, 965 ; Est, 705 ; Lyon, 865 ; Ouest, 690. — Autrichiens, 755 à 757 ; Sarde, 490 ; Romains, 485. »

Ce message, exprimé suivant le chiffre convenu, peut se réduire à cinq ou six mots.

XIII.

Dans le principe, on employait, pour la transmission des nouvelles parlementaires ou des meetings, des systèmes de chiffres compliqués. Mais, quand les droits eurent été abaissés, les comptes rendus furent envoyés *in extenso*, ou avec les abréviations ordinaires.

XIV.

Le grand nombre de nouvelles télégraphiques que publient chaque jour les journaux de New-York s'explique par ce fait que sept des principales feuilles de cette ville se sont associées pour avoir des nouvelles en commun, en partageant les frais. Chaque journal, toutefois, est libre de se procurer des nouvelles particulières.

XV.

M. Jones raconte qu'un des premiers *exploits* télégraphiques, après l'établissement des lignes de l'ouest jusqu'à Cincinnati, eut lieu à l'instigation du *New-York Herald*, et avant que la presse de New-York se fût confédérée.

« On vint à savoir que M. Clay ferait un discours à Lexington, dans le Kentucky, sur la guerre du Mexique qui excitait beaucoup l'attention publique. M. Bennett, éditeur et propriétaire du *Herald*, désira avoir pour son journal le discours de M. Clay. Nous agîmes en conséquence, dit M. Clay. Nous avions un bon sténographe employé déjà à Cincinnati; nous avions aussi à Philadelphie un collaborateur qui s'occupait de journaux, et qui consentit à partager les frais avec le *Herald*. La *Tribune*, de New-York, et le *North American*, de Philadelphie, n'en voulurent au contraire pas entendre parler.

« De Lexington à Cincinnati il y avait 80 milles; il fallait qu'un exprès les fît. On plaça des chevaux à tous les 10 milles de la route; on s'assura d'un bon cavalier, et l'on établit à Lexington deux sténographes. Lorsque le discours fut prêt, il était nuit noire. L'exprès, après l'avoir reçu, partit de suite pour Cincinnati. Quoique la nuit fût pluvieuse, la route mauvaise, le trajet se fit en huit heures. Le bureau du *Herald* reçut tout le discours de bonne heure le lendemain, quoique les fils eussent été interrompus un instant pendant la nuit, près de Pittsburg, par suite de la chute d'un arbre. Un employé du bureau de Pittsburg, voyant les communications arrêtées, se procura un cheval et s'élança au galop en suivant la ligne, malgré l'obscurité et la pluie; après avoir trouvé l'endroit où les fils s'étaient rompus, il les rétablit, revint à son bureau, et continua l'expédition du discours. »

Le *Herald* en vendit une copie à la *Tribune*.

Les frais d'exprès et de télégraphe s'élevèrent pour le *Herald* à 100 liv. sterl. (2,500 fr.).

La presse contribue pour une large part aux revenus des télégraphes. Pendant quelques années, l'association de la presse de New-York (composée de six journaux) a payé 6,000 liv. sterl. par an, soit 100 liv. (2,500 fr.) par journal. Pendant les cinq années qui viennent de s'écouler, elle n'a pas payé au télégraphe moins de 5,000 à 6,000 liv. par an. Pendant les longues sessions du congrès, ce chiffre est dépassé.

Quelquefois un seul journal supporte tous les frais. Ainsi, le *Herald* est le seul qui paraisse le dimanche; il a pour lui toutes les nouvelles reçues le samedi dans l'après-midi et dans la nuit, mais il paye seul le télégraphe.

XVI.

Le télégraphe électrique, fruit de la science, a rendu à sa mère de grands et d'importants services.

A peine eut-on découvert que les pulsations du courant électrique se transmettaient, par l'intermédiaire des fils conducteurs, à n'importe quelle distance, on soupçonna immédiatement que la détermination des longitudes pouvait se faire par lui! Dans le traité sur les LATITUDES ET LONGITUDES, on a vu que la différence des longitudes de deux endroits situés à la surface du globe n'est autre chose que la différence de l'heure du jour ou de la nuit indiquée par deux montres parfaitement réglées dans ces deux endroits. Si, par exemple, il est trois heures dans un lieu, et qu'il en soit quatre dans l'autre, ce dernier est à une heure de longitude E. du premier, et celui-ci à une heure de longitude O. de celui-là; en d'autres termes, l'un des endroits est à 15° E. ou O. de l'autre.

Or, comme le télégraphe électrique permet de faire marcher d'accord tous les chronomètres quels qu'ils soient et n'importe où placés, lorsqu'ils sont mis en rapport avec le même système de fils, on peut donner à tous les chronomètres du Royaume-Uni le mouvement du chronomètre modèle de l'observatoire de Greenwich; bien plus, on peut gouverner le mouvement de tous les chronomètres qui se trouvent dans le réseau de fils télégraphiques dont le continent européen est couvert, de manière à les faire marcher tous d'accord avec tel ou tel chronomètre étalon qu'on viendrait à adopter pour régulateur commun.

Mais si une pareille uniformité de chronomètres était établie, on pourrait déterminer les longitudes de tous les lieux en prenant par l'observation du soleil (observation toujours facile et susceptible d'une grande précision) le temps local, c'est-à-dire le temps qu'indiquerait une montre bien réglée d'après le système présent. La différence des deux temps — de celui indiqué par le régulateur-type adopté, et de celui indiqué par les montres locales — serait la différence de longitude entre le lieu en question et l'endroit où le régulateur-type indiquerait le temps local.

XVII.

Dans les endroits séparés par de grandes distances et situés dans des pays différents, cette uniformité chronométrique aurait d'abord quelque inconvénient, puisque l'heure de midi varierait avec la longitude. Ainsi, dans un endroit situé à 15° E. de la station type, l'heure de midi serait une heure, et dans un endroit situé à 15° O., ce serait onze heures. Cet inconvénient, toutefois, ne serait sensible que dans les commencements. On se ferait vite à ce changement, car il est aussi simple et aussi facile de marquer le moment où le soleil franchit le méridien par 11 ou 1 que par 12.

L'avantage qui résulterait de l'adoption de ce système, c'est que, dans tous les endroits, l'heure de midi exprimerait leur longitude par rapport à la station type.

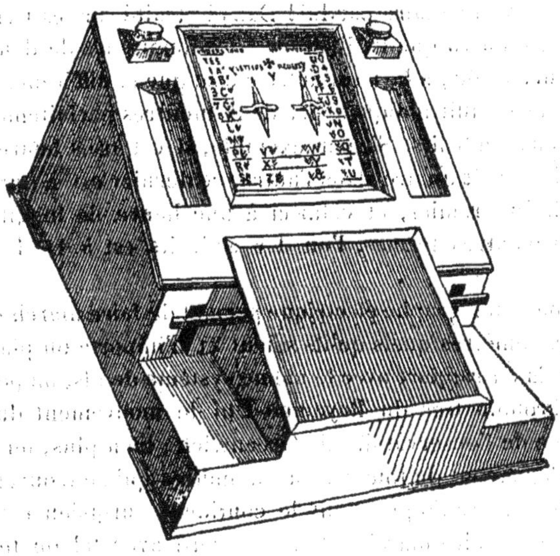

FIG. 91. — Télégraphe à aiguille aimantée de Henley.

CHAPITRE XIII.

I. Boules de signal pour le temps. — II. Communication électrique des observatoires de Greenwich, de Bruxelles et de Paris. — III. Usages des télégraphes électriques dans les observations astronomiques. — IV. Pour régler les montres d'observatoire. — V. Pour fixer avec précision le temps d'un phénomène astronomique. — VI. Lignes télégraphiques du Royaume-Uni. — VII. Leur étendue en 1854. — VIII. L'*Electric Telegraph Company*. — IX. Tableau de ses lignes, stations, etc. — X. Tarif actuel (1854).

I.

Par accord entre l'Astronome royal et les différentes Compagnies du télégraphe électrique, le temps local de Greenwich est annoncé à certaines heures du jour, sur différents points du pays, afin que les navigateurs, qui se trouvent dans quelqu'un de nos ports, puissent ainsi régler leurs chronomètres. On a déjà parlé du signal qu'on fait à une heure de l'après-midi, en laissant tomber une grosse boule sur le dôme de l'observatoire royal de Greenwich (V. *Longitudes et Latitudes*). Ce signal étant visible sur une grande partie du fleuve au-dessous du pont de Londres, les capitaines de vaisseaux qui l'observent peuvent régler leurs chronomètres et corriger leurs erreurs. Ce système de signaux est en voie d'exécution. Au moyen d'une horloge électrique de l'observatoire et des fils conducteurs qui relient ce monument à la station de l'*Electric Telegraph Company* à Lothbury, des signaux horaires, donnant exactement le temps de Greenwich, sont transmis aux bureaux de la Compagnie à Lothbury et dans le Strand en face de Hungerford-Market. Plusieurs fois par jour on transmet des signaux semblables à Tunbridge, Deal et Douvres sur les fils de la *South-eastern Company.* On laisse tomber des boules de signal sur le dôme du *Telegraph Office,* dans le Strand, et sur une station élevée, Liverpool, au moment même où la boule de l'observatoire de Greenwich tombe sur son dôme. Indépendamment de ceci, deux fois par jour (à dix heures du matin et à une heure de l'après-midi), on transmet par le télégraphe des signaux du temps de Greenwich aux stations principales des lignes de l'*Electric Telegraph Company.*

II.

Aussitôt qu'on eut posé les fils qui mettent l'observatoire de Greenwich en rapport avec les stations des *Compagnies du Sud-est et du Télégraphe électrique,* on reconnut leur extrême utilité pour déterminer les longitudes des principaux observatoires des Iles-Britanniques et du continent. En 1853, des mesures furent prises pour déterminer les longitudes de Cambridge, d'Edimbourg et de Bruxelles, et l'on réussit à merveille.

Les observatoires de Paris, de Greenwich et de Bruxelles se trouvent aujourd'hui en communication électrique directe au moyen des câbles sous-marins d'entre Douvres, Calais et Ostende, et au grand bénéfice de la science astronomique.

III.

Dans un observatoire, l'horloge astronomique est d'un usage incessant. Une partie de chaque observation astronomique consiste à noter, avec le plus haut degré de précision, le moment précis où certains phénomènes ont lieu ; tel est le degré de perfection auquel a été poussé l'art de l'observation que des observateurs expérimentés peuvent avec l'œil et l'oreille, *bisséquer une seconde,* et même arriver à une division plus faible encore que cet intervalle. Pour mettre le lecteur à même d'apprécier pleinement le service rendu par le télégraphe à l'astronomie, il est bon d'exposer comment ce genre d'observation a été fait jusqu'ici.

Pour déterminer le moment où le rayon visuel qui part d'un astre a une direction définie, deux choses sont nécessaires : 1° déterminer la direction de ce rayon, et 2° observer le moment où il a cette direction. Le télescope, avec ses accessoires, donne le moyen de résoudre le premier de ces problèmes et l'horloge astronomique le second.

Si TT' fig. 93, représentent le tube d'un télescope, T l'extrémité où l'oculaire est fixé, et T' l'extrémité où les images des objets éloignés

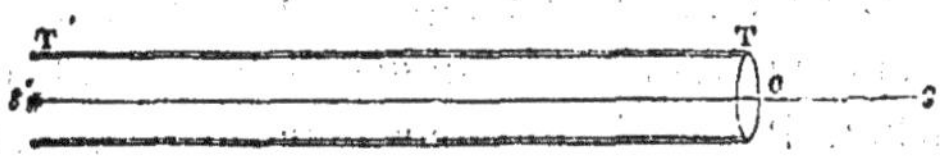

FIG. 93.

vers lesquels est dirigé le télescope, sont formées, la direction visuelle de l'objet sera celle de la ligne $S'C$ menée de l'image formée dans le champ de vue du télescope au centre C de l'oculaire, car si l'on prolongeait la ligne, elle passerait par l'objet S.

Mais comme le champ de vue du télescope est un espace circulaire d'une certaine étendue, où beaucoup d'objets ayant des directions différentes peuvent être en même temps visibles, il faut diviser le champ de vue par des points analogues aux lignes de longitude et de latitude qui coupent nos cartes géographiques.

C'est ce qu'on fait à l'aide de fibres ou fils, si minces que, grossis, ils ont l'apparence de cheveux. Ces fils sont disposés dans un cadre fixé à l'oculaire du télescope, de sorte que, vus par l'oculaire, ils paraissent comme des lignes fines menées en travers du champ de vue.

Ils sont ordinairement au nombre de cinq ou sept, placés verticalement à égale distance, et coupés à leur milieu par un fil horizontal, comme l'indique la fig. 94. Lorsque l'instrument a été ajusté, le fil du milieu MM' est dans le plan du méridien, et quand un objet se voit sur ce fil, cet objet est au méridien céleste et l'on peut regarder le fil lui-même comme un petit arc du méridien rendu visible.

L'*œil* de l'observateur est occupé à suivre la marche de l'objet qui sur les fils passe du champ de vue du télescope. Son *oreille* est occupée à noter et son attention à compter les battements successifs du pendule qui, dans toutes les horloges astronomiques, est construit de manière à faire entendre un son distinct, marquant chaque expiration de seconde. L'observateur expérimenté peut ainsi subdiviser une seconde avec une précision extrême et déterminer le moment où le phénomène se produit, en une petite fraction de cet intervalle. Une étoile, par exemple, se montre à gauche du fil MM', en S, fig. 94, à un battement du pendule, et à droite de ce fil, en S', au battement suivant. L'observateur estime avec une grande précision la proportion suivant laquelle l'astre partage la distance entre les points S et S' ; il peut, en conséquence, déterminer la fraction de seconde qu'il lui a fallu pour gagner le fil MM'.

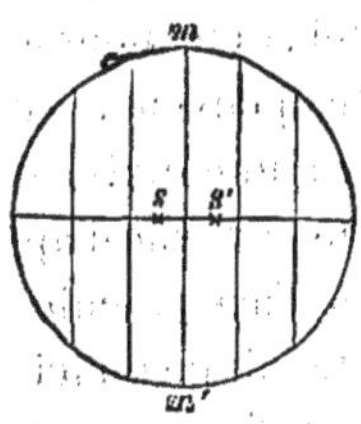

FIG. 94.

Les étoiles fixes se montrent dans le télescope, quel que soit le grossissement employé, comme de simples points lumineux, sans grandeur sensible. Par le mouvement diurne du ciel, l'astre passe successivement sur tous les fils; un court intervalle a lieu entre ses passages. L'observateur, un peu avant qne l'astre qui approche du méridien pénètre dans le champ de vue, note et enregistre les *heures* et les *minutes* indiquées par l'horloge, et compte les *secondes* avec l'oreille. Il observe l'instant où l'astre franchit chacun des fils; puis prenant la moyenne de tous ces temps, il obtient, avec un haut degré de précision, l'instant où l'étoile franchit le fil du milieu, ce qui est le temps du passage.

On a, par ce procédé, l'avantage d'avoir autant d'observations indépendantes qu'il y a de fils parallèles. Les erreurs d'observations sont réparties et par là proportionnellement diminuées.

Lorsqu'on observe le soleil, la lune, une planète, ou en général un astre qui a un disque sensible, le temps du passage est l'instant où le centre du disque est sur le fil du milieu. On l'obtient en observant les instants où les bords ouest et est du disque touchent chacun des fils. Le milieu de ces intervalles est le moment où le centre du disque se trouve sur les fils. En prenant la moyenne des contacts du bord ouest, on obtient le contact du bord ouest avec le fil du milieu; de même, la moyenne des contacts du bord est donnera le contact du bord est avec le fil du milieu, et la moyenne de ces deux contacts donnera le moment du passage du centre du disque, ou la moyenne de tous les contacts des deux bords donnera le même résultat.

Le jour, les fils sont visibles et paraissent comme de petites lignes noires coupant et espaçant le champ de vue. La nuit, on les rend visibles avec une lampe, qui éclaire légèrement le champ de vue.

Ces points bien compris, on saisira sans difficulté la facilité et la précision que le télégraphe a introduites dans ces sortes d'observations.

IV.

Le premier service qu'il a rendu, c'est de faire que toutes les horloges de l'observatoire fussent absolument synchrones. Il a déjà rendu ce service aux horloges solaires, c'est-à-dire aux horloges qui indiquent le temps moyen ou civil. Il peut le rendre et le rendra sans doute, plus avantageusement encore pour la science, aux horloges astronomiques, c'est-à-dire à celles qui marquent le temps sidéral. Les observateurs, travaillant d'ordinaire dans des pièces différentes, ont chacun leur horloge propre. Or, quelle que soit la perfection de ces horloges, il n'en est pas deux qui marchent absolument l'une comme l'autre pendant un certain temps: en conséquence, la première tâche de l'observateur, l'une des premières conditions pour que ses observations soient justes, c'est de noter les erreurs de son horloge, c'est-à-dire les différences qu'elle marque avec le chronomètre-type de l'observatoire. Ces erreurs disparaîtront en mettant toutes les horloges de l'observatoire en communication électrique; de cette façon, le pendule du chronomètre-type règlera les pulsations du courant, et ces pulsations à leur tour règleront le mouvement de toutes les autres horloges.

Ces améliorations ne tarderont sans doute pas à être introduites.

V.

Les horloges étant ainsi amenées à une concordance absolue, le télégraphe donne à l'astronome le moyen de déterminer le moment où un astre traverse les fils du micromètre, avec une précision, avec une facilité plus grande que lorsqu'on se sert de l'œil et de l'oreille, comme dans la méthode ci-dessus décrite.

L'appareil se compose d'un commutateur à clavier placé sous la main de l'observateur qui gouverne un courant transmis à un électro-aimant, attaché à un style; ce style se trouve au-dessus du cylindre entouré de papier, sur lequel il laisse une empreinte, lorsqu'il est abaissé par la pulsation qu'imprime au courant le doigt de l'observateur agissant sur le clavier. Le cylindre entouré de papier est tenu en révolution uniforme par un mouvement d'horlogerie; un autre style, mû par un autre courant qui reçoit ses pulsations du pendule du chronomètre, frappe le papier à chaque battement du pendule; l'intervalle qui se trouve entre deux marques successives faites par ce style, représente donc une seconde de temps.

Supposons, par exemple, que, par le mouvement imparti au cylindre, il passe, par chaque seconde, un pouce du papier sous le style. Le style, mû par l'horloge, laissera par conséquent, une suite de marques sur le papier, à la distance d'un pouce l'une de l'autre. Mais la distance particulière de ces empreintes importe peu, et il n'est pas nécessaire que le cylindre se meuve avec une précision mathématique. Si son mouvement pendant le petit intervalle d'une seconde est uniforme, cela suffit.

Lorsque l'objet, une étoile, par exemple, approche du champ de vue, l'observateur a l'œil au télescope et le doigt sur le clavier. Il voit l'étoile entrer dans le champ et gagner le premier fil. Au moment où elle traverse le fil, il appuie sur la touche et le style marque une empreinte sur le papier du cylindre. De même, lorsque l'étoile traverse le second fil et les suivants, il appuie chaque fois sur la touche et laisse ainsi sur le papier autant de marques distinctes qu'il y a de fils.

Quand l'observation est terminée, on examine les empreintes du papier, on mesure exactement leurs distances et l'on en infère la fraction de seconde entre le moment où l'étoile a traversé chacun des fils et le dernier battement du pendule.

De cette manière, on évalue le temps du passage jusqu'à la centième partie d'une seconde.

L'Astronome Royal, rendant compte de cette méthode à la Royal Astronomical Society, dit que : « Dans les observations ordinaires du passage des astres, l'observateur écoute le battement d'une horloge pendant qu'il examine les corps célestes traversant les fils du télescope ; il combine les deux sens de la vue et de l'ouïe de manière à pouvoir calculer mentalement la fraction de seconde, quand l'objet traverse chaque fil, et il écrit le temps sur son livre d'observations. Dans la nouvelle méthode, il n'a pas d'horloge près de lui, ou du moins il n'en a pas qu'il écoute ; il observe de l'œil l'arrivée de l'objet au fil, et à cet instant il presse un index, ou touche, avec le doigt ; cette pression produit, au moyen d'un courant galvanique, une action sur un appareil enregistreur (placé peut-être à une grande distance), qui garde note du fait et du temps de l'observation. L'observateur n'écrit rien, sauf peut-être le nom de l'objet observé. »

Plus loin, l'Astronome Royal dit qu'on espérait que cette méthode diminuerait considérablement les irrégularités d'observation, car il y a plus de sympathie entre l'œil et le doigt qu'entre l'œil et l'oreille. Il propose l'emploi de l'horloge centrifuge ou à pendule conique, comme un instrument de toute façon supérieur à ceux employés en Amérique ; et, « considérant le problème du mouvement égal et correct comme étant actuellement beaucoup plus près d'une solution qu'auparavant, il demande si, dans le cas où l'observatoire royal posséderait une horloge sidérale faite sur ces principes, on ne pourrait pas s'en servir pour communiquer le mouvement à une horloge solaire. »

Il est aussi digne de remarque que des observateurs occupés à deux instruments ou davantage dressés dans des pièces différentes, peuvent agir sur le *même* cylindre tournant au moyen des claviers ou commutateurs qui complètent le circuit de la même batterie au même point d'action. C'est ce qui a lieu aujourd'hui à Greenwich avec deux instruments. Plus n'est besoin, naturellement, de comparer les horloges.

Quelques difficultés se présentèrent d'abord pour impartir au cylindre un mouvement suffisamment uni et égal ; le mouvement donné au moyen d'un mouvement d'horlogerie se faisant toujours par sauts comme celui de l'aiguille à seconde d'un pendule. Ce fut pour vaincre cette difficulté que l'Astronome royal proposa de substituer le pendule centrifuge au pendule ordinaire. Dans le compte rendu de l'Astronomical Society, publié en février 1854, on annonce que : « Les difficultés qu'on rencontrait de temps en temps dans le mécanisme de l'horloge à mouvement égal, ont été surmontées, et qu'aujourd'hui il ne laisse rien à désirer. »

LIGNES TÉLÉGRAPHIQUES DU ROYAUME-UNI.

VI.

Les lignes télégraphiques du Royaume-Uni ont toutes été établies par des Compagnies particulières autorisées par la législature. L'étendue totale des lignes anglaises au commencement de 1854 allait au chiffre de 8,000 milles, un peu plus; on comptait 40,000 milles de fils conducteurs, ce qui fait supposer un nombre moyen de cinq fils conducteurs sur tout le réseau télégraphique.

VII.

Ce vaste système de communication électrique est dû à cinq ou six Compagnies différentes; mais la plus grande partie a été établie par deux Compagnies: l'*Électric Telegraph Company* et l'*English and Irish Magnetic Telegraph Company*. La première possède près de 4,500 milles de lignes, et plus de 24,000 milles de fils; la seconde 2,200 milles de lignes et 13,000 milles de fils.

Le capital de la première se représente par le chiffre de 800,000 liv. st. (20 millions), et celui de la seconde par 300,000.

On évalue le capital occupé par les lignes du Royaume-Uni à 1,500,000 liv. st. (37,500,000 fr.)

L'ELECTRIC TELEGRAPH COMPANY.

VIII.

Cette Compagnie est la plus ancienne. Elle n'eut pendant quatre ans aucune Compagnie rivale. Pendant six ans, elle fut sans compétiteur sérieux. Ces faits expliquent pourquoi l'étendue de ses lignes l'emporte sur celle des autres Compagnies.

La conséquence directe de ce monopole, joint au manque d'expérience quant à l'emploi que le public pourrait faire du nouveau système de communication, fut naturellement, et c'est chose excusable, l'établissement d'un tarif élevé. On considérait le télégraphe, par rapport aux particuliers, comme un objet de luxe, non comme une nécessité de la vie sociale, et par rapport aux hommes de commerce, comme un moyen dont ils ne se serviraient qu'en cas d'urgence absolue: en admettant la justesse de ces idées, un tarif élevé était, on le répète, non-seulement excusable, mais absolument nécessaire pour que les intérêts des personnes qui avaient mis leurs capitaux dans l'entreprise fussent sauvegardés.

Le temps, l'expérience et l'habitude familiarisèrent le public avec le télégraphe et le portèrent à en faire un usage plus fréquent; d'un autre côté, les Compagnies, en présence de ce résultat, finirent par adopter des mesures plus libérales que dans l'origine. Le tarif fut insensiblement abaissé jusqu'à un point qui ne laisse rien à désirer, surtout quand on le compare au tarif des autres pays. Le temps et l'expérience résoudront plus tard la question de savoir si, en l'abaissant encore et en le basant sur le principe du système postal uniforme, les Compagnies, aussi bien que le public, n'en retireraient pas un avantage considérable.

IX.

Le tableau suivant, que nous devons au Conseil des directeurs de cette Compagnie, montre l'étendue de ses lignes.

NOM DU CHEMIN DE FER.	Nombre des milles de fils.	Nombre des fils.	Nombre des instruments à deux aiguilles.	Nombre des instruments à une aiguille.	Nombre des instruments imprimants.	Nombre des sonneries.	Nombre des aimants.
BANGOR ET CAERNARVON	26 1/4	3	2	4	»	4	»
BIRMINGHAM, SHREWSBURY ET STOUR VALLEY.							
Birmingham, Wolverhampton et Shrewsbury.	138 1/2	4	12	»	»	1	»
Birkenhead, Lancashire et Cheschire (chemins de jonction).	87 1/2	2	3	»	»	»	»
Tunnel de Birkenhead.	»	»	»	2	»	2	»
Tunnel de Sutton.	»	»	»	2	»	2	»
CHESTER ET HOLYHEAD	366 1/4	4	15	»	»	»	»
COMTÉS DE L'EST.							
Londres à Colchester.	110	3	16	»	»	»	»
Entre Braintrée et Maldon.	36	3	3	»	»	3	3
Londres à Ely.	650 1/4	9	36	»	»	26	23
Ely à Norwich.	»	»	15	4	»	9	4
Norwich à Yarmouth. Lowestoft. . . . . }	»	»	13	29	»	13	»
Chesterford à Bury.	»	»	7	»	»	»	1
Chesterford à Newmarket.	»	»	6	»	»	»	»
Ely à Peterborough.	148 3/4	5	7	»	»	6	6
March à Wisbeach	27	3	2	»	»	2	2
Cambridge à Saint-Yves.	44 1/4	3	6	»	»	6	6
Broxbourne à Hertford	21	3	2	»	»	2	2
Waterlane à Enfield.	6	2	2	»	»	2	»
Shoreditch à Chatam.	»	»	»	18	»	2	»
Eccles à Attleborough.	3 3/4	1	»	2	»	2	»
Audley End à Littlebury.	4	2	2	»	»	2	»
Shoreditch à Brich Lane.	1	2	2	»	»	2	»
Stratford à Woolwich..	15	3	5	»	»	5	»
Stratford à Clapton	0 1/2	1	»	»	»	2	2

NOM DU CHEMIN DE FER.	Nombre des milles de fils.	Nombre des fils.	Nombre des instruments à deux aiguilles.	Nombre des instruments à une aiguille.	Nombre des instruments imprimants.	Nombre des sonneries.	Nombre des aimants.
West Junction à Stratford Bridge.	2 1/4	3	5	»	»	7	»
Coal-Siding à Angel Lane.	0 1/4	1	»	»	»	2	»
Forest Gate à Angel Lane.	1	1	»	»	»	2	»
Ligne de Chobham Farm.	1	1	»	6	»	»	»
UNION DE L'EST.							
Colchester à Ipswich.	86 1/4	9	6	»	»	6	5
Ipswich au bureau der Manage	1	2	2	»	»	»	»
EXETER ET CREDITON.	83 1/2	2	4	»	»	»	»
FURNESS LIGNE.							
Lindal à Dalton	2 1/2	2	2	»	»	»	»
Tunnel de Whitehaven.	0 3/4	1	»	2	»	2	»
LE GREAT NORTHERN.							
Londres à York	762	4	19	»	2	»	»
Londres à York, voie de Boston.	421	2	8	»	»	»	»
Peterborough à Grimsby.	156 1/2	2	7	»	»	»	»
Boston à Retford.	102	2	4	»	»	»	»
Lincoln à Gainsborough.	33 1/2	2	2	»	»	»	»
Grimsby à Docks.	1	4	2	»	»	»	»
Knottingley à Leeds.	16	2	5	»	»	»	»
Bawtry à Rossington.	7	2	2	»	»	2	»
LE GREAT WESTERN.							
Londres à Bristol.	827 3/4	7	22	»	2	»	»
Londres à Birmingham.	257 1/2	2	20	»	»	»	»
Londres à Meidenhead	67 1/2	3	9	9	»	9	»
Slough à Windsor.	12	4	1	»	»	»	»
Reading à Basingstoke.	31	2	2	»	»	»	»
Oxford à Banbury.	23	1	5	»	»	5	»
Swindon à Gloucester, voie de Cirencester.	90	2	8	»	»	»	»
Tetbury à Brimscombe.	8 1/4	1	»	2	»	2	»
Box à Corsham	3 1/2	1	»	2	»	2	»
Bath à Bristol.	23	2	4	»	»	»	»
Bristol et Exeter.	531	6	13	»	»	»	»
Yatton à Clevedon.	8	2	2	»	»	»	»
Tiverton Junction à Tiverton.	20	4	2	»	»	»	»
Taunton à Yeovil.	50	2	6	»	»	»	»
LANCASHIRE ET YORKSHIRE.							
Manchester à Normanton	355 1/4	7	31	»	»	8	»
Tunnel de Summit	3 1/2	2	2	»	»	2	»
North Dean à Bradford.	20	2	5	»	»	»	»
Wakefield à Normanton.	16	4	»	»	»	»	»
Waterloo à Southport.	39 3/4	3	3	»	»	3	»
Castleford à Metby.	1 1/2	2	»	»	»	»	»
LANCASTRE ET PRESTON, LANCASTRE ET CARLISLE.							
Lancastre à Preston.	42	2	2	»	»	»	»
Lancastre à Carlisle.	138	2	5	»	»	»	»
Oxenholm à Kendal.	8	4	2	»	»	»	»
LONDRES, BRIGHTON ET LA CÔTE SUD.							
Londres à Brighton.	202	4	17	»	»	»	»
Brighton à Newhaven	29 1/2	2	4	»	2	»	»

NOM DU CHEMIN DE FER.	Nombre des milles de fils.	Nombre des fils.	Nombre des instruments à deux aiguilles.	Nombre des instruments à une aiguille.	Nombre des instruments imprimants.	Nombre des sonneries.	Nombre des aimants.
Londres à Epsom.	36	2	3	»	»	»	»
Londres à Croydon	21	2	8	»	»	»	»
Croydon à Epsom.	7 1/2	1	»	2	»	»	»
Littlehampton à Ford.	3 1/2	2	2	»	»	2	»
Bricklayers Arms à Deptford.	5 1/2	2	2	»	»	»	»
Bricklayers Arms Junction à Forest Hill.	5	2	5	»	»	»	»
Tunnel de Balcombe.	0 3/4	1	»	2	»	2	»
Tunnel de Clayton.	1 1/4	1	»	2	»	2	»
Palais de cristal	15	10	6	»	»	2	»
LONDRES ET NORTH-WESTERN.							
LONDRES ET BLACKWALL	20	4	4	»	»	2	»
Londres à Colwich.	1012	8	3	»	2	»	»
Macclesfield à Liverpool.	392	8	7	»	4	»	»
Londres à Rugby.	744 3/4	9	15	»	3	»	»
Bletchley à Blisworth	65	4	8	»	»	2	2
Euston à Camden.	2	2	2	»	»	2	2
Tunnel de Primrose Hill.	4 1/2	6	4	»	»	4	4
Tunnel de Watford	3	3	2	»	»	2	2
Bletchley à Windsor.	30	4	4	»	»	2	»
Winslow à Banbury.	47 1/2	2	4	4	»	4	»
Winslow à Oxford.	48	2	5	»	»	2	»
Winslow à la Jonction.	4	2	»	»	»	»	»
Buckingham à Goodshed.	0 1/2	2	»	2	»	2	»
Blisworth à Peterborough.	141 3/4	3	10	»	»	7	7
Le Tunnel de Kilsby.	5 1/4	3	2	»	»	2	2
Rugby à Market Harborough.	35 1/2	2	5	»	»	»	»
Rugby à Leamington.	30	2	1	»	»	»	»
Rugby à Birmingham	208 1/4	7	7	»	»	»	»
Rugby à Tamworth.	160 1/2	6	2	»	»	»	»
Tamworth à Colwich	68	4	2	»	»	»	»
Birmingham à Manchester.	595	7	17	»	1	»	»
Crewe à Warrington.	97	4	3	»	»	»	»
Warrington à Newton Junction.	28 1/2	6	2	»	»	»	»
Newton Junction à Liverpool.	162 1/4	11	6	»	3	»	»
Newton Junction à Preston.	97	4	4	»	»	»	»
Newton Jonction à Manchester.	150 3/4	9	3	»	1	»	»
Macclesfield à Stockport.	29 1/2	2	3	3	»	»	»
Stockport à Manchester.	12	2	1	»	»	»	»
Stockport à Guidebridge.	10	2	»	»	»	»	»
Guidebridge à Eaton Lodge.	217 1/2	6	6	»	»	»	»
Mirfield Junction à Leeds.	40	4	4	»	»	»	»
Saddleworth à Morsden.	15	3	4	»	»	4	4
Le Tunnel d'Huddersfield	1 1/2	3	3	»	»	3	3
Le Tunnel de Morley.	6	3	2	»	»	2	2
Manchester à Hardwick.	4 1/2	6	»	»	»	»	»
Warrington à Preston Book Junction	19	4	»	»	»	»	»
Edge-Hill à Lime-Street.	2 1/2	2	»	2	»	2	»
Edge-Hill à Byron-Street.	2	2	»	2	»	2	2
Waterloo à Wapping.	10 1/2	3	4	»	»	4	4
Curzon-street à Bescot.	19	2	2	»	»	»	»

NOM DU CHEMIN DE FER.	Nombre des milles de fils.	Nombre des fils.	Nombre des instruments à deux aiguilles.	Nombre des instruments à une aiguille.	Nombre des instruments imprimants.	Nombre des sonneries.	Nombre des aimants.
CHEMIN DE LONDRES ET DU SOUTH-WESTERN.							
Waterloo à Portsmouth.	378	4	12	»	»	»	»
Waterloo à Southampton	78 3/4	1	»	»	2	»	»
Bishopstoke à Southampton.	33	6	4	»	»	»	»
Fareham à Gosport.	19	4	2	»	»	»	»
Waterloo à Nine Elms.	4	2	3	»	»	»	»
Southampton à Dorchester.	184 1/2	3	8	»	»	8	»
Poole Junction à Poole.	7 1/2	5	2	»	»	3	»
Southampton à Brockenhurst.	30 1/2	2	1	»	»	»	»
Brockenhurst à Osborne.	64	2	4	»	»	»	»
MANCHESTER, SHEFFIELD ET LINCOLNSHIRE.							
Manchester à Sheffield	165	4	10	»	»	»	»
Denting à Glossop.	4	4	1	»	»	»	»
Sheffield à New Holland.	131 1/2	2	10	»	»	»	»
Ulceby à Great Grimsby.	19 1/2	2	2	»	»	»	»
Lincoln à Barnetby.	59	2	6	»	»	»	»
Woodhead à Dunford.	6	2	2	»	»	»	»
MARYPORT ET CARLISLE.							
Carlisle à Maryport	56	2	9	»	»	5	»
MIDLAND RAILWAY.							
Derby à Rugby.	246 1/2	5	10	»	»	2	»
Derby à Peterborough.	363 3/4	5	9	»	»	6	»
Peterborough à Leicester.	159	3	»	»	»	»	»
Melton Mowbray à Stamford.	50 1/2	2	2	»	»	2	»
Derby à Lincoln	146 1/4	3	4	»	»	4	»
Derby à Sawley.	6 3/4	1	»	»	»	1	1
Derby à Normanton.	442 3/4	7	15	14	»	21	1
Normanton à Leeds.	75 1/4	7	7	»	»	3	»
Leeds à Bradford.	41 1/4	3	5	»	»	4	»
Leeds à Skipton.	78 3/4	3	7	»	»	6	»
Apperlay à Shipley Cabin.	6 1/2	2	2	»	»	»	»
Skipton à Lancaster.	78	2	1	»	»	»	»
Hunslet à Hunslet Junction.	0 1/2	1	»	»	»	2	»
Hunslet Junction à Waterlane.	0 3/4	1	»	2	»	2	»
Sheffield à Masbro'	15	3	2	»	»	2	»
Derby à Willington.	13	2	»	»	»	1	1
Derby à Birmingham.	206 1/4	5	10	»	»	5	»
Birmingham à Gloucester.	371	7	14	»	»	6	»
Lickey à Bromsgrove.	»	2	2	»	»	»	»
Gloucester à Bristol.	150	4	8	»	»	»	»
MONTMOUTHSHIRE ET CANAL.							
Newport à Blaina.	39	2	7	»	»	»	»
Newport à Pontypool.	17	2	3	»	»	»	»
Risca à Nine Mile Point.	2 3/4	1	»	2	»	2	»
Aberbeeg à Ebbw Vale.	5 1/4	1	»	2	»	2	»
NORTH LONDON.							
Camden à Stepney.	70	10	»	»	»	»	»
Bow à Poplar.	3	2	3	»	»	»	»
NORTH STAFFORDSHIRE.							
Colwich à Macclesfield.	308	8	»	»	»	»	»

NOM DU CHEMIN DE FER.	Nombre des milles de fils.	Nombre des fils.	Nombre des instruments à deux aiguilles.	Nombre des instruments à une aiguille.	Nombre des instruments imprimants.	Nombre des sonneries.	Nombre des aimants.
Colwich à Stone.	46	4	3	»	»	»	»
Norton Bridge à Stone.	11 1/4	3	2	»	»	2	»
Stone à Stoke.	49	7	3	»	»	1	»
Stoke à Loco worths.	1	2	2	»	»	»	»
Stoke à Burton.	88 1/2	3	4	»	»	1	»
Stoke à Newcastle-under-Lyne.	3	2	2	»	»	2	»
Stoke à Horecastle	50	8	4	»	»	2	»
Stoke à Horecastle Tunnel.	1	2	2	»	»	»	»
Stoke à Crewe.	71 1/4	5	1	»	»	1	»
Stoke à North Rode.	27	3	»	»	»	»	»
North Rode à Macclesfield.	23 1/2	5	3	»	»	1	»
North Rode à Utoxeter.	54 1/2	2	4	»	»	3	»
Rocester à Ashbourne.	14	2	2	»	»	2	»
OXFORD, WORCESTER ET WOLVERHAMPTON.	115	2	13	»	»	2	»
Worcester à Dudley.	110	4	14	»	»	»	»
Dudley à Wolverhampton.	24	4	3	»	»	»	»
SHREWSBURY ET BIRMINGHAM.							
Shrewsbury à Wolverhampton.	118	4	9	»	»	1	»
SHROPSHIRE UNION.							
Shrewsbury à Stafford.	58 1/2	2	3	»	»	»	»
SHREWSBURY ET CHESTER.							
Chester à Shrewsbury.	169	4	7	»	»	3	»
Wheatsheaf Branch.	4	4	1	»	»	1	»
Oswestry Branch.	9	4	1	»	»	»	»
SHREWSBURY ET HEREFORD.							
Shrewsbury à Hereford.	101	2	13	»	»	6	»
Ludlow Race-course.	1	4	1	»	»	»	»
Ludlow Tunnel	1 1/2	2	»	»	»	»	»
Dinmore Tunnel	0 3/4	4	2	»	»	2	»
NEWPORT, ABERGAVENNY ET HEREFORD.							
Hereford Junction à la Station de Hereford.	82	2	3	»	»	»	»
HEREFORD, ROSS ET GLOUCESTER.							
Grange Court à Hopebrook.	10	2	2	»	»	»	»
SOUTH DEVON.							
Exeter à Plymouth	371	7	17	»	»	14	»
Newton à Totness.	17 1/2	2	1	»	»	»	»
Newton à Torquay	20	4	3	»	»	»	»
Totness à Kingsbridge	9	1	»	3	»	3	»
Plymouth à Kingsbridge.	15	1	»	3	»	3	»
WEST CORNWALL RAILWAY.							
Penzance à Truro.	50	2	7	»	»	»	»
SOUTH-EASTERN RAILWAY.							
Londres à Strood.	124	4	26	»	»	23	»
Londres à Greenwich.	7 1/2	2	4	»	»	4	»
Londres à l'Observatoire	7 1/2	2	»	»	»	»	»
Londres à Tunbridge.	164	4	9	»	»	9	»
Tunbridge à Paddock Wood.	25	5	2	»	»	2	»
Paddock Wood à Maidstone.	30	3	4	»	»	4	»
Paddock Wood à Douvres.	168	4	2	13	»	15	»
Folkstone à Harbour.	6	6	3	»	»	3	»

NOM DU CHEMIN DE FER.	Nombre des milles de fils.	Nombre des fils.	Nombre des instruments à deux aiguilles.	Nombre des instruments à une aiguille.	Nombre des instruments imprimants.	Nombre des sonneries.	Nombre des aimants.
Ashford à Margate	102	3	8	»	»	8	»
Minster à Deal	27	3	3	»	»	3	»
Ashford à Hastings	54	2	6	»	»	6	»
Bricklayer's Arms à la Jonction	84	»	40	»	»	8	»
Redhill à Shalford	24	2	3	»	»	3	»
Shalford à Reading	6	2	3	»	»	3	»
Tunnel de Merstham à Redhill	4	4	1	»	»	1	»
Redhill à Signal Pole	0 1/2	1	»	»	»	2	»
SOUTH STAFFORDSHIRE RAILWAY.							
Bescott à Walsall	7 1/2	5	3	»	»	2	2
Bescott à Great Bridge	6	2	2	»	»	»	»
Great Bridge à Dudley	6	3	2	2	»	3	1
Walsall à Brownhills	10 1/2	2	2	»	»	»	»
SOUTH WALES RAILWAY.							
Gloucester à Haverfordwest	647	4	35	»	»	»	»
Landore à Llamsamlit	7	2	»	6	»	6	»
Tunnel ouest de Landore	2	1	»	2	»	2	»
Taff Vale Railway	0 1/2	1	»	2	»	2	»
Loop à Swansea	14	8	2	»	»	»	»
Docks de Cardiff	5	4	1	»	»	»	»
Gloucester à Grange Court	15 1/2	2	1	»	»	»	»
TAFF VALE RAILWAY.							
Docks de Cardiff à Merthyr	49	2	5	»	»	»	»
Aberdare à Aberdare Junction	14 1/2	2	2	»	»	»	»
VALE OF NEATH RAILWAY.							
Neath à Merthyr	46	2	5	»	»	»	»
Hirwain à la Jonction d'Aberdare	1	2	2	»	»	2	»
Merthyr au bout du Tunnel	2	1	»	2	»	2	»
WHITEHAVEN JUNCTION.							
Maryport à Whitehaven	24	2	4	»	»	4	»
YORK, NEWCASTLE, AND BERWICK RAILVAY.							
York à Newcastle	872 1/2	10	18	13	1	19	1
Darlington à Newcastle	42 3/4	1	»	»	»	22	10
Darlington à la station de la ligne de Stockton	1 3/4	1	»	2	»	»	»
Dalton à Richmond	19 1/2	2	2	»	»	1	»
Dalton à Darlington	5 1/4	1	»	»	»	»	»
Belmont à Durham	12	6	4	»	»	»	»
Belmont à Fence Houses	3 1/2	1	»	»	»	4	1
Brocktey Whins aux south Shields	24	8	2	»	»	3	»
Newcastle à Brockley Whins	47 1/2	5	»	»	»	»	»
Brockley Whins à Sunderland	35	7	8	2	»	3	»
Newcastle à Berwick	399	6	8	»	»	7	»
Newcastle à Benton	4	1	»	»	»	»	»
Newcasle à Tynemouth	18	2	4	»	»	»	»
Belton à Alnwick	12	4	2	»	»	1	»
Fatfield à Washington	4	2	»	1	»	1	»
Washington à Shields Drops	8	2	»	1	»	1	»
Shields Drops à Sunderland Dock	16	2	»	1	»	1	»
Sunderland Dock à Sunderland Statn	8	2	»	»	»	»	»

NOM DU CHEMIN DE FER.	Nombre des milles de fils.	Nombre des fils.	Nombre des instruments à deux aiguilles.	Nombre des instruments à une aiguille.	Nombre des instruments imprimants.	Nombre des sonneries.	Nombre des aimants.
YORK AND NORTH MIDLAND RAILWAY.							
Harrowgate à Church Fenton.	48 3/4	3	2	»	»	2	»
Hull à Milford Junction.	77 1/2	5	9	»	»	7	»
Bridlington à Hull.	30 3/4	3	5	»	»	5	»
Scarborough à York.	42 3/4	3	8	»	»	7	»
Burton Salmon à Castleford.	36	9	2	»	»	2	»
Castleford à Normanton.	33 3/4	9	2	»	»	1	»
Milford Junction à Burton Salmon.	4	2	»	»	»	»	»
Milford Junction à York.	30	2	2	»	»	»	»
York à Burton Salmon	247 3/4	13	10	»	»	»	8
EDINBURGH, PERTH ET DUNDEE.							
Édimbourg à Tay Port.	159	3	11	»	»	11	»
Ladybank Junction à Perth.	36	2	»	»	»	»	»
Édimbourg à Scotland-street.	1	2	»	»	»	»	»
EDINBURGH AND GLASCOW RAILWAY.							
Edimbourg à Glacow.	332 1/2	7	9	»	3	7	»
Édimbourg à Greenhill.	60	2	1	»	»	»	»
Cowlairs au bout du Tunnel de Hut.	2 1/2	2	2	»	»	2	»
Haymarket au bout du Tunnel d'Édimbourg.	3 3/4	2	»	»	»	»	»
Édimbourg à Leith-street work	4	4	2	»	»	»	»
DUNDEE AND ARBROATH RAILWAY.							
Dnndee à Broughty	9	2	1	»	»	»	»
Câble sous-marin de Tay Port.	4	4	»	»	»	»	»
NORTH BRITISH RAILWAY.							
Berwick à Édimbourg	346 1/2	6	10	»	»	10	»
Portobello à Hut	6	2	2	»	»	2	»
Tunnel.	120 yards	»	»	»	»	»	»
SCOTTISCH CENTRAL RAILWAY.							
Greenhill à Perth.	180	4	9	»	»	7	»
STATIONS MÉTROPOLITAINES.	500	52	71	»	5	»	»

X.

D'après le tarif, établi dernièrement par l'Electric Telegraph Company, tous messages qui se composent de 20 mots au plus, sont transmis à une distance de 50 milles moyennant 1 shil. (1 fr. 25 c.), à une distance de 100 milles pour 2 shil., 6 d. (3 fr. 10 c.), et à toute distance plus considérable pour 5 shil. (6 fr. 25 c.).

Exceptionnellement, ces prix subissent une diminution Ainsi, les villes d'une haute importance commerciale et qui emploient fréquemment le télégraphe, sont privilégiées. Par exemple, entre Londres et Birmingham (112 milles), le prix est de 1 fr. 25 seulement ; entre Londres et Liverpool (210 milles), Londres et Carlisle (309 milles), le prix est de 6 fr. 25.

Il va de soi que le prix varie avec la longueur du message, mais il est prouvé que, sauf les messages destinés aux journaux, leur longueur moyenne n'excède guère vingt mots. J'ai obtenu un relevé des longueurs de 74 messages transmis, sur toute espèce de sujets; leur longueur moyenne, sans compter les adresses, est de 1,151 mots. La longueur totale des adresses est de 540 mots. Ce qui donne pour la longueur moyenne des messages 15 1/2 mots, et pour celle des adresses 7 1/3 mots. La longueur des messages, adresses comprises, est, par conséquent, un peu inférieure à 23 mots.

La Compagnie a établi, en dehors du grand service, des services particuliers à l'usage de Londres. Soixante-dix stations d'embranchement communiquent entre elle et avec la station principale de Lothsbury. Ces stations sont dispersées sur tous les points de Londres où il se fait le plus d'affaires. Elles comprennent les huit stations de chemins de fer, les London Docks, Mincing Lane, le General Post-office, Saint Dunstan's Church, West Strand, Great George Street Westminster, Saint Jame's Palace, Knightsbridge, et Marbles Arch, Hydepark. Parmi ces stations, celles du West Strand, et du Eastern Counties Railway, Shoreditch, sont ouvertes jour et nuit.

Tout message de 20 mots est transmis entre deux de ces stations métropolitaines par 1 fr. 25.

Dans aucun cas, il n'y a de supplément de prix à demander pour la remise du message à son adresse, à moins, toutefois, que le destinataire ne se trouve au-delà d'un rayon d'un demi-mille de la station télégraphique. On perçoit 60 centimes par mille au delà de ce rayon. Quant aux adresses de l'expéditeur ou du destinataire, elles ne donnent lieu à aucun droit supplémentaire.

Fig. 92. — Télégraphe de House.

CHAPITRE XIV.

I. Tarif actuel de l'Electric Telegraph Company ; suite. — II. La Magnetic Telegraph Company. — III. La Chartered Submarine Company. — IV. La Submarine Telegraph Company. Entre la France et l'Angleterre. — V. L'European and American Telegraph Company. — VI. Origine des entreprises des Compagnies sous-marines. — VII. Merveilleuse rapidité des correspondances internationales. — VIII. Organisation des communications électriques avec le continent. — IX. La Compagnie du télégraphe méditerranéen. — X. Tableau général indiquant les places du continent européen qui sont en communication électrique entre elles et avec l'Angleterre ; tarif des messages expédiés de chacune de ces places à une autre et à Londres. — XI. Lignes télégraphiques des Etats-Unis. — XII. Projets grandioses.

I.

Il résulte de la balance sémestrielle de la Compagnie que dans les six mois finissant au 31 décembre 1853, la recette brute s'est élevée à 56,919 liv. st. (1,422,975), et que le dividende de chaque actionnaire a été de 7 0/0 par an.

Les recettes représenteraient une moyenne d'affaires quotidiennes d'environ 6,200 messages à 1 *shill.* (1,25).

Cette Compagnie est propriétaire du brevet anglais de plusieurs espèces de télégraphes, entre autres de celui de Bain. Cependant elle emploie surtout le télégraphe à deux aiguilles, mû par les courants que fournit la batterie ordinaire de zinc et cuivre, excitée par l'eau acidulée. Pour transmettre un message, il faut, par conséquent, deux fils conducteurs et deux batteries avec leurs accessoires.

Sur certaines lignes, par exemple, entre Londres et Liverpool, c'est le télégraphe de Bain qu'on emploie. Comparé au télégraphe à deux aiguilles, il a deux avantages : d'abord, il n'exige qu'un seul fil ; ensuite il écrit lui-même le message qu'il apporte. Avec le télégraphe à deux aiguilles, il faut deux copies de chaque message, l'une pour la personne à laquelle il est destiné, l'autre pour le bureau qui la conserve. En adoptant le procédé de Bain, le message, écrit en chiffre télégraphique par l'instrument, est gardé au bureau ; de cette façon, on économise le temps d'un employé.

La Compagnie, sans tenir compte de nos habitudes nationales, a introduit une innovation dans l'organisation de son établissement. Elle emploie beaucoup les femmes. Dans le monde civilisé, sauf peut-être aux états-Unis où l'on a conservé bon nombre de nos usages, il n'est pas de pays où les femmes soient plus souvent exclues d'emplois qui leur conviennent, comme en Angleterre. En France, on voit des femmes à peu près partout, dans les magasins, dans les théâtres, dans les chemins de fer ; dès qu'un travail n'exige pas une force physique considérable, la femme est préférée à l'homme.

Or, la manœuvre des instruments télégraphiques, le travail des bureaux, tel est précisément le genre d'occupation pour lequel elle est le plus propre, et c'est avec grand plaisir que nous signalons ici la mesure prise par l'Electrique Telegraph Company. On peut considérer cette mesure comme le premier pas fait dans une voie qui conduit à l'amélioration de la condition des femmes obligées de travailler pour vivre.

La partie la moins intéressante de l'établissement de Lothbury n'est pas celle où se trouvent les batteries. Les caves de l'édifice y sont consacrées. Elles se composent de deux caveaux longs et étroits, où sont disposées plus de 300 batteries qui ont, les unes six, les autres douze, d'autres vingt-quatre éléments.

La somme totale de force voltaïque employée par la Compagnie est de 96,000 cellules composées de 1,500,000 pouces carrés de cuivre et de 1,500,000 pouces carrés de zinc. La dépense d'acide est annuellement de 6 tonneaux.

Dans le semestre qui a fini le 31 décembre 1851, le capital de la Compagnie s'est augmenté et le tarif a subi une diminution de 50 0/0 sur son chiffre primitif. L'étendue de la ligne s'est accrue de 8 0/0 et celle des fils conducteurs d'environ 35 0/0. Le nombre moyen des fils se trouve porté, par là, de 4 à 5. Il est résulté de ces faits que dans le semestre suivant, le trafic s'est élevé de plus de 60 0/0, les recettes de 13 0/0 et que les dividendes ont passé de 4 à 6 0/0.

Au nombre des améliorations récentes adoptées par cette Compagnie, on doit signaler les suivantes.

Les papetiers sont autorisés à vendre du papier pour les messages. L'acheteur, quand il a un message à envoyer, remplit le blanc de ce papier et le fait parvenir au bureau télégraphique qui expédie le contenu. La Compagnie se propose même de vendre des timbres électriques, analogues aux *Queen's heads* (timbres-poste), qu'on pourra coller sur n'importe quel papier, et les messages arriveront franco à destination. Une autre innovation importante pour les négociants est l'envoi de *remittance messages* (mandats); par ce moyen, une somme versée à Londres au bureau central est, quelques minutes après, payée à Liverpool ou Manchester ou ailleurs. Il existe à Lothbury un bureau *ad hoc* qui, probablement, ne tardera guère à l'emporter sur le bureau de la poste dont les envois se font trop lentement (*Quarterly Review*, n° 189, p. 149).

La conséquence de l'abaissement graduel du tarif sur le trafic et les profits de la Compagnie se voit dans le tableau qui suit :

Semestre finissant	Milles ouverts.	Accroissement pour cent.	Milles de fils.	Augmentation pour cent.	Nombre moyen des fils.	Nombre des messages.	Augmentation pour cent.	Recettes totales.	Augmentation pour cent.	Recettes moyennes par messages.	Recettes moyennes par mille de fils.	Dividendes payés pour 100 par an.
								liv. s. d.		s. d.	liv.	
30 Juin 1850	1684	»	6730	»	4	2.245	»	20436 10 0	»	13 11 3/4	5.04	4
31 Dec. 1850	1786	6.06	7200	6.98	4	37389	27.84	23087 13 9	12 97	12 4	3.20	4
30 Juin 1851	1065	10.02	7900	9.72	4	47259	26.39	25529 12 4	10.56	10 9 1/2	3.23	6 et 2 pour cent.
31 Déc. 1851	2122	99	10650	34.81	5	53957	14.17	24336 8 10	4.67	90 1/3	2 29	6
30 Juin 1852	2502	17.91	12500	17.37	5	87150	61.52	27437 4 8	12.74	5 3 1/2	2.19	6
30 Déc. 1852	3709	48.24	19560	56.48	5 1/2	127987	46.86	40086 18 2	36.11	6 3 1/4	2.05	6 1/2
30 Juin 1853	4008	8.06	20800	6.34	5 2/3	138060	7.87	47255 16 3	17.90	6 10	2.27	6 1/2
31 Déc. 1853	4489	10.00	24340	17.02	5 1/2	212440	53.87	56919 0 1	20.42	5 4 1/4	2.34	7
30 Juin 1854	4652	5.51	25233	3.67	5 1/2	235867	11.03	62435 0 0	9 69	5 3 1/2	2.47	7

LA MAGNETIC TELEGRAPH COMPANY.

II.

On doit à cette Compagnie les lignes qui relient, à l'aide de câbles sous-marins entre Donaghadee et Port Patrick, les principales places suivantes :

Londres.
Birmingham.
Manchester.
Liverpool.
Preston.
Carlisle.
Glascow.
Greenock.
Edimbourg.
Stranraer.

Port Patrick.
Donaghadee.
Belfast.
Armagh.
Drogheda.
Navan.
Dublin.
Athlone.
Ballinassloe.
Galway.

Kildare.
Carlow.
Thurles.
Tipperary.
Limerick.
Waterford.
Mallow.
Killarney.
Cork.
Queenstown.

Cette Compagnie a établi une ligne souterraine de dix fils de Londres à Liverpool par Manchester, et une autre de six fils de Liverpool à Port Patrick, et de là à Belfast. La ligne de Belfast à Dublin et de Dublin à Cork, avec embranchements, est établie sur poteaux. Le système souterrain se continue ensuite de Cork à Queenstown.

On construit actuellement des lignes sur le chemin de fer de Waterford and Limerick, et l'on va placer six fils additionnels entre Dublin et Belfast.

On emploie le télégraphe à aiguilles et principalement celui à deux aiguilles. Le courant est produit non par des batteries galvaniques, mais par des machines magnéto-électriques, pour lesquelles brevet a été pris par MM. Henley et Forster, et auxquelles M. Bright, ingénieur de la Compagnie, a fait subir quelques modifications de détail.

Le discours de la reine, à l'ouverture de la session parlementaire de 1854, fut envoyé mot pour mot aux journaux de Belfast et reçu à 2 h. 25 m. ; ceux de Dublin l'eurent à 2 h. 40 m. et ceux de Cork à 3 h. 20 m., dans l'après-midi du jour où il fut prononcé.

La base du tarif de l'*Electric Telegraph Company* est celle adoptée par la *Magnetic Télegraph Company*.

Quoique cette Compagnie n'ait été constituée qu'au milieu de 1852, elle a aujourd'hui (juillet 1854) plus de 2,000 milles de lignes télégraphiques et 13,000 milles de fils en activité de service. D'après ses progrès, et grâce à la faculté qu'elle a de porter son capital de 300,000 liv. st. à 600,000, il est probable qu'elle ne tardera pas à prendre des proportions considérables au grand avantage du public.

COMPAGNIES SOUS-MARINES.

III.

La *Chartered Submarine Telegraph Company* entre la Grande-Bretagne et le continent a été formée avec un capital de 75,000 liv. st.

Les opérations de cette Compagnie se sont bornées jusqu'ici à l'établissement de communications électriques avec la Belgique, au moyen du câble dont on a parlé et qui relie Douvres à Ostende.

Cette Compagnie s'est récemment réunie à la *Submarine Telegraph Company*.

IV.

La *Submarine Telegraph Company* entre la France et l'Angleterre possède un capital d'actions nominales de 100,000 liv. st. Environ 75,000 livres ont été souscrites. Les actions restantes n'ont pas trouvé leur place. Les opérations de cette Compagnie se sont bornées à la pose du câble électrique entre Douvres et Calais.

V.

L'*European and American Electric Telegraph Company* a été établie pour former un lien entre les câbles des deux Compagnies sous-marines, et Londres, Manchester, Liverpool et places intermédiaires. Cette Compagnie a posé des fils souterrains de Douvres à Londres et de Londres, par Birmingham et Manchester, à Liverpool. La première section de cette ligne, entre Douvres et Londres, fut livrée au public le 1er novembre 1852; depuis, elle n'a pas cessé de fonctionner. Quant au reste de la ligne, il y avait 190 milles terminés le 1er mars 1854; ces 190 milles gagnent Birmingham, Wolverhampton, Stafford, Macclesfield et Manchester. Les 30 milles restants, destinés à gagner Liverpool, ont depuis été terminés et toute la ligne fonctionne actuellement. Cette ligne, avec ses accessoires, a coûté 100,000 liv. st. (2,500,000 fr.).

Par un arrangement intervenu entre cette Compagnie et la Submarine Company, tous les messages qui parviennent du continent dans les bureaux de cette dernière sont transmis sur les fils de la première, et reçus et délivrés aux bureaux de l'*European and American Company*. En réalité, et par rapport au public, la correspondance continentale allant ou venant par voie de France ou de Belgique est transmise par ces trois Compagnies, agissant en commun et comme une seule administration. Des bureaux de correspondance entre l'Angleterre et le continent sont établis à Londres, à Birmingham, Manchester, Liverpool, Gravesend, Chatham, Canterbury, Deal, Douvres, Calais, Paris, Bruxelles et Anvers; toutes les stations continentales, cependant, peuvent envoyer des messages en Angleterre.

Le tarif pour chaque message simple entre Londres et le continent est de 8 shil. (10 fr.), en outre du prix exigé pour la transmission entre la station continentale à laquelle ou de laquelle est transmis le message, et Calais ou Ostende. Si le message est destiné à une ville ou vient d'une ville provinciale (sauf Douvres), on exige un supplément de prix pour sa transmission de Londres à cette ville.

VI.

Les premiers auteurs du projet relatif aux communications électriques sous-marines sont MM. Jacob et J. W. Brett, frères, de Hanover-square, à Londres. Ils s'adressèrent d'abord au gouvernement anglais; ils offraient de poser un câble sous-marin entre Holyhead et Dublin, si le gouvernement leur donnait une somme de 20,000 livres (500,000 fr.); et naturellement, le gouvernement eût eu le libre usage de la ligne. La proposition fut déclinée.

MM. Brett s'adressèrent ensuite aux gouvernements français et belge; ils eurent plus de succès. Ces deux gouvernements leur concédèrent un privilége exclusif, que ratifia le gouvernement anglais. Le projet fut mis à exécution, et des câbles furent posés entre la côte anglaise (près Douvres) et les côtes de France et de Belgique (près Calais et Ostende). Ces câbles mettent actuellement en rapport instantané Londres, Paris et Bruxelles, et toutes les capitales du continent qui ont des fils télégraphiques aboutissant à ces trois villes, sont en communication avec Royaume-Uni.

VII.

On va juger, par le fait suivant, de la rapidité des communications entre Londres et certains points de l'Europe plus ou moins distants. Le discours que la reine prononça à l'ouverture de la session parlementaire de 1854 fut transmis mot pour mot et circula à Paris et à Berlin avant que Sa Majesté fût sortie de la Chambre des Lords.

Le bureau de Cornhill a envoyé des messages à Hambourg, à Vienne, et quelquefois à Lemberg, en Gallicie (distance : 1800 milles). Il en a été *immédiatement* accusé réception.

VIII.

Des mesures sont prises par un grand nombre des principaux États du continent pour étendre les bienfaits du télégraphe électrique; on multiplie les bureaux, on augmente le nombre des fils, on abaisse le tarif.

On peut dès maintenant considérer les communications électriques avec le continent comme assurées et sans interruption probable dans l'avenir. Si l'un des câbles est brisé par une ancre, on se servira des autres, en attendant que celui-là soit réparé; il n'est guère possible que les trois câbles sous-marins se trouvent hors de service à la fois.

LA MEDITERRANEAN ELECTRIC TELEGRAPH COMPANY.

IX.

Une Compagnie s'est formée à l'instigation de MM. Brett et sous les auspices des gouvernements de France et de Piémont, pour relier les côtes d'Europe et d'Afrique par des fils électriques, ainsi qu'on l'a dit. Cette Compagnie possède un capital d'actions qui s'élève à 300,000 livres (7,500,000 fr.). Les deux gouvernements lui ont concédé un privilége exclusif de cinquante années et lui garantissent, le gouvernement français un intérêt de 4 0/0 sur 180,000 livres, et le gouvernement sarde un intérêt de 5 0/0 sur 120,000 livres.

L'entreprise est aujourd'hui (1854) en pleine voie de réalisation, car plusieurs centaines d'hommes travaillent à la construction des lignes entre les îles de Sardaigne et de Corse. Il est probable que, lorsque le lecteur aura ce livre en main, les lignes gagneront la côte africaine.

Au moment où nous écrivons ce qui précède (juin 1854), on dit que le câble est posé entre Spezzia et la Corse, et entre la Corse et la Sardaigne.

On a déterminé par des sondages la forme et la condition du fond de la mer; on a trouvé qu'il n'y a aucun obstacle à craindre et que les inégalités de profondeur sont peu importantes. On a donné aux fils conducteurs de ce câble une forme spéciale; l'avantage qui en résulte est que, si une inégalité accidentelle du fond ou un accident pendant la pose le fait courber, les fils n'éprouveront pas de tension, mais céderont comme un ressort spiral. Dans les câbles précédemment posés, on a remarqué que quelques fils avaient plus ou moins souffert de cette cause, ce qui nuisait à leur fonctionnement.

Le poids de ce câble est d'environ huit tonneaux par mille. Il renferme six fils conducteurs. Chacun est couvert de gutta-percha et le tout est entouré de chanvre compacte, avec armure de douze fils de fer galvanisé.

Jusqu'à ce que le câble et les fils destinés à relier Alexandrie à la Sardaigne soient terminés, une ligne de steamers sera établie entre

Malte et la Sardaigne, pour que la transmission des nouvelles soit instantanée du centre de la Méditerranée à Londres, Paris et toutes les parties de l'Europe. Deux maisons de commerce, les maisons Rubattino et Cie, de Gênes, et Antonio Galea et Cie, de Malte, ont entrepris conjointement l'établissement de deux steamers entre Malte et la Sardaigne, qui prendront des dépêches venant de l'Orient pour Paris et Londres.

On reliera, pendant ce temps, par un câble l'île de Malte au point le plus voisin de la côte africaine, et par ce câble, puis par des fils souterrains, à Bone, pour établir une communication électrique avec la Sardaigne, et de là avec Londres.

X.

Dans le tableau suivant, formé d'après les relevés les plus récents, on voit les stations télégraphiques établies dans les différentes parties de l'Europe en juillet 1854. A côté du nom de chaque place on donne le prix de transmission d'un message simple entre cette place et Londres. Sur ce prix, 8 *shillings* (10 fr.) s'appliquent au transport entre Londres et Calais ou Ostende, le reste est le prix de transmission entre l'une ou l'autre de ces places et la station continentale. Un message simple ne peut excéder 20 mots, s'il est transmis par Calais, ou 25, s'il est transmis par Ostende. Le prix est double, si le message excède ce nombre de mots jusqu'à 50, triple, s'il excède 50 jusqu'à 100. En général, on ne transmet pas de messages excédant 100 mots.

Dans certains cas, un message peut être transmis par des voies différentes au choix de la personne qui l'envoie. Ainsi, un message pour Vicenza peut être expédié *voie* de Baden, *voie* de Bavière, *voie* de Suisse, *voie* de Sardaigne, ou *voie* de Belgique. Le prix varie alors avec la voie choisie. On a donné dans le tableau le prix le plus bas.

Le tarif par voie de la Haye n'est pas compris dans ce tableau.

STATIONS FRANÇAISES.			STATIONS FRANÇAISES.			STATIONS FRANÇAISES.		
ABBEVILLE	10	6	Blois	13	6	Cherbourg	12	6
Agen	17	0	Bordeaux	16	6	Clermont-Ferrand	15	6
Amiens	11	0	Boulogne-sur-Mer	10	0	Colmar (Alsace)	14	6
Angers	14	0	Bourges	14	0	Creil	11	6
Angoulême	15	6	Brest	15	0	DIEPPE	11	0
Arras	10	6	CAEN	13	0	Dijon	14	6
Auch	17	6	Cahors	16	6	Douai	11	0
Auxerre	13	6	Calais	8	0	Draguignan	18	6
Avignon	17	6	Carcassonne	18	0	Dunkerque	10	0
BAR-LE-DUC	13	0	Cette	18	0	EVREUX	12	0
Bayonne	18	0	Châlons-sur-Marne	12	6	FOIX	18	6
Beauvais	11	6	Châlon-sur-Saône	15	0	GRENOBLE	16	6
Behobie	18	6	Chartres (Eure-et-L.)	12	6	HAVRE (le)	12	0
Besançon	15	0	Châteauroux	14	0	LAON	12	0
Bezières	18	0	Chaumont	13	6	La Rochelle	15	6

Lille	10	6	Narbonne	18	0	Saint-Etienne	16	0
Limoges	15	6	Nevers	14	0	Saint-Lô	12	6
Lorient	15	0	Nîmes	17	6	Saint-Omer	10	0
Lyon	16	0	Niort	15	0	Strasbourg	14	6
MACON	15	0	ORLÉANS	13	0	TARBES	18	0
Mans (le)	13	0	PARIS	12	0	Tonnerre	13	6
Marseille	18	6	Pau	18	0	Toulon	19	0
Melun	12	6	Périgueux	16	0	Toulouse	17	6
Metz	13	6	Perpignan	18	6	Tours	14	0
Mont-de-Marsan	17	6	Poitiers	14	6	Troyes	13	0
Montpellier	18	0	Privas	16	6	VALENCIENNES	11	0
Montauban	17	0	QUIMPER	15	0	Valence	16	6
Montbrison	15	0	RENNES	14	0	Vannes	14	6
Moulins	14	6	Rochefort	15	6	Versailles	12	0
Mulhouse	15	0	Roubaix	10	6	Vesoul	14	6
NANTES	14	6	Rouen	11	6			
Nancy	13	6	SAINT-QUENTIN	11	6			

ARAU	20	0	Bregenz	18	0	Dusseldorf	18	0
Aarbourg	20	0	Bremen	20	0	EMPOLI	35	0
Adelsberg	22	0	Brescia	20	0	Eisenach	18	0
Aeltre	10	0	Breslau	22	0	Elberfeld	18	0
Agram	22	0	Brigg	22	0	Elbing	26	0
Airolo	22	0	Brixen	20	0	Elseneur	24	6
Aix-la-Chapelle	16	0	Bromberg	26	0	Erfurt	20	0
Alexandrie (Sar.)	24	0	Bruchsal	14	0	Essek	28	0
Alstatten	22	0	Brugelette	12	0	FELDKIRK	18	0
Altenbourg	20	0	Bruges	10	0	Flawyl	22	0
Altona	24	6	Brugg	20	0	Flensburg	24	0
Altorf	22	0	Brunn	22	0	Fleurier	22	0
Amsterdam	16	0	Brunswick	20	0	Florence	36	6
Andermatt	22	0	Bruxelles	12	0	Fossano	22	0
Ansbach	18	0	Bühler	22	0	Francfort-sur-le-M.	15	6
Anvers	12	0	CARLSRUHE	14	0	Francfort-sur-l'Oder	22	0
Arnheim	16	0	Casale	24	0	Frauenfeld	22	0
Appenweier	18	6	Cassel	18	0	Fredericia	24	6
Aschaffenburg	16	0	Charleroi	12	0	Fribourg (Suisse)	22	0
Asti	22	0	Chaux-de-Fonds	22	0	Fribourg (Bade)	14	0
Ath	12	0	Chemnitz	20	0	Friedrichshafen	16	0
Augsburg	18	0	Chiasso	24	0	GENÈVE	22	0
BADEN-BADEN	14	0	Cilly	22	0	Gênes	24	0
Bade (Suisse)	20	0	Coire	22	0	Germersheim	14	0
Bâle	20	0	Come	18	0	Ghent	10	0
Bamburg	18	0	Courtrai	10	0	Giessen	18	0
Bautzen	22	0	Coblentz	18	0	Glaris	22	0
Bellinzona	22	0	Cologne	16	0	Glognitz	22	0
Bergame	20	0	Copenhague	24	6	Gorlitz	22	0
Berlin	22	0	Cracovie	24	0	Gospich	22	0
Berne	20	0	DANTZICK	24	0	Gotha	18	0
Berthoud	20	0	Darmstadt	16	0	Goritz	22	0
Beyreuth	18	0	Delemont	20	0	Gratz	22	0
Bielitz	26	0	Delft	16	0	HAARLEM	16	0
Bienne	20	0	Dessau	20	0	Haguenau	22	0
Bodenbach	20	0	Deutz	16	0	Hague (La Haye)	14	0
Bologne	26	0	Dirschaw	24	0	Halle	20	0
Borgoforto	24	0	Dordrecht	14	0	Ham	18	0
Botzen (Tyrol)	20	0	Dresde	20	0	Hambourg	22	0
Brain-le-Compte	12	0	Dinglingen	14	0	Hanau	18	0
Breda	14	0	Duisbourg	18	0	Hanovre	20	0

Harbourg	22	0
Hasselt	12	0
Hattingen	14	0
Heidelberg	14	0
Heilbronn	16	0
Herisau	22	0
Hermanstadt	26	0
Herzogenbuchsee	20	0
Hof	20	0
Hohenschwangau	18	0
Horgen	22	0
INSPRUCK	18	0
Ischl	24	0
JURBISE	12	0
KARLSTADT	22	0
Kempten	18	0
Kell	14	0
Kissengen	18	0
Klagenfurt	22	0
Klausenberg	30	0
Kohlfurt	24	0
Königsberg	26	0
Korsor	24	6
Kosel	24	0
Kothen	20	0
Kreutz	24	0
Kufstein	20	0
LAIBACH	22	0
Landau	14	0
Landen	12	0
Landshut	18	0
Langenthal	20	0
Lans-le-Bourg	20	0
Lausanne	22	0
Leghorn	34	6
Leipzick	20	0
Lemburg	26	0
Lenzbourg	20	0
Leyde	16	0
Lichtensteig	22	0
Liége	12	0
Liegnitz	22	0
Liestall	20	0
Lindau	16	0
Linz	20	0
Locarno	22	0
Locle (le)	22	0
Louvain	12	0
Lubeck	22	0
Lucques	34	6
Lucerne	22	0
Ludwigschafen	16	0
Lugano	24	0
MAGDEBOURG	20	0
Malines	12	0
Manage	12	0
Mannheim	14	0
Mantoue	20	0
Marbourg	18	0
Massa	26	0
Mestre	20	0
Milan	20	0
Minden	20	0
Misocco	22	0
Modène	24	0
Mogadino	22	0
Mons	12	0
Monza	20	0
Morat	22	0
Morgiers	22	0
Motiers	22	0
Mouscron	10	0
Mulheim	14	0
Munich	18	0
Munster	18	0
Murzzuschlag	22	0
Myslowitz	24	0
NAMUR	12	0
Neufchâtel	22	0
Neuhausel	24	0
Niederurnen	22	0
Nieuw Diep	17	8
Novare	24	0
Novi	24	0
Nuremburg	18	0
Nyburg	24	6
Nyon	22	0
ODERBERG	24	0
Offenbach	16	0
Offenbourg	14	0
Olmutz	22	0
Olten	20	0
Oos	14	0
Oppeln	24	0
Orsowa	26	0
Oschersleben	20	0
Ostende	8	0
PADERBORN	20	0
Padoue	20	0
Parme	24	0
Passau	20	0
Pays-Bas Frr.	12	0
Pepinster	14	0
Pescia	35	0
Pesth-Bude	24	0
Peterwardin	24	0
Pietra Santa	32	6
Pirano	22	0
Pise	32	6
Pistoja	37	0
Plaisance	26	0
Plauen	20	0
Poggebonsi	37	0
Pola	22	0
Pontadera	33	0
Posen	24	0
Potsdam	22	0
Prague	20	0
Prato	37	0
Presbourg	22	0
Przmysl	26	0
QUIÉVRAIN	12	0
RACCONIGI	22	0
Ragaz	22	0
Rapperschwyl	22	0
Rastadt	14	0
Ratibor	24	0
Ratisbonne	18	0
Reggio	22	0
Rendsburg	24	6
Rheineck	22	0
Richterschwyl	22	0
Riosa	20	0
Rotterdam	14	0
Rorschach	22	0
Rosenheim	18	0
Roveredo	20	0
Rovigno	32	0
Rzeszow	26	0
SAINT-GALL	22	0
Sainte-Croix	22	0
Saint-Ghislain	12	0
Saint-Imier	20	0
Saint-Trond	12	0
Saint-Jean-de-Maurienne	20	0
Salzbourg	20	0
Samaden	24	0
Sarrebrück	16	0
Schiedam	16	0
Schaffouse	22	0
Schweinfurt	18	0
Schwyz	22	0
Semlin	26	0
Sion	22	0
Sienne	28	6
Soleure	20	0
Sonceboz	20	0
Spire	16	0
Splügen	22	0
Stettin	22	0
Stuttgard	16	0
Süssen	22	0
Swinnemunde	22	0
Szegedin	24	0
Szolnock	24	0
TAMINES	12	0
Tarnow	24	0
Temeswar	26	0
Termonde	12	0
Teufen	22	0
Thalwyl		
Thusis	22	0
Tirlemont	12	0
Tournay	10	0
Trente	20	0
Trèves	16	0
Treviglio	24	0
Trévise	20	0
Trieste	22	0

Trogen	22 0	Vérone	24 0	Winterthur	22 0
Troppau	24 0	Verviers	14 0	Wittenburg	22 0
Trubau	22 0	Vevey	22 0	Worms	16 0
Turin	22 0	Vicence	20 0	Wurzburg	16 0
Udine	20 0	Vienne	22 0	Wyl	22 0
Ulm	16 0	Wadenschwhl	22 0	Yverdun	22 0
Utrecht	16 0	Wattnyl	22 0	Zoffingue	20 0
Uznach	22 0	Weimar	22 0	Zug	22 0
Venise	20 0	Werdau	22 0	Zurich	22 0
Verceil	24 0	Wesel	22 0	Zwickau	20 0

Dans les chiffres qui précèdent, les frais de port ordinaire, pour faire parvenir le message à son destinataire, ne sont pas compris, si le destinataire est en France. S'il est dans une ville non-française, le port est compris. — NB. La longueur moyenne d'un message, voie de Belgique, est de 25 mots ; par toute autre voie, elle est de 20 mots.

Le public est prévenu, que, afin d'éviter des erreurs dans la transmission des *messages* par l'intermédiaire des *Submarine and European Telegraph Companies,* tout message important doit être répété, c'est-à-dire réexpédié de la station à laquelle il a été envoyé à la station qui l'a expédié. La répétition d'un message donne lieu à la perception d'un double droit, s'il vient de France ou s'il y est destiné et de moitié du prix de transmission, si le message vient d'un autre pays de l'Europe ou s'y rend. On ne répond pas des erreurs de transmission, quand le message n'a pas été répété, ni de la durée de transmission ou de délivrance, ni de la non-transmission ou de la non-délivrance d'un message, répété ou non. Aucun message inintelligible ne peut être envoyé sur le continent. Les Compagnies se réservent le droit de refuser tous les messages qui leur semblent inintelligibles. Quiconque envoie plus d'un message comme dépêche simple est tenu de payer pour chaque message comme s'ils étaient envoyés séparément.

LIGNES TÉLÉGRAPHIQUES DES ÉTATS-UNIS.

XI.

Aux États-Unis, la liberté d'action est illimitée. Aussi s'y est-il formé un grand nombre de Compagnies, qui ont établi sur tout le pays, depuis l'océan Atlantique jusqu'au Mississipi et du Golfe du Mexique aux frontières du Canada, un réseau de fils, sur lesquels circulent, nuit et jour et depuis le commencement de l'année jusqu'à la fin, des messages de toute nature. L'affluence est immense, et ce qui se passe dans notre vieux monde n'en saurait donner une idée. On ne peut évaluer, même approximativement, l'étendue qu'embrassent les fils télégraphiques aux États-Unis à une époque donnée. Quand on en veut dresser la statistique, on est immédiatement arrêté : on commence de nouvelles lignes, on en ouvre incessamment, il s'en achève, en quelque sorte, à chaque instant. Donc, il est à peu près impossible de présenter un tableau vrai de la situation.

En général, on classe les lignes américaines d'après les instruments télégraphiques qu'elles emploient. Ces instruments sont ceux de Morse, de House et de Bain. Tous transmettent les messages au moyen d'un seul fil conducteur et tous écrivent ou impriment les messages qu'ils transmettent, ceux de Morse et de Bain, en chiffres télégraphiques, et celui de House en capitales romaines ordinaires.

De ces trois systèmes, celui de Morse est le plus répandu, circonstance qui s'explique par ce fait qu'il a été le premier adopté et qu'il a fonctionné longtemps avant ses deux compétiteurs. On doit dire que, si l'opinion et la faveur publiques méritent d'être considérées dans une question de cette nature, le système de Morse est préférable aux autres, car il a obtenu la majorité des suffrages non-seulement aux États-Unis, mais aussi dans les États du nord et de l'est de l'Europe.

Suivant un compte rendu publié en 1853, la longueur totale des fils télégraphiques qui fonctionnaient aux États-Unis, à la fin de 1852, était de 24,375 milles, chiffre qui se répartissait ainsi entre les trois systèmes :

Morse.	19,963	milles.
House.	2,400	—
Bain.	2,012	—
	24,375	

D'après un compte rendu plus récent, publié par M. T. P. Shaffner, il y avait aux États-Unis, au mois de mars 1834, une étendue de plus de 40,000 milles de fils télégraphiques en opération. Ce chiffre se répartissait ainsi :

Morse	36,072	milles.
House	3,850	—
Bain.	570	—
	41,392	

La diminution des lignes de Bain est due à ce que quelques-unes des Compagnies qui les avaient se sont fusionnées avec les Compagnies de Morse.

On voit par ce qui précède que, dans l'espace d'un peu plus de douze mois, les fils télégraphiques ont été augmentés de 17,000 milles. Il est probable, toutefois, que le chiffre de 24,375 milles qu'on a donné plus haut comme représentant l'étendue des lignes à la fin de 1852, est inférieur à l'étendue réelle à cette époque.

M. Schaffner répartit ainsi le capital absorbé par les entreprises :

Lignes de Morse.	5,545,800	dollars.
— House.	955,000	—
— Bain	171,000	—
	6,671,800	

Ce chiffre équivant à 1,400,000 livres sterling (35 millions de francs).

En général, il n'y a qu'un fil conducteur entre chaque station. Cependant, lorsque les besoins du service l'exigent, il y en a plusieurs. Ainsi, Washington et Philadelphie sont reliées par sept fils (Morse); New-York et Buffalo, New-York et Boston, par trois; Cleveland et Cincinnati, Boston et Portland, par deux.

Dans quelques cas, les stations terminales importantes, comme New-York et Boston, sont reliées par les fils de plusieurs Compagnies rivales, lesquels, cependant, suivent des routes différentes et desservent des stations intermédiaires différentes.

L'État de l'Ohio, vaste contrée qui s'étend entre la partie supérieure du fleuve de ce nom et la rive méridionale du lac Érié, dont la plus grande part était, jusqu'à ces derniers temps, inhabitée et sans culture, est aujourd'hui couvert de 3,000 à 4,000 milles de fils télégraphiques.

XII.

Quel que soit le spectacle que présentent aujourd'hui les États-Unis au point de vue télégraphique, ce spectacle n'est rien quand on réfléchit aux projets qui sont formés ou en voie d'exécution. Ainsi, il existe un rapport présenté au Congrès, lors de la session de 1851, par le Post-Office Committæ, où l'on parle du projet d'une ligne télégraphique qui s'étendrait jusqu'à la Californie. On lit dans ce rapport que :

« Le tracé choisi par le Comité est, d'après le plan du capitaine W. W. Chapman (de l'armée des États-Unis), l'un des meilleurs qu'on pût adopter, à cause des avantages locaux qu'il offre. La ligne commencera à la ville de Natchez, dans l'état du Mississipi, passera au nord du Texas, et gagnera El Paso, sur le Rio Grande, 32° lat. ; de là, elle gagnera les fleuves Gila et Colorado à leur point de jonction, croisera le golfe de Californie et se rendra à San Diego, sur le Pacifique; enfin, elle s'étendra sur la côte jusqu'à Monterey et San Francisco. Par ce tracé, toute la ligne d'entre le Mississipi et l'océan Pacifique sera au sud du 33° latit., et par suite n'aura à affronter aucun des obstacles qu'elle eût rencontrés, si elle avait traversé la Sierra Nevada et suivi la voie du South Pass, latit. 39°. La distance du Mississipi à San Francisco sera d'environ 2,400 milles.

« Au point de vue commercial, la ligne en question prend une importance gigantesque et apparaît, non-seulement comme un moyen de communication entre les extrémités opposées d'un même pays, quelque vaste qu'il soit, mais comme un canal par où les nouvelles gagneront les parties les plus distantes du globe. Avec les voies actuelles, il faut des mois pour que les nouvelles parviennent des belles régions de l'Est aux régions moins favorisées, sous le rapport du climat, mais non moins importantes de l'Ouest, qui regorgent des produits de l'art et de l'industrie. Que cette ligne de fils télégraphiques soit établie, et les océans Atlantique et Pacifique n'en forment plus qu'un, et les nouvelles arriveront d'Angleterre aux Indes en un temps moins considérable qu'une lettre de New-York n'arrivait à Liverpool, il y a dix ans.

« Au point de vue social, la question n'offre pas moins d'intérêt. La Californie se peuple chaque jour, à chaque instant, de nos amis, de nos parents, de nos frères politiques. Les petites bandes d'hommes qui, il y a quelques siècles, cultivaient les rivages occidentaux de l'Atlantique, sont devenues une nation puissante. La population a toujours été grossissant sur ce point, elle s'y est accumulée jusqu'au jour où une partie, faisant irruption du côté du Pacifique, a pu établir là ses foyers et élever des demeures en face du Japon. Quoique séparée de nous par des milliers de lieues, cette portion de nous-mêmes tient encore à nous par les sentiments ; ses affections nous suivent, malgré ses tracas et ses travaux. »

Une Compagnie s'est, à ce qu'il paraît, formée pour mener à fin cette vaste entreprise. Elle dispose d'un capital de 5,000,000 de dollars (27,100,000 fr.).

SPEZZIA.
Station italienne extrême de la ligne du télégraphe sous-marin de la Méditerranée.

CHAPITRE XV.

I. Lignes télégraphiques de l'Amérique anglaise. — II. Lignes belges. — III. Leur étendue et prix de revient. — IV. Correspondance sur ces lignes. — V. Dépêches étrangères nombreuses. — VI. Classification et proportions des dépêches. — VII. Tarif. — VIII. Congrès et convention télégraphique de Paris. — IX. Instruments télégraphiques employés en Belgique. — X. Langue dans laquelle sont écrits les messages. — XI. Lignes télégraphiques françaises.— XII. Instruments adoptés sur ces lignes. — XIII. Leurs communications avec celles des autres États. — XIV. Répétition nécessaire aux stations intermédiaires. — XV. Messages entre la France et l'Angleterre. — XVI. Avantages résultant de l'augmentation du nombre des fils. — XVII. Avantages résultant de l'emploi d'instruments qui n'exigent qu'un fil. — XVIII. Organisation de l'administration des télégraphes en France. — XIX. Union Allemande-Autrichienne. — XX. Stations et tarif. — XXI. Lignes télégraphiques des Pays-Bas. — XXII. Lignes télégraphiques de la Suisse. — XXIII. Lignes télégraphiques de l'Italie.

LIGNES TÉLÉGRAPHIQUES DE L'AMÉRIQUE ANGLAISE.

I.

La longueur des lignes télégraphiques en opération dans l'Amérique anglaise était, en 1853, d'environ 1,000 milles.

M. Joseph Whitworth, envoyé comme commissaire de l'Angleterre à l'Exposition de New-York de 1854, a adressé au Parlement un rapport, où l'on remarque quelques faits intéressants.

Suivant M. Whitworth, les points les plus éloignés que relie le télégraphe électrique dans l'Amérique du Nord, sont Québec et la Nouvelle-Orléans, qui se trouvent à 3,000 milles l'une de l'autre ; le réseau de lignes s'étend à l'ouest jusqu'au Missouri, et environ cinq cents villes et bourgs sont pourvus de stations.

Deux lignes distinctes relient New-York à la Nouvelle-Orléans. L'une suit la mer, l'autre le Mississipi. Chacune a environ 2,000 milles de longueur. Des messages ont été transmis de New-York à la Nouvelle-Orléans, et les réponses reçues, dans l'espace de trois heures, quoiqu'il ait nécessairement fallu les écrire plusieurs fois pendant la transmission.

Lorsque les lignes destinées à relier la Californie à l'Atlantique, et Terre-Neuve avec le continent, seront terminées, San Francisco se trouvera en communication avec Saint-John's (île de Terre-Neuve), qui est à cinq jours du comté de Galway. On estime, par conséquent, que les nouvelles arriveront du Pacifique en Europe, et réciproquement, en six jours à peu près.

Le prix de revient des lignes télégraphiques varie avec les localités ; cependant, on a calculé que le mille revient à 180 dollars (900 fr.) environ. La faiblesse de ce chiffre doit être attribuée aux facilités que donnent aux Compagnies les lois concernant les choses télégraphiques, soit pour leur formation, soit pour la construction des lignes.

Toutes les classes de la société se servent du télégraphe. C'est un intermédiaire ordinaire.

Les dépêches du gouvernement, les messages relatifs à la vie ou à la mort des individus sont envoyés avant tous les autres ; puis viennent les communications importantes destinées aux journaux ; mais ces dernières, si elles n'ont qu'un intérêt ordinaire, ne passent qu'à leur tour.

Les grands journaux de New-York reçoivent chaque jour des communications télégraphiques et en payent le coût conjointement. L'*Associated Press* dépense ainsi annuellement une somme de 30,000 *dollars* en moyenne. (Le dollar des États-Unis = 5 fr. 42 c.)

Voici le tarif des messages destinés aux journaux :

Au-dessus de 200 milles,				1 *cent*	(6 centimes) par mot.	
Entre	200	et	500	»	2 »	»
»	500	»	700	»	3 »	»
»	700	»	1000	»	4 »	»
»	1000	»	1500	»	5 »	»
»	1500	»	au delà	»	6 »	»

En prenant trois *cents* pour moyenne, le chiffre total des matières reçues par le télégraphe pour l'*Associated Press* (la Société de la presse), s'élève à un million de mots par an, ou environ six cents colonnes d'un journal de Londres du plus grand format, ce qui donne une moyenne de près de deux colonnes par jour.

En supposant que six journaux soient associés, la part de chacun s'élèverait annuellement à environ 5,000 dollars, pour deux colonnes de nouvelles télégraphiques quotidiennes.

Les négociants se servent très-souvent du télégraphe. En 1852, l'une des trois lignes télégraphiques qui relient New-York et Boston transmettait de cinq cents à six cents messages commerciaux par jour. Les sommes payées aux propriétaires de cette ligne par quelques maisons de commerce, en 1852, s'élevèrent en moyenne, pour chacune, à 60 ou 80 dollars par mois.

On a calculé que, sur les autres lignes, les grandes maisons de commerce versaient de 500 à 1,000 dollars par an pour messages télégraphiques.

Des interruptions dans le service ont lieu très-fréquemment; elles sont dues à l'électricité atmosphérique. On a calculé qu'il y a, en moyenne, deux interruptions par semaine, mais on a, par plusieurs moyens, tâché de parer à cet inconvénient, et l'on a pu réduire de 30 pour cent le nombre de ces interruptions.

D'autres causes d'interruption se présentent encore de temps en temps; ce sont des poteaux qui tombent, des fils que les arbres rompent dans leur chute et, en hiver, que la neige ou la glace accumulée rompt par son poids.

On fait agir le courant électrique à de grandes distances, en employant des circuits locaux et d'embranchement et des aimants de relais, quand on juge qu'il est trop faible.

Dans le système de M. Bain, un courant faible suffit pour de fort grandes distances; entre New-York et Boston (distance : 270 milles), on n'a recours à aucun circuit local ou d'embranchement. Dans certains cas, lorsque les deux télégraphes de Bain et de Morse sont employés concurremment par une Compagnie, on trouve convenable, si l'atmosphère est dans telles ou telles conditions, d'enlever les fils au télégraphe de Morse et de les réunir à celui de Bain, qui peut marcher, quand les communications par le système de Morse sont interrompues.

On croit généralement qu'en posant des fils isolés souterrains on réduirait presque à rien le nombre des interruptions. Mais ce moyen, qui coûterait cher, paraît presque impraticable aux États-Unis, où le bas prix de construction est un objet de la plus haute importance.

On n'emploie pas seulement le télégraphe pour transmettre des messages d'une partie des États-Unis à une autre; on s'en sert encore dans l'intérieur des villes pour communiquer d'un point à l'autre; ainsi, quand on a une alarme à donner, un incendie à signaler, on fait jouer le télégraphe.

Ce système est parfaitement établi à Boston.

La ville est partagée en sept districts; chacun possède une cloche d'alarme. Dans chacun, il y a plusieurs stations dont le nombre varie avec son étendue et sa population. Les sept districts ont 42 stations. Toutes sont en communication avec un grand bureau central, auquel on donne avis de l'incendie qui s'est déclaré. C'est de ce bureau que part le signal d'alarme. Le télégraphe a deux fils, un fil de retour étant employé pour compléter le circuit et pour parer à toute interruption accidentelle.

A chacune des quarante-deux stations, qui sont établies à des intervalles de 100 *rods* (25 mètres environ), on a posé dans un endroit élevé une boîte de fonte qui renferme l'appareil destiné à la transmission des nouvelles au bureau central. La boîte est tenue fermée à clef, mais on trouve toujours cette clef chez une personne du voisinage, à qui elle est confiée et dont l'adresse est peinte sur la porte de la boîte.

En ouvrant cette porte, on voit une manivelle qu'il faut faire lentement tourner plusieurs fois. La manivelle met en mouvement une roue qui porte un certain nombre de dents, disposées en deux groupes; dans l'un le nombre des dents représente le district, et dans l'autre, la station, ces dents agissent sur une touche de signal établissant ou rompant le circuit avec le bureau central, autant de fois qu'il y a de dents à la roue. Des signaux sont ainsi transmis au bureau central, et le district et la station d'où part le signal sont indiqués par le nombre des coups que rend la sonnerie.

Un employé se tient en surveillance au bureau central et lorsqu'on appelle son attention, il met aussitôt en mouvement son appareil d'alarme; il presse son clavier et fait rendre à toutes les cloches d'alarme des sept districts autant de coups qu'il en faut pour indiquer le district où le feu s'est déclaré. S'il en est besoin, l'alarme est donnée de nouveau à de courts intervalles.

Les boîtes à signaux établies aux stations contiennent, outre la manivelle-signal, un petit électro-aimant, une armature et une touche-signal; de cette façon, chaque boîte peut entretenir avec la station centrale des communications particulières et complètes, les déclics de l'armature formant des signaux intelligibles. Les boîtes possèdent aussi un appareil qui a reçu le nom de « *Discharger of Atmospheric Electricity,* » et dont le but est de prévenir les accidents qui pourraient entraver la marche de l'appareil pendant l'orage.

C'est ainsi qu'on peut avec la plus grande précision informer le bureau central de la localité où le feu a pris, et répandre immédiatement l'alarme par toute la ville.

Chacun sait si son devoir ou son intérêt l'appelle sur le théâtre de l'incendie et quel est l'endroit où l'on a besoin de son assistance. Si l'alarme est donnée pendant la nuit, ceux dont l'attention est éveillée sont à même de connaître, par le nombre des coups de la cloche, quel est au juste le quartier où le danger s'est manifesté, s'ils peuvent rester en repos, si leur famille est du moins en sûreté, etc.

Les fils télégraphiques des villes sont presque toujours posés sur le haut des maisons ou sur des poteaux établis dans les rues; il n'y en a pas de souterrains. On rencontre si peu d'opposition de la part des propriétaires des maisons, que des particuliers ont pu établir des lignes télégraphiques pour leur usage exclusif. Ainsi, un grand manufacturier de New-York, dont le bureau se trouve à une extrémité de la ville et les fabriques à l'autre, a posé un fil télégraphique, à ses frais, qui met en communication ses fabriques et son bureau. Le fil passe sur le haut des maisons intermédiaires ; les propriétaires l'ont permis sans difficulté aucune.

LIGNES TÉLÉGRAPHIQUES BELGES.

II.

Encore que, par son étendue, le territoire de la Belgique soit un des moins importants du continent, cependant par sa position, par ses communications télégraphiques, il offre un puissant intérêt pour l'Angleterre. Au moyen du câble sous-marin de Douvres à Ostende, et à défaut de celui-ci, au moyen du câble de Douvres à Calais, la Belgique est le relais le plus direct dans la route télégraphique des États du Nord.

Les lignes télégraphiques belges sont, comme ses chemins de fer, construites, entretenues, et administrées par l'État. Des fils conducteurs distincts sont appropriés au service des chemins de fer. C'est l'appareil alphabétique de M. Lippens qui est exclusivement adopté. Sur quelques lignes de chemins de fer, l'État a établi des lignes télégraphiques pour le service public et des messages privés y sont expédiés par les télégraphes des chemins, mais en général c'est par des fils indépendants que la transmission des messages privés a lieu.

III.

Les lignes télégraphiques de l'État, appropriées au service public, ont aujourd'hui (1854) une longueur d'environ 550 milles; la longueur des fils est de 16,000 milles. La plupart, sauf à Bruxelles, sont établis sur poteaux.

Le capital employé pour l'établissement de ces lignes est de 23,000 livres st. Les recettes brutes étaient annuellement en 1854 de 10,000 liv. st. Le bénéfice net s'élevait à 3,600 liv.; environ 16 pour 100 du capital. (Rapport du ministre des travaux publics, 14 février 1854.)

Aussitôt après l'établissement du câble sous-marin de Douvres à Ostende, des communications actives s'établirent entre Douvres et Bruxelles. Depuis, cet état de choses s'est maintenu. Le câble était posé le 20 juin 1853, et le 27 du même mois les deux capitales échangeaient 111 messages.

On a proposé de construire des fils et un appareil suffisant pour que le public ne pût souffrir d'aucun retard, dans le cas où il y aurait affluence de messages. Une ligne télégraphique, dit le ministre des travaux publics dans le rapport sus-énoncé, ne doit pas être organisée simplement en vue d'un trafic ordinaire ou moyen, mais dans la prévision d'une affluence extraordinaire d'affaires. On ne doit pas oublier que, dans certains moments, à certaines heures, il y a toujours encombrement, presse. Les lignes belges sont surtout exposées à cet inconvénient ; car c'est la route par laquelle sont transmises à certaines heures les cours des fonds de tous les grands centres d'affaires, tels que Londres, Paris, Amsterdam, Berlin, Anvers, etc.

IV.

Les télégraphes belges sont occupés par trois catégories de messages.

Les MESSAGES DE L'INTÉRIEUR, qui sont transmis entre deux stations belges ;

Les MESSAGES INTERNATIONAUX, qui sont transmis entre une station belge et une station étrangère ;

Les MESSAGES ÉTRANGERS, qui sont transmis par la Belgique et envoyés d'une station étrangère à une autre, étrangère pareillement.

De ces trois catégories de messages, la seconde est la plus importante par le nombre, et la troisième la plus lucrative ; le tableau suivant en offre la preuve.

RÉSULTATS DE L'ANNÉE FINISSANT AU 31 DÉCEMBRE 1853.

Messages.	Nombre des messages.	Recettes.	Nombre pour cent du total.	Recettes pour cent du total.
Intérieurs. . . .	14,160	Liv. st. 1,813	27.2	16.7
Internationaux. .	20,664	» 3,831	39.7	35.2
Étrangers. . . .	17,232	» 5,227	33.1	48.1
TOTAL :	52,056	Liv. st. 10,871	100.0	100.0

V.

On voit, par ce relevé, qu'environ 40 pour cent des messages transmis et reçus en Belgique, sont échangés avec des pays étrangers, et qu'un tiers de tous ceux qui passent par les fils belges se rend d'une ville étrangère à une autre également étrangère. Près de la moitié des recettes est due aux messages transmis entre stations étrangères et traversant seulement la Belgique. Cela s'explique par ce fait que les dépêches dont il s'agit allant toujours d'une frontière à une autre, et le plus souvent d'Ostende à la frontière prussienne, c'est-à-dire franchissant toute l'étendue du royaume, payent le prix le plus élevé du tarif. C'est là l'un des avantages que le télégraphe belge tire de la position géographique du pays.

VI.

Pour faire voir la proportion suivant laquelle se répartissent les différents sujets de correspondance, nous prendrons les sujets de dépêches classés du mois d'août 1853, mois où la correspondance fut le plus active. Il y eut, dans ce mois, 5,799 messages transmis sur les fils belges:

	Nombre.	Pour cent du total.
Commerce.	3,247	56
Cours des fonds.	1,566	27
Messages privés.	754	13
» de la presse	116	2
» du gouvernement.	116	2
TOTAL :	5,799	100

En ce qui touche la longueur des messages, la proportion s'établit comme il suit:

	Nombre.	Pour cent du total.
De 1 à 20 mots.	4,741	81.8
De 21 à 50 mots.	921	15.9
De 51 à 100 mots.	122	2.1
Au delà de 100 mots.	15	0.2
TOTAL :	5,799	100.0

On voit par là que le commerce et la bourse pour les fonds publics fournissent 83 pour 100 des affaires télégraphiques; les messages privés 13 pour 100, les journaux et le gouvernement presque rien; sur cinquante messages il y en a un de ces derniers.

On voit aussi que la plupart des messages n'excèdent pas 20 mots et que presque aucun n'excède cinquante mots.

VII.

Le grand nombre de dépêches internationales et étrangères transmises sur les lignes belges, et la nécessité de les affranchir, ont forcé l'administration des télégraphes belges de faire quelques arrangements avec les principaux États voisins. Un congrès s'est en conséquence tenu à Paris en septembre 1853; la France, la Belgique, la Prusse, l'Autriche et les petits États d'Allemagne y avaient des délégués. Une convention télégraphique fut conclue et signée le 4 octobre 1853; un tarif général pour tous les messages transmis de ces États ou à ces États y est réglé.

Suivant cette convention, chaque région télégraphique est divisée en une série de zones, partant de la frontière belge. Le prix de transmission pour messages simples (de 1 à 20 mots) est fixé à 2, 4, 6, 8 sh., etc.; il s'élève de 2 schellings par chaque zone franchie.

D'après la convention ci-dessus, la France est divisée en six zones télégraphiques; le tarif des messages simples est fixé à 2, 4, 6, 8, 10 et 12 schellings. La première zone comprend les principales villes du Nord, Arras, Douai, Lille et Valenciennes; la seconde, Amiens, Boulogne, Dunkerque, etc.; la troisième, les principales villes qui se rapprochent du centre, Paris, Orléans, le Hâvre, etc.; la quatrième, les points du centre les plus éloignés, Châlons, Lyon, Strasbourg, etc.; la cinquième, les points méridionaux les plus rapprochés, Avignon, Grenoble, Bordeaux, etc.; la sixième, les points méridionaux les plus distants, Marseille, Bayonne, etc.

Les États allemands, y compris la Lombardie, sont partagés en huit zones, dont le tarif est 2, 4, 6, 8, 10, 12, 14 et 16 schellings. Ces zones comprennent toute l'étendue de l'Europe septentrionale et orientale au delà du Rhin, ainsi que la partie nord-est de l'Italie.

VIII.

Sur les lignes belges, aux principales stations, on emploie le télégraphe à deux aiguilles, comme en Angleterre; le télégraphe français et le télégraphe de Morse, comme dans les États allemands. On se sert du premier pour correspondre avec l'Angleterre, du second pour correspondre avec la France, et du troisième pour correspondre avec les États allemands.

IX.

On prend des mesures pour recevoir et transmettre les messages écrits, à la volonté de l'expéditeur, soit en français, soit en anglais, soit en allemand, dans toutes les stations belges; mais jusqu'ici cela n'a lieu qu'à Bruxelles, Anvers et Ostende.

Les messages transmis entre la Hollande et la Belgique peuvent être transmis et reçus en hollandais, et tous les messages entre stations belges, en flamand.

Si l'endroit où le message est adressé n'est pas une station télégraphique, ce message est envoyé à son adresse, soit par la poste, soit par un commissionnaire spécial, au choix de l'expéditeur. Si l'on adopte le premier moyen, le port à payer est de 10 d. (1 fr.), lorsque l'endroit se trouve dans la circonscription du bureau télégraphique où le message arrive, et de 20 d., s'il est dans une autre circonscription. Quand on adopte le second moyen, on paye 10 d. pour un kilomètre, et 5 d. par kilomètre additionnel.

LIGNES TÉLÉGRAPHIQUES FRANÇAISES.

X.

Quoique la France ait la dernière adopté le nouveau mode d'intercommunication, on doit dire que, du moment où elle l'eut pris sous sa tutelle, elle ne cessa de le protéger et de l'étendre. Aujourd'hui, c'est-à-dire, à la fin de la présente année 1854, le réseau télégraphique français n'embrasse pas moins de 6,000 milles. Les fils sont partout établis sur poteaux et ne sont nulle part inférieurs à deux; là où les correspondances sont plus actives, il y en a un plus grand nombre.

XI.

Les instruments employés pour la transmission des messages de l'intérieur, c'est-à-dire de tous les messages transmis entre deux stations françaises, sont les télégraphes français dont on a parlé dans un précédent chapitre. Pour les messages internationaux, on se sert des télégraphes de Morse et à deux aiguilles. Ces instruments se trouvent à la station centrale, au ministère de l'intérieur à Paris. Il y a aussi des instruments à deux aiguilles, à Calais, et des instruments de Morse, à Paris. Au fur et à mesure de l'extension que prendra le télégraphe électrique, on établira, parallèlement aux instruments français, des instruments à deux aiguilles dans toutes les stations en rapport direct avec l'Angleterre, et des instruments de Morse dans toutes celles qui seront en commuuication directe avec les États allemands.

XII.

Les lignes télégraphiques françaises communiquent avec celles d'Angleterre à Calais par le câble sous-marin; avec celles de Belgique à Lille et Douai; avec celles de la Prusse et des États germaniques du Nord, à Metz; avec les États du Rhin, le Wurtemberg, la Bavière, l'Autriche, à Strasbourg; avec celles de la Suisse, à Mulhouse et Mâcon (la première de ces villes communique avec Bâle, et la seconde avec Genève); enfin, avec celles de Savoie et du Piémont, à Grenoble.

D'autres anneaux de communication électrique ne tarderont guère à se former. Ainsi, les lignes actuelles seront poussées jusqu'à la frontière espagnole à Saint-Sébastien, et l'on pose maintenant des fils entre cette ville et Madrid, de sorte que la capitale de l'Espagne sera en rapport avec celle de la France, et par conséquent, avec Londres et les autres capitales de l'Europe, très-probablement avant que ces pages soient aux mains du lecteur.

XIII.

Dans la pratique, la transmission des messages n'est pas toujours aussi directe ou immédiate qu'on le croirait en jetant les yeux sur une carte télégraphique. Ainsi, par le câble sous-marin de Douvres à Calais, Paris est en communication directe et constante avec Londres. Mais lorsqu'on veut transmettre un message de Paris à quelque autre ville anglaise, le message doit être reçu d'abord et écrit à la station centrale à Londres, puis répété et transmis au lieu de destination dans les provinces. Cette répétition serait naturellement évitée, en réunissant, à Londres, le fil qui vient de Paris, au fil qui se rend à la station provinciale où s'adresse le message ; et si le message était d'une longueur extraordinaire, ce procédé serait le plus avantageux. Mais avec les messages ordinairement courts qui sont expédiés, il entraînerait plus d'inconvénients et de retards que la répétition et la retransmission. Ainsi, pour envoyer chaque message directement à destination dans les provinces, il faudrait qu'avant son envoi de Paris on avertît à Londres de relier les fils de Paris à ceux d'entre Londres et le lieu de destination ; or, comme ce changement devrait se faire pour chaque message destiné aux provinces, et que les fils d'entre Londres et les différentes stations provinciales sont, en tout temps, nécessairement occupés à la transmission des correspondances intérieures, la transmission directe se trouverait ainsi non-seulement plus lente, moins expéditive que le procédé de répétition, mais dans les moments où il y a encombrement d'affaires, elle serait complétement impraticable.

XIV.

Ce qu'on vient de dire à propos de la ligne de Paris et Londres s'applique en général, non-seulement à tous les messages internationaux, mais souvent aux messages entre stations de l'intérieur ; il est souvent en effet, plus avantageux de les répéter et retransmettre à certaines stations intermédiaires que de les envoyer directement en réunissant les fils de ces stations.

XV.

On comprendra, néanmoins, que la nécessité de cette transmission indirecte et la répétition intermédiaire des dépêches, ont toujours pour cause l'insuffisance des fils conducteurs par rapport au nombre des messages à transmettre. Dans la transmission de chaque message par les télégraphes anglais et français, on emploie deux fils. Or, si la correspondance directe entre Paris et Londres, dans les moments du jour où il y a le plus d'affaires, suffisait pour employer une couple de fils conducteurs, il en faudrait une autre couple pour communiquer avec les places intermédiaires, et si la correspondance sur celles-ci était très-inégale, que quelques-unes accaparassent une grande partie des messages, une troisième paire de fils serait nécessaire, et ainsi de suite.

XVI.

On doit voir, en conséquence, qu'on obtiendrait dans tous ces cas, un grand avantage, en substituant aux télégraphes anglais et français, celui de Morse ou de Bain ou quelqu'autre qui n'exige qu'un seul fil conducteur. S'il en était ainsi, les quatre fils que renferme le câble sous-marin de Calais à Douvres rendraient un service autrement important que celui qu'ils rendent. Au lieu d'emporter simultanément deux messages, comme ils font aujourd'hui, ils en emporteraient quatre. On pourrait mettre l'un des fils en communication permanente avec Paris, les trois autres seraient réservés, l'un pour la communication directe avec les principales villes provinciales, telles que Birmingham, Manchester, Liverpool, Glascow, Dublin, etc., et les deux autres pour les messages destinés à des stations moins importantes et pouvant subir quelquefois une répétition. Ces deux fils seraient à la ligne télégraphique ce que les trains de seconde et de troisième classe sont aux chemins de fer. On pourrait même prendre un prix plus élevé pour les messages ainsi envoyés sans répétition intermédiaire ; ce serait, comme pour les trains *express*, qui sont plus chers que les trains ordinaires.

XVII.

Le gouvernement français a depuis peu réorganisé l'administration des télégraphes sur tout le pays ; il a modifié, réduit le tarif et tout fixé sur une base plus avantageuse. L'administration des télégraphes forme maintenant un département important de l'État, mis sous la surveillance d'un directeur général, de quatre inspecteurs généraux, de douze directeurs-chefs et de cent inspecteurs. Le directeur général, établi à Paris, tient son bureau au ministère de l'intérieur et a autorité sur tous les fonctionnaires inférieurs. Les quatre inspecteurs généraux contrôlent et dirigent sous lui tout le service télégraphique de l'empire. Ces inspecteurs, aidés par des savants nommés de temps en temps par le ministre, forment un conseil supérieur chargé d'examiner toutes les améliorations proposées dans les procédés, ou dans l'appareil télégraphique, et de statuer sur ces questions.

Les lignes télégraphiques seront partagées en douze sections ou systèmes distincts présidés par les douze directeurs-chefs, de manière à inspecter, diriger et, en communiquant directement avec le directeur général et les inspecteurs généraux, à centraliser le service.

Chacun des cent inspecteurs sera chargé de la direction d'une station ou d'un plus grand nombre et aura sous ses ordres des chefs de station, des employés, des surveillants, des ouvriers, chargés du soin de l'appareil, des fils conducteurs, des poteaux et de tous les accessoires de la ligne.

Dans les stations principales, les bureaux seront ouverts nuit et jour. Le nombre des stations établies le 1er novembre 1853 était de 78; en juin 1854, il était de 105. A la fin de 1854, toutes les préfectures de France seront en communication électrique avec Paris.

Les poteaux dont un grand nombre n'avait ni assez de hauteur ni assez de force pour porter tous les fils nécessaires ont été partout remplacés par d'autres plus convenables; les employés sont devenus plus nombreux et des mesures plus efficaces ont été prises.

On a décidé aussi d'établir sur une grande échelle les télégraphes de Morse et de Bain, adoptés déjà par l'Allemagne et les États-Unis; et si l'expérience réussit, on les établira parallèlement aux télégraphes actuels, ou à l'exclusion de ceux-ci, suivant les circonstances. En résumé, il se manifeste en France tant de signes non équivoques d'activité et surtout d'absence de préjugés, personnels ou nationaux, qu'on ne saurait qu'augurer favorablement de l'avenir de la télégraphie dans ce pays.

UNION TÉLÉGRAPHIQUE AUSTRO-GERMANIQUE.

XVIII.

A peine le télégraphe électrique fut-il établi dans les États germaniques, qu'on s'aperçut des nombreux obstacles que rencontreraient les communications dans l'adoption qu'avaient faite les différents États de télégraphes et de signaux différents. Ces obstacles devinrent bientôt si considérables qu'on jugea convenable d'y remédier au plus vite. Un congrès télégraphique se tint à Vienne en octobre 1851; tous les États germaniques y envoyèrent des représentants, et la formation d'une *Union télégraphique Austro-Germanique* fut, après mûre discussion, adoptée. Cette Union comprend tous les États de l'Europe à l'est du Rhin et les provinces autrichiennes du nord de l'Italie. Il fut arrêté qu'un système commun d'instruments et de signaux serait adopté par tous les États associés et que le télégraphe de Morse serait d'abord partout employé, de manière que des communications télégraphiques pussent être en tout temps échangées entre toutes les stations de l'Union sans qu'aux stations intermédiaires il fût besoin de traduire le message par des signes nouveaux.

XIX.

Les messages sont transmis et reçus dans toutes les stations de l'Union, soit en allemand, soit en français. On les transmet et reçoit aussi en anglais aux stations principales où il se fait de fréquentes communications avec l'Angleterre.

Depuis la convention ci-dessus, les lignes allemandes ont pris un développement considérable, et un grand nombre de stations importantes ont été depuis peu établies. Ainsi, l'on a posé une ligne de fils télégraphiques qui se rend de Brême à Gluckstadt, et de Hanovre à Lauenburg. Une autre va de Hambourg à travers le Danemark, par Rensburg, Kiel, Schleswig, à Kiel, traverse la Petite-Belt, par Odense, puis la Grande-Belt et se rend à Copenhague et Helsingor.

On pose aussi des fils entre Dantzig et Koenigsberg, entre Troppau et Lanberg, entre Vienne, par Pesth, avec des embranchements, et Klausenberg, Orsova, Berlin, Peterwardin et Eszeg.

LIGNES TÉLÉGRAPHIQUES DES PAYS-BAS.

XX.

Malgré leur population et l'activité de leur commerce, les Pays-Bas possèdent un territoire trop peu étendu pour avoir un grand nombre de lignes télégraphiques. Ce qu'ils en ont suffit, toutefois, à leurs besoins. Huit villes seulement sont en communication électrique. Ce sont :

Amsterdam, Rotterdam, la Haye, Utrecht, Haarlem, Breda, Dordrecht et Arnheim.

Les fils télégraphiques de ces villes sont réunis à la Haye par sept fils sous-marins aux lignes anglaises, à Anvers aux lignes belges et à Arnheim aux lignes de l'Union germanique.

Les messages sont reçus en allemand et en français à toutes les stations et en anglais aux stations d'Amsterdam, de la Haye, de Rotterdam, et de Dordrecht.

LIGNES DE LA SUISSE.

XXI.

Les obstacles opposés en Suisse par la nature à l'établissement des chemins de fer ont été insuffisants pour empêcher d'y fonder un réseau de lignes télégraphiques. Berne est en rapport avec les lignes françaises à Besançon, et avec les lignes allemandes à Bâle. Lausanne communique avec Besançon par un fil distinct, avec Berne et avec Genève. Genève communique aussi avec la France à Mâcon et avec la Savoie à Aix. De là partent des fils qui traversent le Mont-Cenis et se rendent à Turin.

De Lausanne, les fils se rendent, par Vevay et Sion, en traversant le Valais, au pied du Saint-Gothard, le franchissent et se continuent par Bellinzona jusqu' Milan.

Une autre ligne se rend de Bâle par Lucerne, Glaris et Coire, au Splügen, qu'elle traverse, et va trouver la première ligne à Bellinzona; de là, elle se rend à Milan.

Une autre ligne partant de Bâle, passe par Zurich et Saint-Gall, se rend à Inspruck; de là, par Batzen et Trente, à Vérone, et par Salzburg et Linz, à Vienne.

Depuis, il a été construit d'autres lignes, comprenant quelques autres stations.

LIGNES TÉLÉGRAPHIQUES DE L'ITALIE.

XXII.

L'Italie communique avec les contrées septentrionales de l'Europe sur six points : Nice, le Mont-Cenis, le Saint-Gothard, le Splügen, les Alpes tyroliennes, par Inspruck, et Trieste.

Les lignes françaises s'étendent déjà jusqu'à Nice, et une ligne entre Nice et Turin sera probablement terminée avant que cet ouvrage ait paru. Les lignes françaises et suisses communiquent avec Turin par les fils du Mont-Cenis; les lignes suisses et rhénanes, avec Milan, par les fils du Saint-Gothard et du Splügen; les lignes autrichiennes et bavaroises par les fils des Alpes tyroliennes et ceux de Trieste sur les bords du Golfe de Venise.

De Venise à Milan il y a une ligne qui passe par Vérone et Brescia, et se poursuit jusqu'à Turin. De cette ligne partent deux rameaux qui se rendent au sud, l'une qui va de Vérone, par Mantoue, Parme, Modène, Lucques, Livourne, Florence, Sienne, à Viterbe, dans les États du Pape. Cette ligne sera sous peu prolongée jusqu'à Rome. L'autre rameau se rend d'Alexandrie à Gênes.

Telle est l'étendue des lignes italiennes en 1854.

NOTES.

I. *Histoire de la télégraphie.* — La nécessité de recevoir et de transmettre promptement certaines nouvelles, certains avis importants, fit naître de bonne heure l'idée du télégraphe. On trouve cette idée, à l'état rudimentaire, il est vrai, chez les Grecs, chez les Romains, chez les Gaulois. En temps de guerre, ces peuples avaient coutume d'allumer la nuit, sur le haut des montagnes, des feux qui variaient en nombre. Au nombre des feux allumés sur un point était attaché tel ou tel sens, telle ou telle signification. Quiconque avait la clef de ce langage igné agissait en conséquence.

Comme on voit, la télégraphie eut un commencement des plus humbles.

Est-il vrai que les Chinois lui firent faire un pas considérable en avant? On l'a dit, on l'a écrit; mais le fait paraît fort contestable. Ce qui se passe actuellement en Chine, où les nouvelles les plus graves mettent quelquefois tant de semaines et même tant de mois à parvenir à la capitale de l'empire, indique que le télégraphe y est ou inconnu ou méconnu. Or, dans l'un comme dans l'autre cas, il n'a pu y faire les progrès signalés dans certains ouvrages.

Il était réservé à la France d'arracher la télégraphie aux langes de l'enfance. Dès 1690, Guillaume Amontons, appliquant les instruments d'optique à l'observation des signaux aériens, avait surabondamment prouvé, dans des expériences décisives, tout le parti qu'on pouvait tirer de cette application. Fontenelle, dans son Éloge d'Amontons (qui devint membre de l'Académie des sciences en 1799), Fontenelle décrit ainsi son procédé :

« Le secret, dit-il, consistait à disposer, dans plusieurs postes consécutifs, des gens qui, par des lunettes de longue vue, ayant aperçu certains signaux du poste précédent, les transmissent au suivant, et toujours ainsi de suite. Ces différents signaux étaient autant de lettres d'un alphabet dont on n'avait le chiffre qu'à Paris et à Rome. La plus grande portée des lunettes réglait la distance des postes dont le nombre devait être le moindre qu'il fût possible ; et comme le second poste faisait des signaux au troisième, à mesure qu'il les voyait faire au premier, la nouvelle se trouvait portée de Paris à Rome presque en aussi peu de temps qu'il en fallait pour faire les signaux à Paris. » (Histoire de l'Académie, 1705.)

Cependant, quelque belle, quelque pratique et quelque utile que fût l'idée d'Amontons, elle demeura sans partisans sérieux. Amontons ne reçut guère d'encouragement que de la part d'une femme malheureusement sans crédit au delà de son mari, le Dauphin, fils de Louis XIV et père du duc de Bourgogne. Nous voulons parler de mademoiselle de Choin.

Amontons, qui, suivant les expressions de Fontenelle, avait « une entière incapacité de se faire valoir autrement que par ses ouvrages, ni de faire sa cour autrement que par son mérite, » c'est-à-dire tout ce qu'il fallait et tout ce qu'il faut encore pour ne réussir pas, finit par désespérer du succès de sa découverte et se livra à d'autres travaux.

L'exemple de ce savant illustre eût dû, ce semble, détourner les plus audacieux de suivre la même voie. Il n'en fut rien. Une idée vraiment grande a toujours, malgré les obstacles qui entravent sa marche, des partisans; si les obstacles grandissent, ce ne sont plus de simples partisans qu'elle compte, ce sont des enthousiastes, des fanatiques ou, si l'on veut, des monomanes.

A Guillaume Amontons succède Guillaume Marcel, qui ne réussit pas mieux dans ses projets télégraphiques; à Marcel succèdent Hooke et Hoffmann, qui imaginent un petit nombre de signaux mobiles.

En 1774, la télégraphie fit son premier pas dans un chemin nouveau. Plusieurs années auparavant, Grey (en Angleterre) et Dufay (en France) avaient observé quelques-uns des phénomènes auxquels donne naissance l'électricité *statique*. George Louis Lesage, fils d'un Français retiré à Genève, s'empare de ces faits et établit à Genève un télégraphe électrique composé de 24 fils. Cette invention n'eut aucun résultat et il en devait être ainsi. L'électricité statique, qu'on produit par le frottement de deux corps, a une tendance extrême à quitter les fils conducteurs. Que l'air soit chargé d'humidité et les fils non entourés d'une substance isolante, l'électricité s'échappe, se répand dans l'air et n'arrive pas à destination.

Un autre télégraphe, fondé sur un principe différent et dont il fut question vers 1782, sembla devoir d'abord obtenir plus de succès. C'est le télégraphe acoustique du bénédictin Gauthey. Il repose sur la propriété que possèdent les tubes métalliques de transmettre les sons et d'en augmenter l'intensité. Ainsi, qu'une personne, placée à Montmartre, à l'extrémité d'un tube, tire un coup de pistolet; une autre personne, placée au centre de Paris, près de l'autre extrémité du même tube, entendra le bruit du canon; une conversation pourra même s'engager à voix base entre ces deux personnes, sans que les bruits extérieurs viennent la troubler. Dom Gauthey disait que, avec trois cents tuyaux de mille toises chacun, il s'engageait à faire parvenir, en une heure, des dépêches à trois cent cinquante lieues.

La découverte de Gauthey n'obtint qu'un succès de passage et tomba devant l'insouciance des ministres de Louis XVI.

En 1784, l'Allemand Bergstrasser publia un traité de télégraphie où l'on trouve, au milieu d'un tohu-bohu de rêveries, d'excellentes idées. L'auteur mettait tout à contribution : la lumière, le son, le feu, la poudre, l'eau, etc., etc. Rien n'était oublié, ni le bon, ni le mauvais, ni le ridicule, ni l'absurde. Aussi son système faillit-il avoir les honneurs du triomphe.

L'année 1787 vit naître deux projets de télégraphie électrique : l'un en France. l'autre en Espagne.

Le premier de ces projets avait pour auteur le physicien Lomond; il était fondé sur les attractions et les répulsions des corps électrisés. En voici la description, d'après l'Anglais Arthur Young qui visitait la France à cette époque :

« Vous écrivez deux ou trois mots sur le papier; Lomond les prend avec lui dans une chambre, et tourne une machine dans un étui cylindrique au haut duquel est un électromètre avec une petite balle de moelle de plume; un fil d'archal est joint à un cylindre semblable placé dans un appartement éloigné, et sa femme, en remarquant les mouvements de la balle qui y correspond, écrit les mots qu'ils indiquent, d'où il paraît qu'il a formé un alphabet du mouvement. Comme la longueur du fil d'archal ne fait aucune différence sur l'effet, on pourrait entretenir une correspondance de fort loin, par exemple, avec une ville assiégée, ou pour des objets beaucoup plus dignes d'attention ou mille fois plus innocents. Quel que soit l'usage qu'on en pourra faire, la découverte est admirable. »

L'autre projet a Bettancourt pour auteur. Dans son système, la production des signaux avait lieu au moyen de bouteilles de Leyde, on en faisait passer la décharge dans des fils qui se rendaient de Madrid à Aranjuez.

On peut faire à ces deux systèmes le même reproche qu'à celui de Lesage: l'emploi de l'électricité statique.

En 1788, l'auteur de l'*Origine des Cultes*, Dupuis, établit un télégraphe aérien pour son usage privé, sur le haut de sa maison de Belleville. Ce télégraphe fonctionna jusqu'en 1794.

Vers 1792, l'avocat Linguet, enfermé à la Bastille pour ses intempérances de langue et de plume, imagina (du moins il le raconte dans ses mémoires) un télégraphe aérien plus parfait que les précédents. Il demanda au ministère sa mise en liberté, pour prix de sa découverte. Le ministère accorda la liberté demandée, mais ne voulut pas entendre parler de la découverte.

A cette même époque, parut un homme qui devait enfin asseoir la télégraphie aérienne sur une base que la télégraphie électrique perfectionnée pouvait seule renverser. C'est l'abbé Claude Chappe.

« Claude, dit l'auteur des *Curiosités des inventions*, se trouvait dans un séminaire près d'Angers. Ses frères se trouvaient dans un pensionnat situé en face et à une demi-lieue de distance. Le séminariste, dont les jours de congé n'étaient pas aussi fréquents que l'étaient pour ses frères les jours de sortie, voulut triompher de l'éloignement qui les séparait. Après beaucoup d'essais infructueux, il imagina de se servir d'une règle de bois tournant sur un pivot; aux deux extrémités de la règle, tournaient aussi sur des pivots des ailes moitié plus petites; on obtenait ainsi 192 signes différents, qu'il était facile de distinguer à l'aide de longues vues. Le jeune séminariste et ses frères étaient ainsi parvenus à se transmettre des phrases d'une certaine longueur. C'était là, comme on voit, le germe du télégraphe; mais l'exécution en grand présentait des obstacles.

« Les frères Chappe, aidés des conseils de Bréguet, firent leur machine à peu près telle qu'elle existe aujourd'hui. Ils furent en outre aidés dans la composition de leur langue télégraphique par un de leurs cousins, Léon Delaunay, ancien consul à Lisbonne et Philadelphie, qui était versé dans la théorie et la pratique des chiffres de la diplomatie. L'abbé Claude Chappe est mort le 25 janvier 1805; le dernier de ses frères est mort en 1825. Un télégraphe en bronze forme la décoration principale de sa tombe, au cimetière de l'Est.

« Après un premier essai qui eut lieu sur les pavillons de la barrière de l'Étoile, la machine fut enlevée pendant la nuit par des malveillants Un second télégraphe fut établi dans le parc de Monceaux; cette fois, le peuple s'y rend, le brûle, et peu s'en faut que les inventeurs, accourus à la nouvelle du sinistre, ne figurent dans l'auto-da-fé.

« L'emploi du télégraphe fut inauguré par l'annonce d'une victoire. Le 30 novembre 1794, Carnot lut à la Convention nationale la première dépêche télégraphique, laquelle annonçait que la ville de Condé venait d'être reprise aux Autrichiens. La Convention fit répondre à l'instant que l'armée du Nord avait bien mérité de la patrie, et rendit un décret par lequel le nom de Condé était changé en celui de *Nord-libre*. Quelques minutes après, on vint annoncer que la réponse et le décret étaient parvenus à destination et avaient causé une profonde sensation. Les Autrichiens, ne comprenant rien à la rapidité extraordinaire des communications, crurent que la terrible assemblée avait transporté son siége au milieu du camp français. »

L'année même où le télégraphe de Chappe était inauguré, en 1794, l'Allemand Raiser proposait un nouveau système de télégraphie électrique; mais comme l'électricité statique faisait la base du système, les difficultés qu'on a signalées précédemment dans les télégraphes fondés sur le même principe, se retrouvaient encore dans celui de, Raiser. Le projet n'eut donc pas de suite. Il en fut de même des projets de Cavallo, en 1795, de François Salva, en 1796, etc.

Le télégraphe de Chappe ne devait être détrôné que par le télégraphe électrique, ayant l'électricité *dynamique* pour base.

Cette sorte d'électricité, produite par les réactions chimiques qui s'opèrent dans les appareils nommés *piles*, et qui n'a pas, comme l'électricité statique, de tendance à abandonner les fils conducteurs, fut découverte vers le commencement de ce siècle par Volta.

L'électricité dynamique a, entre autres propriétés, celle de décomposer l'eau et les dissolutions salines. Cette propriété, Sœmmering crut en tirer parti pour la télégraphie. C'était en 1811. « Son appareil, dit un auteur, fort remarquable pour l'époque, offrait les dispositions suivantes. A l'une des stations était établie une pile à colonnes qui constituait la source de l'électricité. Cette pile servait à former trente-cinq circuits voltaïques, composés chacun d'un double fil, l'un pour l'aller, l'autre pour le retour du fluide. Sur tout le parcours, ces fils étaient isolés par une enveloppe de soie, et le réseau résultant de leur ensemble était recouvert d'un vernis isolateur; tous ces fils pouvaient de cette manière être parcourus par le fluide sans s'influencer ni se troubler mutuellement. A l'autre station, ces trente-cinq circuits venaient se rendre chacun dans un petit vase plein d'eau distillée : ces différents vases étaient destinés à représenter les vingt-cinq lettres de l'alphabet allemand et les deux chiffres de la numération. Lorsque, à la station où se trouvait la pile, on faisait passer l'électricité dans l'un des circuits, l'eau se décomposait instantanément dans le vase correspondant placé à la station extrême, et l'on pouvait ainsi désigner à volonté et à travers toute distance les différentes lettres de l'alphabet. »

L'idée de Sœmmering, quelque heureuse qu'elle fût d'ailleurs, offrait dans la pratique trop de difficultés pour être adoptée. Schweiger et Coxe, dont les télégraphes avaient également pour point de départ la décomposition de l'eau, ne réussirent pas mieux que Sœmmering.

Enfin, vers l'année 1820, la découverte d'une propriété de la pile, inconnue jusque-là, fit faire au problème de la télégraphie électrique un pas décisif. Œrsted, de Copenhague, reconnut, à cette époque, « qu'un courant voltaïque circulant autour d'une aiguille aimantée agit à distance sur cette aiguille et la détourne de sa position naturelle. Si l'on fait circuler autour d'une aiguille aimantée un courant voltaïque, on voit aussitôt l'aiguille dévier brusquement, osciller pendant quelques instants, et abandonner sa direction vers le nord. » Bientôt Schweiger trouva moyen d'augmenter l'intensité de ce phénomène à l'aide du *multiplicateur* ou *galvanomètre*. Arago et Ampère découvrirent, dans le même temps, que l'électricité, circulant autour d'une lame de fer parfaitement pur (fer doux), communique à ce métal les propriétés de l'aimant, et qu'en interrompant la circulation de l'électricité, il les perd immédiatement. C'étaient là des faits capitaux. Dès lors la réalisation du télégraphe put être prédite.

Cependant quelques années s'écoulèrent encore avant son établissement définitif. La première expérience remarquable qui en fut faite, eut lieu le 2 septembre 1837, aux États-Unis. Elle réussit, et le Congrès accorda, le 3 mars 1843, à M. Morse, une somme de 150,000 fr. pour poursuivre ses expériences. Au mois de mai 1844, la première ligne télégraphique des États-Unis fut inaugurée; elle se rendait de Baltimore à Washington (16 lieues).

L'Angleterre avait devancé les États-Unis. Dès 1838, M. Wheatstone avait établi sur le chemin de fer de Londres à Liverpool un télégraphe électrique; mais ce télégraphe, fondé sur les déviations de l'aiguille aimantée, ne tarda pas à faire place au télégraphe à cadran qui a pour auteur le même physicien.

La télégraphie électrique n'obtint pas d'abord en France tout le succès qu'elle méritait. Si les feuilles publiques du temps n'étaient là pour l'attester, qui croirait que, après les expériences qui avaient déjà eu lieu, un physicien distingué de notre époque ait déclaré, en pleine chambre des députés, que la télégraphie électrique n'était qu'une utopie brillante sans réalisation possible? Telle était, cependant, au mois de juin 1842, l'opinion de M. Pouillet. Arago la combattit avec force et, après de nombreuses hésitations, le télégraphe nouveau prit la place du télégraphe de Chappe vers la fin de 1844.

Aujourd'hui (avril 1858), la plupart des principales villes de l'ancien et du nouveau monde communiquent entre elles, directement ou indirectement, par des fils électriques. L'électricité de la pile transmet la pensée humaine en Europe, en Afrique, en Amérique, dans l'Asie et dans l'Océanie. Montagnes ni déserts ne l'arrêtent, et l'Océan lui-même ne peut tarder à lui livrer passage.

2. — *Lois et décrets relatifs à la télégraphie électrique.* — Ces actes sont trop nombreux pour qu'on puisse les introduire tous dans ces notes. On ne transcrira que les principaux. Disons toutefois que le premier acte législatif, concernant la télégraphie électrique, ne date que du 28 novembre 1844; qu'à cette époque une loi affecta un crédit de 240,000 fr. à l'établissement du télégraphe électrique de Paris à Rouen; que, deux ans plus tard, une nouvelle loi, en date du 3 juillet 1846, affecta un autre crédit de 489,650 fr. à l'établissement de la ligne télégraphique de Paris à Lille et à la frontière belge, mais que, jusqu'en 1849, aucune autre ligne ne fut votée. « En présence des progrès des autres nations, disait à cette époque,

c'est-à-dire le 4 octobre 1849, le ministre de l'intérieur Dufaure, nous ne saurions nous en tenir aux lignes de Rouen et de Lille. L'expérience a parlé ; les peuples voisins nous ont de beaucoup devancés ; il est urgent, nous le croyons, de sortir de cette situation. » (Exposé des motifs de la loi du 9 février 1850.) On vota alors et d'emblée l'établissement de sept lignes ; un crédit de 900,677 fr. fut ouvert à cet effet au ministre de l'intérieur.

LOI SUR LA CORRESPONDANCE TÉLÉGRAPHIQUE PRIVÉE

en date des 3 juillet, 18 et 29 novembre 1850.

Art. 1. Il est permis à toutes personnes dont l'identité est établie, de correspondre, au moyen du télégraphe électrique de l'État, par l'entremise des fonctionnaires de l'administration télégraphique.

La transmission de la correspondance privée est toujours subordonnée aux besoins du service télégraphique de l'État.

Art. 2. Les dépêches écrites lisiblement, en langage ordinaire et intelligible, datées et signées des personnes qui les envoient, sont remises par elles ou par leurs mandataires au directeur du télégraphe, et transcrites dans leur entier, avec l'adresse de l'expéditeur, sur un registre à souche. Cette copie est signée par l'expéditeur ou par son mandataire, et par l'agent de l'administration télégraphique.

Sont exemptés de la transcription sur le registre à souche les articles destinés aux journaux et les dépêches relatives au service des chemins de fer.

Art. 3. Le directeur du télégraphe peut, dans l'intérêt de l'ordre public et des bonnes mœurs, refuser de transmettre les dépêches. En cas de réclamation, il en est référé, à Paris, au ministre de l'intérieur, et dans les départements au préfet ou au sous-préfet, ou à tout autre agent délégué par le ministre de l'intérieur. Cet agent, sur le vu de la dépêche, statue d'urgence.

Si à l'arrivée au lieu de destination, le directeur estime que la communication d'une dépêche peut compromettre la tranquillité publique, il en réfère à l'autorité admiministrative, qui a le droit de retarder ou d'interdire la remise de la dépêche.

Art. 4. La correspondance télégraphique privée peut être suspendue par le gouvernement, soit sur une ou plusieurs lignes séparément, soit sur toutes les lignes à la fois.

Art. 5. Tout fonctionnaire public qui viole le secret de la correspondance télégraphique est puni des peines portées en l'article 187 du Code pénal.

Art. 6. L'État n'est soumis à aucune responsabilité à raison du service de la correspondance privée par la voie télégraphique.

Art. 7. Les dépêches télégraphiques privées sont soumises à la taxe suivante, qui est perçue au départ :

Pour une dépêche de un à vingt mots, il est perçu un droit fixe de trois francs, plus douze centimes par myriamètre.

Au-dessus de vingt mots, la taxe précédente est augmentée d'un quart pour chaque dizaine de mots ou fraction de dizaine excédante.

Sont comptées dans l'évaluation des mots l'adresse, la date et la signature.

Les chiffres sont comptés comme s'ils étaient écrits en toutes lettres.

Toute fraction de myriamètre est comptée comme un myriamètre.

Lorsqu'il sera établi un service de nuit, la taxe sera augmentée de moitié pour les dépêches transmises la nuit.

Le ministre de l'intérieur est autorisé à concéder des abonnements à prix réduits, pour la transmission des nouvelles qui se rapportent au service des chemins de fer.

ART. 8. En payant double taxe, les particuliers ont la faculté de recommander leurs dépêches. Toute dépêche recommandée est vérifiée par une répétition de la dépêche faite par le directeur destinataire.

ART. 9. Indépendamment des taxes ci-dessus spécifiées, il est perçu, pour le port de la dépêche, soit au domicile du destinataire, s'il réside au lieu de l'arrivée, soit au bureau de la poste aux lettres, un droit de cinquante centimes dans les départements, et de un franc pour Paris.

Si le destinataire ne réside pas au lieu d'arrivée, la dépêche lui sera transmise, sur la demande et aux frais de l'expéditeur, par exprès ou estafette. Les conditions seront fixées par le règlement à intervenir en vertu de l'article 11 de la présente loi.

ART. 10. Les dépêches sont transmises selon l'ordre d'inscription pour chaque destination.

L'ordre des transmissions entre les diverses destinations est réglé de manière à les servir utilement et également.

Toutefois la transmission des dépêches dont le texte dépasserait cent mots peut être retardée pour céder la priorité à des dépêches plus brèves, quoique inscrites postérieurement.

Les dépêches relatives au service des chemins de fer, qui intéresseraient la sécurité des voyageurs, pourront, dans tous les cas, obtenir la priorité sur les autres dépêches.

ART. 11. La présente loi recevra son exécution à partir du 1er mars 1851.

Le service de la correspondance télégraphique privée, les conditions nécessaires pour constater l'identité des personnes, et les dispositions réglementaires de la comptabilité, seront réglées par un arrêté concerté entre le ministre de l'intérieur et le ministre des finances. Cet arrêté sera converti en un règlement d'administration publique dans l'année qui suivra la promulgation de la présente loi.

Délibéré en séance publique, à Paris, les 3 juillet, 18 et 29 novembre 1850.

Le président et les secrétaires de l'Assemblée législative,

Signé : DUPIN, ARNAUD (de l'Ariége), CHAPOT, BÉRARD, DE HEECKEREN, PEUPIN.

La présente loi sera promulguée et scellée du sceau de l'État.

Le président de la République,

Signé : LOUIS-NAPOLÉON BONAPARTE.

Le garde des sceaux, ministre de la justice,

(*Bulletin des lois*, n° 330.) E. ROUHER.

RÈGLEMENT POUR LE SERVICE DE LA TÉLÉGRAPHIE PRIVÉE.

Le ministre de l'intérieur,

Vu la loi du 29 novembre 1850, sur l'établissement du service de la correspondance télégraphique électrique privée,

Vu le rapport de l'administrateur en chef des lignes télégraphiques sur les mesures à prendre pour l'exécution de ladite loi, et après s'être concerté avec M. le ministre des finances,

Arrête ce qui suit :

Ouverture des bureaux.

Art. 1er. Les bureaux télégraphiques seront ouverts tous les jours, y compris les fêtes et dimanches : du 1er avril à la fin de septembre, de sept heures du matin à neuf heures du soir ; du 1er octobre à la fin de mars, de huit heures du matin à neuf heures du soir.

L'heure de tous les bureaux télégraphiques sera l'heure du temps moyen pris à l'Observatoire de Paris.

Art. 2. Jusqu'à nouvel ordre, aucune dépêche ne pourra être envoyée hors des heures du bureau qu'autant qu'elle aura été déclarée avant neuf heures du soir, et que la transmission en aura été acceptée par le bureau de départ.

Formalités relatives à l'enregistrement des dépêches.

Art. 3. Toute personne qui voudra faire usage de la correspondance télégraphique devra d'abord faire constater son identité.

L'identité pourra être établie d'après les manières suivantes : Toute personne domiciliée dans la commune où est situé le bureau télégraphique aura la faculté d'apposer sa signature sur un registre à souche, et, après vérification faite de l'identité du signataire, le feuillet contenant le double de la signature et détaché de la souche lui sera remis pour qu'il puisse le joindre à toute dépêche qu'il voudrait expédier. La présentation du feuillet et la conformité des signatures sur la dépêche, le feuillet et le registre à souche formeront la constatation de l'identité. L'identité de la signature pourra encore être certifiée par un visa des préfets, sous-préfets, maires et commissaires de police ; elle pourra l'être encore, en matière civile, par le visa du président du tribunal de première instance, du juge de paix et par tous les notaires ; en matière commerciale, par le visa du président et des juges du tribunal de commerce, par les agents de change, les courtiers d'assurances et de commerce.

Elle pourra être enfin établie par des pièces telles que passe-port, acte de naissance, acte de notoriété, jugement et autres actes et papiers dont la réunion prouverait l'identité de la personne qui les posséderait.

Art. 4. Les dépêches, écrites lisiblement, en langage ordinaire et intelligible, sans aucune abréviation de mots ou caractères écrits dans le texte, datées et signées, seront remises au directeur du télégraphe, qui vérifiera si les désignations de l'adresse sont assez précises pour qu'on puisse avoir l'espoir fondé de la faire parvenir à la personne à qui elle est destinée, et s'il n'y a rien dans le texte qui puisse porter atteinte à l'ordre public ou aux bonnes mœurs.

Si le directeur refuse de transmettre la dépêche, soit parce que l'identité n'est pas constatée, soit par tout autre motif, il écrira sur la minute la cause de son refus, et signera.

Si rien ne s'oppose à la transmission, le directeur fera transcrire en entier la dépêche sur un registre à souche. Au bas de la dépêche, on ajoutera le nom et l'adresse du signataire, le nom et l'adresse de la personne qui l'aura apportée, le nombre de mots que la dépêche contient, la ville pour laquelle elle est destinée, et la somme perçue. On fera signer le tout par l'expéditeur ou son mandataire, à qui sera délivrée une quittance avec talon de la somme qu'il aura déboursée.

Art. 5. La dépêche recevra un numéro d'ordre, et l'on inscrira, en marge et au-dessous du numéro, l'heure à laquelle elle aura été remise au stationnaire de service, qui devra la transmettre immédiatement, si la ligne est libre. Si la ligne est occupée, la dépêche prendra son rang et sera transmise à son tour.

On inscrira sur les dépêches transmises l'heure de l'arrivée à destination. Toutes les dépêches seront remises le soir, au directeur, qui en fera un paquet scellé du cachet de la direction.

Ordre de la transmission des dépêches.

Art. 6. Il sera tenu, dans chaque bureau télégraphique, un rôle des dépêches, d'après l'ordre de leur dépôt, et chacune d'elles sera expédiée dans chaque bureau, selon le rang qu'elle occupera sur le rôle. Toutefois, les dépêches du gouvernement et les dépêches relatives au service des chemins de fer, qui intéresseraient la sécurité des voyageurs, pourront avoir la priorité sur les dépêches privées.

La transmission des dépêches privées, dont le texte dépasserait cent mots, pourra être retardée pour céder la priorité à des dépêches plus brèves, quoique inscrites postérieurement.

Art. 7. Chaque jour, au moment de l'ouverture du service, chaque bureau, en se mettant en communication avec Paris, indiquera le nombre des dépêches qu'il a à transmettre pour Paris. Puis l'administration centrale commencera la transmission et fera la distribution du temps du service entre tous les bureaux pour la correspondance avec Paris. L'administration indiquera, à chaque fois, le bureau qui devra se mettre en travail, et le temps qui lui sera accordé. Les transmissions se feront alternativement dans un sens et dans l'autre. Le temps accordé à chaque bureau, sur chaque ligne, ne pourra pas dépasser une demi-heure. Toutefois, une dépêche commencée devra être achevée.

Autant que possible, la transmission se fera directement entre les deux lieux qui doivent entrer en correspondance. Pendant la transmission directe entre Paris et les bureaux successivement désignés, les autres bureaux, partout où il y aura un troisième fil disponible, se transmettront entre eux les dépêches pour les villes intermédiaires. Les bureaux les plus rapprochés de Paris commenceront la transmission, qui alternera de dépêche en dépêche avec la transmission des bureaux les plus éloignés. Chaque transmission de bureau à bureau ne pourra durer qu'une demi-heure.

Chaque bureau destinataire accusera réception définitive de la dépêche envoyée, aussitôt qu'il l'aura comprise.

ART. 8. Aucune dépêche déposée à un bureau télégraphique ne pourra être retirée de la transmission que par la personne même qui l'aura envoyée. Dans tous les cas, la somme payée ne sera pas rendue.

Communication des dépêches.

ART. 9. Au bureau d'arrivée, la dépêche reçue sera visée par le directeur, qui, si rien ne s'oppose à la communication, y inscrira la mention *bon à communiquer.* La dépêche visée sera remise à un expéditionnaire, qui en fera la copie.

Si le directeur juge qu'une dépêche reçue ne saurait être communiquée sans danger pour la tranquillité publique, il en enverra copie à l'autorité administrative, et attendra sa décision. Si la communication est interdite, il en sera donné connaissance au directeur qui l'a expédiée, pour qu'il puisse en faire rembourser la taxe perçue.

ART. 10. Si rien n'empêche la communication, la dépêche copiée sera timbrée du sceau de l'administration et signée du directeur. Elle sera remise immédiatement à un piéton, chargé de la porter à l'adresse indiquée ou au bureau de poste. A la dépêche sera joint un reçu qui devra être signé, soit de la personne à qui la dépêche est adressée, soit d'une personne attachée à son service ou à sa famille.

Si l'on ne trouve à l'adresse indiquée ni le destinataire, ni personne qui le connaisse, la dépêche sera rapportée au bureau d'arrivée, et la déclaration du piéton sera inscrite sur la dépêche.

S'il est demandé que la dépêche reste au bureau d'arrivée, elle sera déposée dans un coffre ou tiroir solidement établi et fermant à clef, jusqu'à ce qu'on vienne la réclamer.

ART. 11. Les dépêches adressées à des personnes se trouvant hors de la commune où est situé le bureau télégraphique d'arrivée seront envoyées à destination par la poste ou par un messager exprès, selon que la demande en aura été faite dans la dépêche elle-même.

Quand aucune disposition particulière n'aura été prise pour une dépêche à envoyer hors de la commune où est situé le bureau, elle sera remise au bureau de poste.

ART. 12. Il sera tenu, dans chaque bureau, un registre où seront inscrites par premier et dernier mot toutes les dépêches reçues. On y mentionnera le nombre de mots, l'heure de la réception et celle de la remise au destinataire ou au bureau de poste, les décisions qui ont ordonné la non-communication, et les autres incidents de la dépêche.

Perception.

ART. 13. La taxe pour la transmission des dépêches sera perçue d'après la longueur totale des lignes télégraphiques réunissant les lieux de départ et d'arrivée. Toutefois, lorsque les lignes télégraphiques ne se dirigeront pas directement d'un lieu à un autre, et que la route ferrée sera plus courte que la ligne électrique, on prendra la distance sur le chemin de fer pour la base de la taxe.

Les distances entre les divers bureaux télégraphiques seront calculées d'après e tableau joint au présent arrêté.

Art. 14. Les mots seront comptés de la manière suivante : les mots composés seront comptés pour le nombre de mots qu'ils contiendront; les traits d'union, les signes de ponctuation ne le seront point, mais tous les autres signes seront comptés pour le nombre de mots qu'il aura été nécessaire d'employer pour les exprimer.

Art. 15. Les dépêches qui devront être communiquées en plusieurs copies en un même lieu ne payeront qu'une taxe, mais le droit pour port de la dépêche sera répété autant de fois qu'il y aura de copies.

Les dépêches qui devront être envoyées en différents lieux sur le même trajet ne payeront la taxe proportionnelle que sur le plus long trajet, mais la taxe fixe sera répétée autant de fois qu'il y aura de lieux différents.

Art. 16. Quand l'expéditeur demandera que la dépêche soit envoyée au destinataire par un exprès, il devra déposer au bureau du départ une somme de *un franc* pour le premier kilomètre de distance entre le bureau d'arrivée et le lieu de destination, et de cinquante centimes pour les autres.

Dans tous les cas où un exprès sera envoyé, il y aura lieu à une liquidation supplémentaire.

Le choix des exprès sera fait par les directeurs du télégraphe.

Art. 17. Quand une dépêche dont la transmission aura été acceptée n'aura pu être communiquée en temps opportun, soit parce que les lignes électriques auraient éprouvé un accident, soit parce que des fautes en auraient altéré le texte, soit enfin parce que l'autorité administrative du lieu de destination se serait refusée à permettre la communication, la taxe sera remboursée à l'expéditeur.

La taxe ne sera remboursable que partiellement lorsque la dépêche, arrêtée par accident sur la ligne, a pu être réexpédiée à destination par la poste et qu'elle a pu gagner sur le courrier ordinaire. (*Moniteur*.)

LOI DU 28 MAI 1853 SUR LA CORRESPONDANCE TÉLÉGRAPHIQUE PRIVÉE.

NAPOLÉON,

Par la grâce de Dieu et la volonté nationale, empereur des Français,

A tous présents et à venir, salut :

Avons sanctionné et sanctionnons, promulgué et promulguons ce qui suit :

LOI.

(Extrait du procès-verbal du Corps législatif.)

Le Corps législatif a adopté le projet de loi dont la teneur suit :

Art. 1er. A partir du 1er juin 1853, les dépêches télégraphiques privées seront soumises à la taxe suivante, perçue au départ :

Pour une dépêche de un à vingt mots, il sera perçu un droit fixe de 2 francs, plus 10 centimes par myriamètre.

Au-dessus de vingt mots, la taxe précédente est augmentée d'un quart pour chaque dizaine de mots ou fraction de dizaine excédante.

La taxe est doublée pour les dépêches transmises pendant la nuit.

Art. 2. Tout nombre, jusqu'au maximum de cinq chiffres, est compté pour un mot. Les nombres de plus de cinq chiffres représentent autant de mots qu'ils contiennent de fois cinq chiffres, plus un mot pour l'excédant.

Les virgules et les barres de division sont comptées pour un chiffre.

Art. 3. Tout expéditeur peut exiger qu'on lui fasse connaître l'heure de l'arrivée de sa dépèche, soit au bureau télégraphique, soit au domicile du destinataire, à charge par lui de payer en plus le quart de la somme qu'aurait coûtée la transmission d'une dépêche de un à vingt mots pour le même parcours, sans préjudice des frais ordinaires pour le port des dépêches.

Art. 4. Quand une dépêche est adressée à plusieurs destinataires dans la même ville, la taxe est augmentée, pour frais de copies, d'autant de fois cinquante centimes qu'il y a de destinataires, moins un.

Art. 5. Le ministre de l'intérieur est autorisé à concéder des abonnements à prix réduits aux chambres de commerce, aux syndicats des agents de change et aux syndicats des courtiers de commerce, sous la condition que les dépêches seront immédiatement rendues publiques dans les formes déterminées par le ministre.

Art. 6. Les dépêches déposées par les expéditeurs sont immédiatement numérotées. Elles sont rappelées sur le registre à souche par leur numéro, leur premier et leur dernier mot, sans y être transcrites en entier. Ce registre est signé par l'expéditeur ou son mandataire.

La minute de chaque dépêche est conservée et transcrite en entier, dans les vingt-quatre heures qui suivent sa transmission, sur un registre destiné à cet effet.

L'expéditeur et le destinataire qui veut obtenir copie d'une dépêche par lui envoyée ou reçue, paye la taxe de copie fixée dans l'article 4 ci-dessus.

Art. 7. Les directeurs du télégraphe et les chefs du service télégraphique chargés de la perception des taxes fournissent un cautionnement dont la quotité est fixée conformément à l'article 14 de la loi du 8 août 1847.

Le taux des remises attribuées pour frais de perception et de bureau aux directeurs du télégraphe par l'article 4 de la loi du 25 février 1851, pourra être modifié, s'il y a lieu, par des arrêtés du ministre de l'intérieur, pris de concert avec le ministre des finances.

Art. 8. Sont maintenues les dispositions de la loi du 29 novembre 1850 qui ne sont pas contraires à la présente loi.

Délibéré en séance publique, à Paris, le 6 mai 1853.

Le président, Billaut.

Les secrétaires : Ed. Dalloz, Macdonald duc de Tarente, baron Eschassériaux, Henry Dugas.

(Extrait du procès-verbal du Sénat.)

Le Sénat ne s'oppose pas à la promulgation de la loi tendant à modifier la loi du 29 novembre 1850, sur la correspondance télégraphique privée.

Délibéré en séance, au palais du Sénat, le 26 mai 1853.

Le président, Troplong.

Les secrétaires : Comte de la Riboissière, A. Thayer, baron T. de Lacrosse.

Vu et scellé du sceau du Sénat,

Baron T. de Lacrosse.

Un décret impérial du 28 octobre 1853, promulgué le 4 février 1854, porte que le service des lignes télégraphiques formera une direction du ministère de l'intérieur. (*Bulletin des lois* 131, n° 1086.)

Un autre décret, en date du 1er juin 1854, promulgué le 1er juillet suivant, organise l'administration des lignes télégraphiques. (*Bull. off.* 192. n° 1678.)

Un autre en date du 4 juin 1854, promulgué le 1er juillet suivant, fixe le traitement, les frais de route et de séjour et l'uniforme des fonctionnaires et agents du service télégraphique (*Bull. off.*, 192, n° 1679). Par ce décret, le traitement des fonctionnaires et agents du service est fixé comme il suit article 1er :

Directeur général.	25,000 fr.
Inspecteurs géneraux.	10,000
Directeurs principaux	8,000
Inspecteurs de 1re classe.	6,000
— de 2me classe.	5,000
— de 3e classe.	4,000
Directeurs de stations de 1re classe.	3,000
— — de 2e classe.	2,400
— — de 3e classe.	1,800
Stationnaires de 1re classe.	1,500
— de 2e classe.	1,200
— de 3e classe.	1,000
Surveillants.	1,000
Piétons	800

Une loi, en date du 22 juin 1854, promulguée le 26 suivant, fixe un tarif des dépêches privées (*Bull. off.* 189, n° 1620). Cette loi dispose :

Art. 1. A dater du 1er juillet 1854, les distances servant de base au calcul des taxes des dépêches télégraphiques privées seront prises à vol d'oiseau, depuis le bureau de départ jusqu'au bureau d'arrivée.

Art, 2. Pour une dépêche de 1 à 25 mots, il sera perçu un droit fixe de 2 fr., plus 12 centimes par myriamètre.

Toutefois, la taxe d'une dépêche de 1 à 25 mots, de Paris pour Paris, sera de 1 fr.; celle de Paris pour les localités qui en sont distantes de 20 kilomètres au plus ou de ces localités pour Paris, sera de 1 fr. 50.

Au-dessus de 25 mots, les taxes précédentes seront augmentées d'un quart pour chaque dizaine de mots ou fraction de dizaine excédant.

Le droit de 1 fr. établi par l'art. 9 de la loi du 29 novembre 1850, pour le port des dépêches dans Paris, est réduit à 50 centimes.

Art. 3. Dans le cas où, pour faciliter le passage, par le territoire français de la correspondance télégraphique privée, il paraîtrait nécessaire de réduire la taxe, des dépêches transitant d'une frontière à l'autre, le taux de la réduction sera déterminé par un arrêté du ministre de l'intérieur.

Art. 4. Sont maintenues les dispositions des lois des 29 novembre 1850 et 28 mai 1853, qui ne sont pas contraires à la présente loi.

Un décret impérial du 6 décembre 1854, promulgué le 23, a modifié l'organisation de l'administration des lignes télégraphiques (*Bull. off.* 243, n° 2213). Voici les plus importantes de ses dispositions :

Art. 1. Le nombre total des directeurs de station des lignes télégraphiques est fixé à 100. La première classe n'en peut comprendre plus de vingt, et la seconde plus de trente.

Art. 2. Il est créé dans le personnel de l'administration des lignes télégraphiques une nouvelle catégorie d'agents, sous le titre de *chefs de stations*.

Ces fonctionnaires dirigeront le service télégraphique dans les stations d'un ordre inférieur et prendront part à la manipulation des appareils.

Les chefs de stations seront nommés par le directeur général des lignes télégraphiques et prendront rang immédiatement après le directeur de station.

Art. 3. Dans les stations où les besoins du service l'exigeront, le directeur général des lignes télégraphiques pourra nommer des commis receveurs spécialement chargés, sous les ordres et la responsabilité des directeurs, de recevoir et de taxer les dépêches privées, et des expéditionnaires pour la transmission de ces mêmes dépêches.

Ils seront divisés en trois classes, dont la première ne pourra comprendre au delà de deux dixièmes, et la seconde au delà des trois dixièmes, du nombre total de ces agents.

Art. 4. Les surveillants sont divisés en trois classes. La première ne peut comprendre au delà des deux dixièmes, et la seconde au delà des trois dixièmes, du nombre total des surveillants.

Art. 5. Les traitements des fonctionnaires et agents des lignes télégraphiques ci-après désignés, sont fixés comme suit :

Directeur de station de 3e classe.	2,000 fr.
Chef de station.	1,800
Stationnaire de 1re classe.	1,600
— de 2e classe.	1,400
— de 3e classe.	1,200
Surveillant de 1re classe.	1,200
— de 2e classe.	1,100
— de 3e classe.	1,000
Commis-receveur de 1re classe.	2,400
— de 2e classe.	2,000
— de 3e classe.	1,600
Expéditionnaire de 1re classe.	1,800
— de 2e classe.	1,600
— de 3e classe.	1,400

Les autres articles de ce décret statuent sur les frais de route et de séjour, l'uniforme des agents nouveaux, etc.

Depuis 1854 jusqu'au moment où paraît ce volume, il a été rendu un certain nombre de lois et de décrets relatifs à la télégraphie électrique ; mais comme ils n'ont pas, pour la plupart un intérêt spécial, on renverra le lecteur au *Bulletin des lois*, s'il tient à les connaître.

Nous terminerons cette série d'actes législatifs par la transcription de l'arrêté ministériel du 15 novembre 1855, arrêté qui fixe les conditions suivant lesquelles doit avoir lieu l'admission au surnumérariat dans l'administration des lignes télégraphiques.

Art. 1. Le personnel de l'administration des lignes télégraphiques se recrute au moyen d'un concours établi entre tous les candidats aux places de surnuméraires-stationnaires de cette administration. Toutefois, un tiers de ces places est réservé aux militaires de tous grades libérés du service militaire, sachant lire et écrire correctement, et âgés de moins de 30 ans.

Art. 2. Les concours auront lieu à Paris, toutes fois que le besoin du service l'exigera.

Art. 3. Les candidats doivent être âgés de 22 ans au moins et de 28 ans au plus, et justifier de leur qualité de Français.

Art. 4. Ils doivent fournir, un mois avant l'époque du concours: — 1° Leur acte de naissance; — 2° un certificat constatant leur libération du service militaire ; — 3° Un certificat de bonnes vie et mœurs.

Art. 5. Ils doivent justifier des connaissances suivantes; — 1° Une rédaction correcte; — 2° Le dessin linéaire ; — 3° L'arithmétique jusques et y compris les proportions ; — 4° La géométrie élémentaire ; — 5° Les éléments de chimie ; — 6° Les éléments de physique et spécialement ce qui est relatif à l'électricité statique et dynamique ; — 7° Le levé de plans ; 8° Le nivellement.

Art. 6. La connaissance de l'une ou plusieurs des langues suivantes: l'allemand, l'anglais, l'italien et l'espagnol, sera prise en grande considération pour le classement des candidats.

Art. 7. La commission d'examen sera présidée par le directeur général, qui désignera, pour la compléter, un inspecteur général, un directeur principal et des inspecteurs.

. . . .

3. — *Statistique de la télégraphie électrique*. D'après un journal anglais, le *Practical mechanic's journal*, il y a aujourd'hui dans le monde entier 158,223 kilomètres de lignes télégraphiques, soit construites, soit en voie de construction. L'Europe en compte 60,973 kilomètres; les États-Unis, 53,107 ; l'Inde, 0,016 ; l'Amérique du Sud, 24,109. On comprend dans le chiffre de 143,228 kil. 1348 kilomètres de câbles sous-marins. Cette longueur sera accrue de 24,430 kil. lorsque le câble transatlantique aura été posé.

La France a 12,887 kil. de lignes. L'Angleterre 16,090. L'Allemagne 16,090. L'Espagne et le Portugal, 965. Les Pays-Bas, 965. La Suisse, 2,400. L'Italie, 4,000. La Russie, 8,000. L'Australie, 3,200.

4. — *Rapidité des communications en* 1858. Pour donner une idée de la rapidité des communications, un journal, le *Moniteur*, a fait les rapprochements suivants :

La nouvelle de la bataille de Fontenoy, livrée le 11 mai 1745, n'arriva à Paris que le 15 mai. — Distance, environ 75 lieues.

La bataille d'Austerlitz, livrée le 2 décembre 1805, ne fut connue à Paris que le 11 du même mois. — Distance, environ 400 lieues.

La prise d'Alger, qui eut lieu le 5 juillet 1830, fut connue le 13 du même mois seulement.

En 1855, il a suffi de 13 heures pour connaître à Paris le résultat du siége de Sébastopol, ville éloignée de Paris d'environ 900 lieues. — En 1858, il suffit de 25 jours pour savoir à Londres ce qui se passe dans les Indes. — Distance, 5,000 lieues.

TABLE DES MATIÈRES.

LE SOLEIL.

LA TERRE.

TÉLÉGRAPHIE ÉLECTRIQUE.

FIN DE LA TABLE.

Imprimerie de W. REMQUET ET Cie, rue Garancière, 5.

www.ingramcontent.com/pod-product-compliance
Ingram Content Group UK Ltd.
Pitfield, Milton Keynes, MK11 3LW, UK
UKHW031834260826
14628UKWH00001B/376

9 782013 592031